Revised Edition Agricultural Food Processing

개정판 농산식품가공학

DITION AGRICULTURAL FOOD PROCESSING REVISED EDITION AGRICULTURAL FOOD PRO

개정판

농산식품가공학

이경혜 · 오문헌 공저

도서출판 석학당
www.shdbooks.co.kr

ED EDITION AGRICULTURAL FOOD PROCESSING REVISED EDITION AGRICULTURAL FOOD

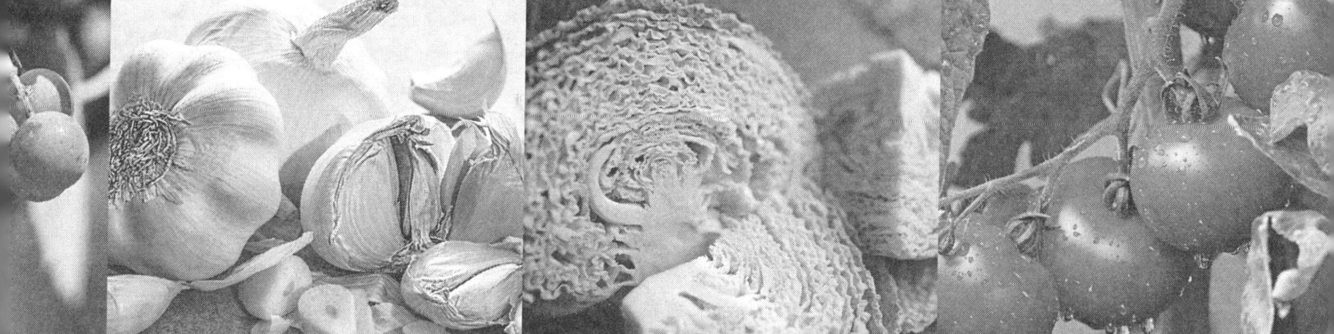

EVISED EDITION AGRICULTURAL FOOD PROCESSING REVISED EDITION AGRICULTURAL F

머리말

우리의 먹거리는 소득증대, 생활수준의 향상, 1인가구의 증가, 고령화사회 진입 등으로 영양, 기호, 생체조절 기능은 물론 간편성을 추구하는 방향으로 급속히 변화하고 있다. 또한 식품산업은 고부가가치 산업으로 성장하였고 최근에는 K-food(K-라면, K-김치 등)라는 용어가 등장할 정도로 대한민국 가공식품의 세계위상이 높아지고 있다. 지난 3년간 코로나19 팬데믹이란 힘든 시간을 겪으면서 가공식품판매가 급증하고 있으며, 간편가정식이란 HMR 소비 및 제품개발이 증가하였고 그 열기는 현재까지도 계속 유지되고 있다.

우리나라의 식량자급률은 49.3% (2022년)로 국민들이 먹는 식량의 절반 이상을 수입에 의존하고 있으며, 더욱이 곡물자급률은 19.5% (2021 ~ 2023년)로 수입의존도가 매우 높은 편으로 국제 곡물의 가격 및 수급변동에 영향을 많이 받고 있다. 최근 기후변화, 자연재해 및 러시아-우쿠라이나 전쟁 등과 같은 식량생산에 미치는 악영향으로, 미래의 식량자원의 견조한 공급이 쉽지 않을 것이 우려되어 이에 대한 대응방안이 조속히 강구되어야 한다.

저서 '농산식품가공학'은 2009년 02월 27일 출판된 전공도서로 식품관련 교재 및 교육자료로 사용되어 왔다. 최근 코로나 팬더믹으로 농산물을 원료로 사용한 식품가공산업계에서 가정간편식의 소비급증과 이에 따른 위생적으로 안전한 제품개발과 소비자에게 신뢰를 줄 수 있는 많은 변화요인이 발생한 바 있다. 이러한 변화를 반영한 내용에 대한 개정의 필요성이 요구되기에 연구년 학기동안 부족한 부분을 개편하게 되었다. 이를 기초로 다양한 제품개발 응용에 도움이 되었으면 한다.

우리나라 식품산업의 지속적인 발전과 국제 경쟁력이 점차 제고되는 현실에 미력하나마 기여 하고자 하는 생각으로 개정판을 탈고하게 되었으며, 출판되기까지 도움을 주신 도서출판 석학당 대표님과 편집부 여러분께 감사의 인사를 드립니다.

2024년 12월

해운관 연구실에서

목 차

Revised Edition Agricultural Food Processing

개정판 농산식품가공학

제1장

총론

Agricultural Food Processing

농산식품가공은 농산물을 제조 및 가공하여 식품으로 이용하는 것으로 현미의 도정, 밀가루 제조, 제면, 제빵 등의 곡류가공과 두부, 두유 등의 대두가공식품, 간장, 된장, 고추장, 청국장 등의 대두발효식품, 과일과 채소류 가공식품, 전분과 전분당의 제조, 제유 및 유지가공품 등이 포함된다. 이와 같이 원료 농산물을 수확 후 저장, 유통, 가공제품화하는 모든 생산과정을 과학적으로 다룬 것을 말한다.

따라서 농산식품가공은 단순 기초과학이 아니라 미생물학, 발효공학, 생화학, 공학, 물리학, 식품화학, 식품저장학, 식품위생학 등의 지식을 기반으로 요구하는 종합적인 응용과학 분야로 농산식품과학으로 분류할 수 있다.

1-1. 농산물 저장

원료 농산물의 생산은 계절적인 특성을 갖고 있어, 경제적인 면과 품질 유지를 위하여 농산물의 저장은 반드시 필요하다. 따라서 농산물을 이용한 가공식품 제품화에 있어 생산자에게 안정적인 원료를 공급하고 소비자에게 맛과 품질 면에서 최상의 상품적 가치를 부여하기 위하여 저장 중의 원료 손실을 최소화 할 수 있는 저장방법이 필요하다.

(1) 저장 중 변화

농산물은 저장 중 호흡, 증산, 효소 작용 등에 의하여 변질 및 부패가 진행되어 상품가치와 소비자 기호를 저하시킨다.

일반적으로 수확 후 농산물은 저장 중에 호흡과 증산 작용이 진행되나, 호흡온도와 습도가 높으면 호흡에 의한 손실이 증가하고, 특히 호흡작용에 가장 큰 영향을 미치는 요인은 온도이고, 증산작용은 습도에 의하여 가장 큰 영향을 받는다.

특히, 쌀은 저장 중 공기 중 산소에 의하여 쌀 표면의 지방이 산패되고, 온도와 습도가 높으면 쌀벌레인 바그미가 발생하기 쉬우므로, 이의 방지책으로 저장 온도와 습도를 낮게 유지한다. 또한 부패 미생물의 발육 등 여러 가지 변화가 발생하기도 한다.

농산물은 수분함량이 높아 저장성 저하로 변질 및 부패가 용이하고, 수확시기가 한정적인 계절성과 생산지역이 제한적인 특성이 있다. 특히, 수확시기가 특정 계절로 한정되는 계절성을 갖고 있어 수확 후 다음 수확시기까지 저장 또는 가공하여 이용되고 있으며, 수확 후 생산지에서 소비자에게 이르기 까지 신선하고 균일한 품질유지를 위하여 보다 우수한 저장방법과 가공공정을 과학화할 필요성이 있다.

(2) 저장손실에 대한 방지책

곡류와 같은 농산물은 저장 중 주변 환경의 수분에 의하여 흡수율이 변화된다. 저장 중 이러한 물리적인 변화현상 외에 산화작용과 곡물의 효소작용으로 자가소화와 같은 화학적인 변화현상이 일어난다. 또한 해로운 곤충과 곰팡이와 같은 미생물이 발생하여 저장 중 발열하는 등 생물학적인 변화도 일어난다.

이와 같은 저장손실에 대한 가장 이상적인 방지책은 저온저장이다. 이때 온도는 10~15℃, 상대습도는 70~80%로 저장하는 것이 곡물의 품질을 양호하게 유지하는 적합한 방법이다.

그 외에 훈증제(fumigant)를 사용한 훈증(fumigation)법은 주로 해충이 발생한 후 치료목적으로 사용되고 있다. 그러나 메틸브로마이드(methyl bromide)와 같은 훈증제는 중추신경계나 기관지에 손상을 일으킬 수 있으며, 전립선암의 유발과 상관관계가 있다는 보고가 있어 일부 국가에서는 사용이 규제되고 있다.

또한 화학약제를 사용한 방법은 해충에 대한 방충을 목적으로 예방차원에서 쌀 포장의 표면에 살포하기도 한다.

그 외에 감마선(gamma-ray)을 농산물에 조사하여 발아억제, 숙도조절, 살충, 살균 등의 효과를 갖는다. 이러한 방사선조사(irradiation)는 농산물을 장기간 저장하고 유통 중 품질의 저하를 최소화할 수 다있어 감자, 양파, 곡류 등에 이용되고 있다.

1-2. 농산물의 저장방법

농산물을 식품원료로 사용하여 건조, 저온, 가스, 미생물, 절임 등을 이용한 다양한 저장방법은 (표 1-1)과 같다.

표 1-1 다양한 식품의 저장방법

이 용	방 법	목 적
건 조	천일건조, 열풍건조, 분무건조, 진공건조, 냉동건조	저장, 가공
저 온	냉장저장, 냉동저장	저장, 가공
가 스	CA저장, MA저장	저장
농 축	증발농축, 감압농축, 냉동농축 막분리 : 한외여과, 역삼투압법	저장, 가공
절 임	당장법, 염장법, 초절임	저장, 가공
연 기	훈증법 훈연법	저장 저장, 가공
감마선	방사선조사	저장
미생물	발효법	저장, 가공

벼의 알맞은 저장조건으로 수분함량은 15% 이하이고 저장온도는 15℃, 습도는 70%정도이므로 벼를 수확한 후 천일 건조 등의 방법으로 건조하여 수분함량을 15% 이하로 유지해야 한다.

1-3. 농산식품 가공의 목적

농산식품 가공의 목적은 원료 농산물을 이용하기 위하여 물리, 화학 및 미생물학적인 방법 등으로 처리하여 수송과 저장을 용이하게 하고, 맛과 영양가를 높이며, 편이성 및 기호성을 부여하고, 소비자에게 계절에 상관없이 균일한 품질의 제품을 공급하며, 맛과 영양 외에 생리활성을 갖은 물질을 함유한 새로운 제품을 개발 하여 소비자의 요구에 부응하는 것이다.

1-4. 품질인증 농산물

농산물의 품질관리 인증제도는 친환경 농산물인증과 우수관리인증 농산물로 구분된다.

친환경농산물 인증제도는 소비자에게 보다 안전한 친환경농산물을 전문인증기관이 엄격한 기준으로 선별 및 검사하여 정부가 그 안전성을 인증해 주는 제도이다. 친환경농산물은 환경보전은 물론, 소비자에게 안전한 농산물을 공급하기 위해 농약, 화학비료 및 사료첨가제 등 화학물질을 사용하지 않거나, 사용할 경우 최소한의 양을 사용하여 생산한 농산물을 말한다. 그림 1-1은 친환경 농산물 인증표시를 나타낸 것으로 친환경 유기농산물, 친환경 무농약 농산물과 친환경 유기가공식품이 있다.

그림 1-1 친환경 농산물의 표시

농산물우수관리(good agricultural practices; GAP) 인증제도는 농산물의 안전성을 확보하고 농업환경을 보존하기 위하여 농산물의 생산, 수확 후 관리 및 유통 단계에서 재배포장 및 농업용수 등의 농업환경과 농산물에 잔류할 수 있는 농약, 중금속, 또는 유해생물 등의 위해요소를 관리하여 소비자에게 그 관리사항을 알 수 있게 하는 체계이다. 그림 1-2는 우수관리인증 농산물의 표시를 나타낸 것이다. 이는 우수관리인증농산물 생산체계 구축을 통하여 국내산 농산물에 대한 소비자 인식을 높이고, 신뢰 향상으로 수익성 증대를 도모할 수 있다. 또한 농산물 품질관리제도 도입에 의한 국내산 농산물의 수출 경쟁력 확보가 가능하며, 수입 농산물에 대하여도 동등한 수준의 농산물우수관리(GAP) 적용을 요구할 수 있다.

그림 1-2 우수관리인증 농산물의 표시

1-5. 전통식품(Korean traditional food)

전통식품은 우리 조상들이 먹어오던 식품으로 국산 농산물을 주원료로 하여 전통적인 방법이나 이에 준하는 방법으로 제조, 가공되고 고대로부터 전승되어 오는 우리 고유의 맛과 향을 갖는 식품으로, 품목을 지정할 때는 전통성과 대중성이 있어야 하고 상품화 할 때 시장경쟁력을 확보할 수 있어야 하며, 전통식품의 보전계승 및 발전에 필요한 것 등을 기준으로 한다.

그림 1-3 전통식품의 표시

전통식품의 품질인증은 식품산업진흥법 제 22조에 의하면 농림축산식품부장관이 전통식품의 품질향상, 생산장려 및 소비자보호를 위하여 전통식품에 대한 품질인증제도를 운영하는 것이다.

또한 2022년 12월 07일 기준, 우리나라 식품명인제도는 전통식품산업의 활성화와 계승 발전을 위하여 그분야의 우수기능 보유자를 식품명인으로 지정하는 제도로 1994년부터 '22년 기준 79명이 활동(주류 25, 장류 13, 김치류 5, 떡 · 한과류 9, 엿류 7, 차류 6, 식초류 3, 인삼 1, 갈비류 3, 비빔밥 · 매실농축액 · 부각 · 도토리묵 · 쇠고기육포 · 식혜 · 고사리나물 각 1) 중에 있다.

표 1-2 대한민국 식품명인에 따른 전통식품과 전통주류 지정현황 ('21년 기준)

구 분	지 정 품 목
전통식품 (54명)	장류 13, 떡한과류 9, 김치류 5, 차류 6, 엿류 7, 식초 3, 인삼류 1, 육류(갈비)3, 기타식품류 7(비빔밥, 매실농축액, 부각, 도토리묵, 쇠고기육포, 식혜, 고사리나물
전통주류 (25명)	송화백일주, 금산인삼주, 안동소주2, 문배주, 전주이강주, 옥로주, 구기자주, 계명주, 가야곡왕주, 김천과하주, 한산소곡주, 추성주, 옥선주, 솔송주, 계룡백일주, 김홍로주, 죽력고, 산성막걸리, 병영소주, 오메기술, 설련주, 연잎주, 고소리술

용도에 따라 주식품(밥류, 죽류, 국수 등), 부식품(국, 전골, 김치, 젓갈 등), 기호식품(식혜, 한과, 엿, 두류, 다류 등), 조미식품(유지, 식초, 장류 등), 기타 특수용도 식품(궁중용, 사찰용, 제사용 등)으로 분류된다.

1-6. 유전자변형 농산물(Genetically modified organism, GMO)

유전자변형 농산물(genetically modified organism, GMO)은 생산량 증대 또는 유통, 가공 상 편의를 위하여 유전공학기술을 이용하여서, 기존의 육종방법으로는 나타날 수 없는 형질이나 유전자를 지니도록 개발된 것으로 식량증산 등의 목적으로 개발되어 유전자변형 농작물의 재배면적이 매년 증가하고 있다. 현재 토마토, 대두, 옥수수, 호박 등 주요 농산물에서 이미 유전자재조합 농산물(GMO)이 개발되었고 이 중 상당수는 제품이 시판되고 있다. 국내에서는 유전자변형 농산물(GMO)로 만든 가공식품에 대한 표시제가 이미 도입되어 실시되고 있다.

유전자변형 농산물은 식량위기를 해결할 수 있는 방안으로 지지하는 반면, 면역기능의 약화, 암유발 가능성 등의 인체에 유해할 수 있다는 가능성, 생태계 유전자 오염 및 단품종 재배로 인한 생물의 다양성 파괴 등의 이유로 반대 입장이 있다.

유전자변형 표시대상 식품은 식품위생법(제18조)에 따른 안전성 평가 심사 결과 식용으로 수입 승인된 품목인 콩, 옥수수, 면화, 유채, 사탕무(이를 싹틔워 기른 콩나물, 새싹채소 등을 포함)를 주요 원재료로 1가지 이상 사용하여 제조 · 가공한 식품 중 제조 · 가공 후에도 유전자변형 DNA나 외래 단백질이 남아 있는 식품을 말한다.

Revised Edition Agricultural Food Processing

개정판 농산식품가공학

제2장

곡류의 가공

Agricultural Food Processing

곡류(cereals)란 화본과에 속하는 식물로 쌀 · 밀 · 보리 · 옥수수 · 귀리 등의 곡식을 말한다. 쌀과 같은 곡류의 배유부분이 발달하여 열매의 저장 영양분을 이루고 있으며, 열매는 식용 또는 사료로 이용된다.

오곡은 다섯가지 곡식으로 우리나라에서는 쌀, 보리, 조, 콩, 기장을 말한다. 오곡밥은 음력 1월 15일 먹는 절기식으로 그해의 오곡이 풍년들기를 기원하는 전통적인 관례의 인습으로 그 전통이 이어져 내려오고 있다.

일반적으로 곡류는 쌀(미곡), 맥류(보리, 밀, 호밀, 귀리 등), 잡곡(조, 피, 기장, 수수, 옥수수, 메밀 등)으로 분류하고 있으며, 전 세계적으로 쌀, 밀, 옥수수가 주요한 곡물 식량자원이다. 쌀은 아시아를 중심으로 한 국가들, 밀은 유럽, 북미, 오세아니아 등의 국가들, 옥수수는 라틴아메리카, 아프리카 등의 국가들에서 주된 식량으로 이용되고 있다.

그러나, 최근 기후 변화로 인한 농작물 생산의 차질, 경제 성장에 따른 중국 등의 국가에서 곡물의 수요 증가, 곡물로 만든 바이오 연료 사용과 국제 시장에서의 곡물 투기 등이 곡물가격 상승 요인이 되고 있어, 세계 2차 대전 이후 최대 식량위기를 맞고 있는 실정이다.

곡류의 가공은 도정, 제분, 전분제조 및 기능성 곡류가공으로 분류할 수 있다. 도정은 현미로부터 겨층을 제거하여 백미를 만드는 것이고, 제분은 원료 밀을 분쇄, 사별하여 밀가루를 제조하는 것이며, 전분제조는 옥수수로부터 전분을 분리하는 것이다. 기능성 곡류는 기존의 쌀에 기능성물질을 첨가한 것, 무농약재배공법을 이용한 곡류, 현미를 싹 틔운 발아현미 등을 예로 들 수 있다.

곡류의 가공은 1차 가공과 2차 가공으로 분류되며, 1차 가공은 곡류의 도정 즉 현미에서 겨층을 제거하여 백미를 얻는 것을 말하고, 2차 가공은 1차 가공제품을 원료인 쌀을 이용한 것으로 쌀국수, 떡, 식혜 등이 있다(표 2-1).

표 2-1 곡류의 가공

곡류	1차 가공	2차 가공
현미	도정 – 백미 발아 – 발아 현미	무균포장쌀밥, 쌀국수 등 무균발아현미밥 등
밀	제분 – 밀가루	제과, 제빵, 제면
보리	도정 – 보리쌀 발아 – 맥아 : 장맥아 단맥아	Hot cereals : flake 식혜, 물엿, 맥주, 위스키
옥수수	도정 – 옥분 전분분리 – 옥수수 전분	스낵류(snacks), 제빵 변성전분, 포도당 제조 등

2-1. 곡류의 구조

곡류 중 쌀을 중심으로 곡류의 구조를 살펴보면 원료 벼는 현미(brown rice)와 왕겨(hull)가 80:20의 비율로 구성되어 있다. 현미는 겨층(bran) · 배유(endosperm) · 배아(embryo)로 구성되어 있으며, 겨층은 과피(pericarp) · 종피(seed coat) · 호분층(aleurone layer)으로 이뤄져 있고, 과피와 종피 사이에는 색소가 존재하여 현미는 갈색을 나타낸다. 종피와 호분층 사이에 핵(nucellus)이 있다. 호분층은 배유조직의 가장 바깥층으로 지방과 단백질이 많이 함유되어 있고, 배유는 도정결과 얻어지는 물질로 현미 중 가장 많은 부분을 차지하고 있으며, 전분입자를 많이 함유하고 있다. 도정으로 겨층과 함께 제거되는 배아에는 지방이 많이 함유되어 있으며, 현미나 백미보다 비타민 B_1(thiamine)의 함량이 높다.

현미의 구조는 (그림 2-1)과 같으며, 겨층 5%, 배유 92%, 배아 3%로 구성되어 있다. 보리의 구조는 벼의 구조에서 왕겨에 해당하는 부피와 겨층(과피, 종피, 호분층), 배유와 배아로 구성되어 있으며, 쌀과 비교하여 구조적인 차이는 배쪽에 길이로 깊은 고랑(crease)을 갖고 있다. 고랑은 보리를 도정할 때 남아 있으면 외관을 나쁘게 하고, 밥을 지었을 때 식감이 부드럽지 않아 맛을 저하시킨다.

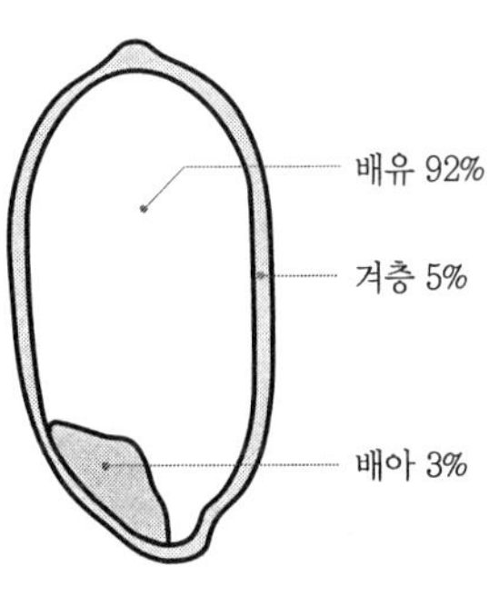

그림 2-1 현미의 구조

2-2. 곡류의 도정

도정(milling)은 곡류에서 겨층을 제거하여 성분을 분리하여 크기가 감소된다. 쌀의 도정은 현미를 원료로 하여 겨층을 제거하여 배유부분을 얻은 것으로 일반적으로 도정된 쌀을 백미라 한다. 쌀의 도정을 정미라 하고, 보리의 도정을 정맥이라 한다.

2-2-1. 도정원리

도정원리는 마찰, 찰리, 절삭, 충격작용이 있으며, 이는 따로 작용하지 않고, 2가지 이상의 공동작용으로 도정이 된다.

(1) 마찰작용

마찰작용은 도정효과가 적으나, 곡립의 면이 매끈하고 광택이 있으며, 도정도가 고르다. 도정효과를 증진시키기 위하여 찰리작용과 공동작용으로 사용한다.

(2) 찰리작용

찰리작용은 마찰력을 강하게 작용시켜 곡립의 표면을 벗기는 것으로 마찰작용보다 도정효과가 크다. 도정효과를 높이기 위하여 물을 첨가하거나 가열한다.

(3) 절삭작용

절삭작용은 곡립을 금강사 숫돌과 같은 단단한 물체의 모난 부분을 이용하여 분할하는 것으로 경도가 높은 곡물도정에 효과가 크다. 절삭은 연삭(grinding)과 연마(polishing)로 분류할 수 있으며, 절삭단위가 큰 것을 연삭이라 하고, 절삭단위가 작은 것을 연마라 한다.

(4) 충격작용

충격작용은 곡립에 어떠한 물체의 모난 부분으로 큰 힘을 가하여 충격시켜 겨층을 벗겨내는 것이다. 그 예로 절구방아식을 들 수 있다.

2-2-2. 도정기

도정기에는 쌀의 도정에 사용되는 정미기와 보리의 도정에 사용되는 정맥기가 있으며, 도정할 때 물의 첨가 유무에 따라 습식도정(wet milling)과 건식 도정(dry milling)으로 나눌 수 있다. 습식도정은 곡류를 물 또는 용액에 침지시킨 후 도정하는 것이고, 건식도정은 곡류에 별도로 물을 첨가하지 않고 도정하는 것을 말한다.

도정기는 도정작용과 구조에 의하여 압력계 도정기와 속도계 도정기로 분류할 수 있다. (표 2-2)는 도정작용에 의하여 도정기를 분류한 것으로 압력계 도정기는 마찰작용을 주된 도정작용으로 이용하고, 속도계도정계는 절삭작용 중 주로 연삭작용을 도정작용으로 이용하여 겨층을 제거하는 것이다.

표 2-2 도정기의 분류

	압력계 도정기	속도계 도정기
도정작용	마찰, 찰리	연삭, 충격
롤(roll)의 회전수	700 rpm이하	1,000 rpm 이상
압력	1 ㎏/㎠ 이상	0.2 ㎏/㎠ 이하
롤	나선형 롤	롤 내면 금강사 숫돌 사용

압력계 도정기는 쌀알과 같은 곡립의 알에 강한 압력을 가하여 마찰과 찰리작용에 의하여 겨층을 제거하는 것이며, 대표적인 예로 횡형원통마찰식 도정기가 있다(그림2-2).

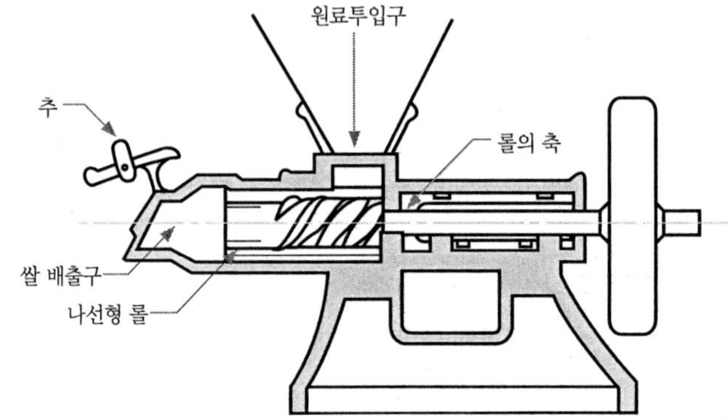

그림 2-2 횡형원통마찰식 도정기

속도계 도정기는 도정실 내부에 곡립의 알에 대한 압력을 적게 하고 고속으로 회전하는 금강사 롤러(roller)의 연삭과 충격작용으로 겨층을 제거하는 것으로, 대표적인 예로 수형연삭식 도정기가 있다(그림 2-3).

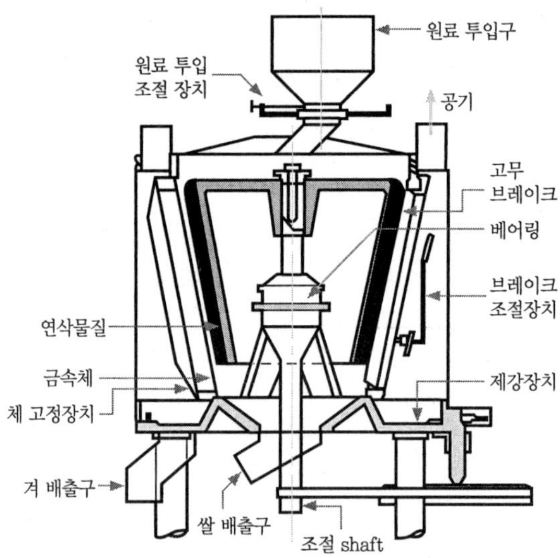

그림 2-3 수형연삭식 도정기

일반적으로 횡형원통마찰식 도정기는 식용미 도정에 사용되며, 도정정도를 조절하는 인자에는 원료 쌀의 투입량, 배출구동의 위치, roller의 회전수 등이 있다.

수형연삭식 도정기는 도정력이 강하고, 여러 가지 곡물 도정에 사용되므로 만능도정기라 불린다. 이는 철저한 도정을 필요로 하는 주조미 도정에도 사용된다. 또한 무수정맥기인 보리의 건식도정에도 사용되고 있다.

2-2-3. 쌀의 도정(정미)

(1) 쌀의 도정정도

쌀의 도정은 현미에서 겨층을 제거하여 배유부분을 얻은 것으로 도정정도를 표시하는 방법에는 도정도, 도정율, 도감율이 있다(표 2-3).

도정도는 쌀의 겨층이 벗겨진 정도로 현미, 5분도미, 7분도미, 10분도미로 분류할 수 있으며, 10분도미를 백미라 한다.

도정율은 도정된 쌀의 양이 현미 양의 몇 %에 해당하는 가를 나타내는 방법으로 5분도미 92%, 7분도미 94%, 10분도미 92%를 나타낸다. 도감율은 도정에 의하여 줄어지는 양이 현미 양의 몇 %에 해당하는 가를 나타내는 것으로, 10분도미의 경우 배유부분만 남긴 것으로 도정에 의하여 줄어지는 양은 겨층과 배아로 도감율은 8%가 된다.

쌀의 도정정도에 영향을 미치는 요인으로는 도정시기, 쌀겨층의 두께, 원료쌀의 건조정도 및 저장일수를 들 수 있다. 계절에 따른 변화인 도정시기는 여름의 경우 곡물의 경도가 낮아 도감이 많고 도정율이 높다.

또한 도정에 의하여 단백질, 지질, 칼슘과 칼륨과 같은 무기질 및 비타민 B_1(thiamine)과 B_2(riboflavin)와 같은 비타민류는 감소한다. 반면에 전분은 도정이 진행됨에 따라 증가한다.

표 2-3 쌀의 도정 정도

도정도	도감율	도정율
현미	-	-
5분도미	4%	96%
7분도미	6%	94%
10분도미	8%	92%

(2) 쌀의 도정 공정

쌀의 도정 공정을 정미공정이라 하며, (그림 2-4)와 같다. 벼를 수확하여 정선공정을 걸쳐 이물질을 제거하고 제현기를 사용하여 벼 중량의 20%에 해당하는 왕겨를 제거한 후 얻은 현미를 원료로 사용한다. 현미를 석발기에 통과시켜 돌을 제거한 다음 도정을 하여 겨층을 제거한다. 도정공정은 제강장치를 사용하여 겨층을 제거한 후 연마작용으로 마무리를 한다.

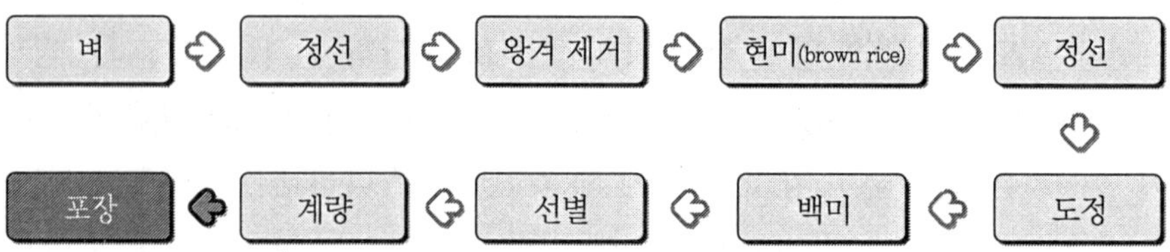

그림 2-4 쌀의 도정공정

도정공정 후 선별공정을 통하여 쇄미를 제거하여 완전립을 얻고, 중량 별로 계량한 후 포장하여 완제품을 얻는다.

쌀의 도정에는 식용미 도정, 주조미 도정, 배아미 도정이 있다. 식용미 도정에는 횡형원통마찰식 도정기를 이용하고, 주조미 도정은 배유만을 남도록 도정한 것으로 알코올 발효에 불리한 단백질 등의 성분을 최대한 제거한 것으로 수형연삭식 도정기를 사용하여 청주(sake)와 같은 고급술 제조용 원료쌀의 도정에 적용된다. 배아미 도정은 배유와 배아를주 남겨 도정하는 방법으로 영양과 맛이 우수하며, 배아미용으로 제조된 도정기를 사용하거나 횡형원통마찰식 도정기의 추의 저항을 적절히 조절하여 사용하기도 한다. 그 외에 청결미 도정은 원료 현미에서 쌀겨층을 95% 제거한 후 습식연미기를 사용하여 쌀표면에 붙어있는 나머지 겨층과 이물질을 제거한 뒤 색체선별기를 사용하여 선별공정을 거친 양질미 도정에 사용된다.

(3) 쌀겨(미강, Rice bran)

쌀의 도정 부산물로 생성된 쌀겨는 현미를 도정할 때 제거되는 물질로 미강이라 불린다. 쌀겨는 연간 약 40만 톤 정도 생성되며, 이중 일부는 미강유 제조에 사용되고, 나머지는 사료나 농산 폐기물로 처리된다.

쌀의 겨층에는 여러 가지 생리활성 물질을 함유하고 있어, 활용방안이 다양하게 연구되고 있다. 아라비노자란(arabinoxylan)은 쌀겨에 함유된 식이섬유의 일종으로 면역증강효과 및 항암효과가 있다. 그 외 옥타코사놀(octacosanol)이 함유되어 있어 지구력 증진에 도움이 되고, 토코트리에놀(tocotrienol)은 항산화작용이 강력하다.

2-2-4. 보리의 도정(정맥)

보리의 도정은 정맥이라고 하며, 쌀의 도정과 거의 같다. 보리의 구조상 특성은 고랑(crease)을 갖고 있어 밥을 지었을 때 색을 어둡게 한다. 보리는 겉보리와 쌀보리, 찰보리와 보통보리로 구분한다. 겉보리는 부피가 밀착되어 쉽게 떨어지지 않으며, 쌀보리는 부피가 쉽게 떨어진다.

보리의 생리활성 측면에서는 수용성 식이섬유의 일종인 베타글루칸(β-glucan)을 쌀의 50배 정도 함유하고, 콜레스테롤(cholesterol) 배설 촉진효과 등의 생리활성을 갖고 있어 건강식품으로 인식되고 있다.

도정에 사용하는 정맥기는 주로 수형연삭식 도정기가 사용되며. 과거에는 원통마찰식 도정기를 사용하여 물을 첨가하는 혼수도를 실시하였다. 보리의 도정방법으로는 물을 첨가하여 도정하는 혼수도, 물과 모래를 첨가하지 않고 도정하는 무수무수도, 고랑(crease)을 제거하여 취반이 용이한 할맥도정이 있다.

(1) 혼수도

보리의 도정에 물을 첨가하여 하는 혼수도는 횡형원통마찰식 도정기를 사용한다. 원료 보리를 정선, 선별하여 혼수, 도정, 혼수, 완성하여 건조시킨 것으로 첨가하는 물의 양은 도정할 때 박피용으로는 원맥무게의 5~8%이고 완성용은 3~5%를 사용한다.

혼수도는 박피가 용이하여 도정도가 높이는 효과와 외관이 좋고 보리입자 내로 수분이 소량 침투되어 입자가 연해져서 압맥제조시 압편을 용이하게 하는 장점이 있으나, 건조가 충분하게 되지 않으면, 발효가 진행되어 악취가 나거나 흑변하기도 한다.

(2) 무사무수도

보리의 도정시 물을 첨가하지 않고 도정하는 방법으로 수형연삭식 도정기를 사용한다. 혼수도에 비하여 도정도가 커서 백도가 향상된 상품성이 좋은 보리쌀을 얻을 수 있다. 보리쌀의 상품으로써의 품질은 백도, 고랑제거 유무, 모양에 따라 결정된다.

(3) 할맥도정

할맥도정은 보리의 고랑(crease)을 제거하는 도정으로 절단맥도정이라 하며, 보리알을 고랑을 따라 절단하여 도정하는 것이다.

일반적인 방법으로 도정된 보리쌀은 겨층이 완전히 제거되지 않아 밥을 지으면 흡수율이 떨어진다. 그러나 고랑이 제거된 보리쌀은 취반이 용이하며, 백도가 향상되고 소화율이 증진되는 효과가 있다.

2-3. 곡류의 가공

곡류를 가공하는 주된 목적은 취반을 용이하게 하는 것이고 그 외에 비타민과 무기질을 강화시킨 영양강화 및 생체조절기능과 같은 기능성을 부여하는 것이다.

곡류의 가공에는 건조미(α-미), 강화미(enriched rice), RTE(ready-to-eat) 곡류, parboiled rice, 곡류, 압맥 등이 있다.

2-3-1. 건조미

건조미는 α-미라고 하며, 원료 쌀을 증자하여 전분을 호화시킨 후 고온에서 급속히 건조시켜 수분함량을 15%이하로 저하시킨 쌀로 뜨거운 물만 부으면 바로 먹을 수 있다. 따라서 취사가 용이할 뿐만 아니라 무게가 가볍고 저장성이 있어 비상식량용으로 개발되었다.

2-3-2. 강화미(Enriched rice)

영양성분을 강화시킨 쌀은 비타민 B_1(thiamine)을 강화시킨 쌀과 8가지 영양성분을 강화시킨 쌀을 예로 들 수 있다.

(1) 비타민 B_1 강화쌀(Thiamine- enriched rice)

백미는 현미에 비하여 도정되었기 때문에 비타민 B_1(tiamine)의 손실이 많다. 이의 해결책으로 개발된 쌀이 티아민 강화쌀로, 비타민 B_1(tiamine)은 수용성이므로 수세나 조리할 때 손실되는 문제점이 있어 불용성인 비타민 B_1 유도체를 사용하여 원료 쌀에 처리한 것이다.

(2) 여러 가지 영양성분 강화쌀(Multi-nutrient enriched rice)

도정이 진행됨에 따라 비타민과 무기질과 같은 영양성분은 감소된다. 따라서 원료쌀에 비타민 B_1, B_2, B_6, E, niacin 등의 비타민과 칼슘(Ca), 철분(Fe) 등의 무기질을 강화시킨 쌀로 백미에 부족한 영양성분을 보완하는 효과가 있다. 여러 가지 영양성분 강화쌀의 제조공정은 (그림 2-5)와 같다.

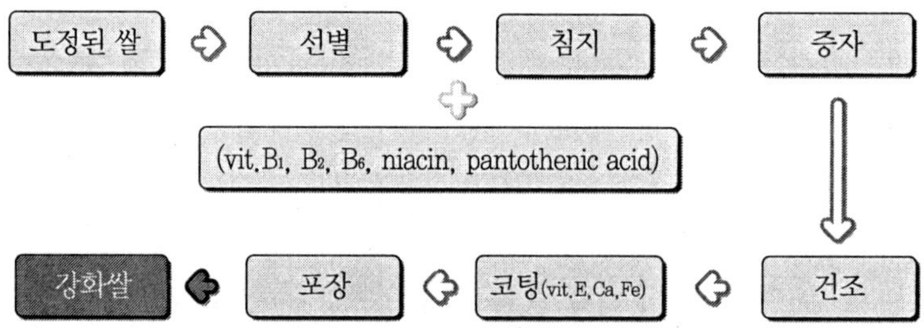

그림 2-5 여러 가지 영양성분 강화쌀의 제조공정

2-3-3. Parboiled rice

Parboiled rice는 벼를 침지, 증자하고 건조한 후 도정한 쌀로 인도에서 각기병이 사회적으로 문제가 되어 개발된 쌀이다.

이의 공정은 침지(steeping), 증자(steaming), 건조(drying)의 3단계로 분류할 수 있다(그림 2-6). 원료 벼를 물에 침지하여 겨층과 배아에 있는 비타민 B_1과 같은 영양성분을 배유 부분으로 이동시킨다. 침지공정 후 증자하여 전분을 호화시키고 건조하여 도정하면 원료 백미보다 비타민 B_1의 함량이 2배나 더 높다.

그림 2-6 Parboiled rice의 제조

Parboiled rice는 비타민 B_1과 같은 영양분이 백미보다 많지만, 색이 어두워 우리나라에서는 사용되지 않는다.

Acid-parboiled rice는 비타민 B_1이 산에 안정하다는 원리를 이용하여 침지공정을 묽은 아세트산(acetic acid) 용액에서 실시하여 비타민 B_1 함량을 백미보다 3배나 높여 가공한 쌀이다.

2-3-4. RTE-시리얼(Ready to eat-cereals)

귀리(Oats)에는 비타민 B군과 베타-글루칸(β-glucan)이라는 수용성 식이섬유(dietary fiber) 등이 풍부하다. 또한 혈당지수(Glycemic Index; GI)가 다른 곡류보다 낮아 당뇨병 환자에게 도움을 줄 수 있으며, 베타-글루칸(β-glucan)이라는 수용성 식이섬유(dietary fiber)가 풍부하여 혈중-콜레스테롤 수치를 낮추는 효과가 있다. 또한 단백질 함량이 다른 곡류에 비하여 많은 편이고, 필수아미노산(essential amino acid)을 고르게 함유하고 있다. 이러한 기능적 특성으로 세계 10대 슈퍼푸드(super food)로 선정(2002년 타임지)되어 많은 관심을 받고 있는 곡류 중 하나이다. 귀리는 RTE-시리얼의 원료뿐만 아니라 곡물쉐이크, 식사대용선식, 햇반, 귀리우유 등 다양한 제품의 소재로 활용되고 있다.

그 외 체중조절을 목적으로 포만감을 주고 배변활동에 도움을 주는 식이섬유와 탄수화물의 지방합성을 억제하는 가르시니아캄보지아 추출물을 첨가한 제품도 있다. 또한 단백질을 첨가한 RTE-시리얼은 근력증강이 필요한 사람들에게 단백질 보강에 도움을 기대할 수 있는 제품이다.

2-3-5. 소용량 시리얼

소용량 시리얼은 기존의 RTE-곡류 제품이 대용량이란 불편함을 고려하여 개발된 제품으로 1회분의 양(약 30 g)을 컵에 담은 소용량 RTE-시리얼이다. 제조에 사용된 원료곡류는 발아현미, 찹쌀 등 다양하게 선택하여 제품화할 수 있다.

이는 간식이나 싱글족들의 간편한 아침식사 대용으로 우유나 두유를 곁들여 바로 먹을 수 있는 편의식품(convenience food)이다.

2-3-6. 복합쌀

복합쌀은 현미, 찰보리, 콩, 밀, 수수, 조 등의 혼합잡곡과 재성형한 쌀로 쌀밥에 부족한 비타민과 무기질 외에 필수아미노산(essential amino acid), 식이섬유(dietary fiber) 등이 골고루 들어 있도록 개발된 쌀가공품이다.

귀리(Oats)에는 비타민 B군과 베타-글루칸(β-glucan)이라는 수용성 식이섬유(dietary fiber) 등이 풍부하다. 또한 혈당지수(Glycemic Index; GI)가 다른 곡류보다 낮아 당뇨병 환자에게 도움을 줄 수 있으며, 베타-글루칸(β-glucan)이라는 수용성 식이섬유(dietary fiber)가 풍부하여 혈중-콜레스테롤 수치를 낮추는 효과가 있다. 또한 단백질 함량이 다른 곡류에 비하여 많은 편이고, 필수아미노산(essential amino acid)을 고르게 함유하고 있다. 이러한 기능적 특성으로 세계 10대 슈퍼푸드(super food)로 선정(2002년 타임지)되어 많은 관심을 받고 있는 곡류 중 하나이다. 귀리는 RTE-시리얼의 원료뿐만 아니라 곡물쉐이크, 식사대용선식, 햇반, 귀리우유 등 다양한 제품의 소재로 활용되고 있다.

그 외 체중조절을 목적으로 포만감을 주고 배변활동에 도움을 주는 식이섬유와 탄수화물의 지방합성을 억제하는 가르시니아캄보지아 추출물을 첨가한 제품도 있다. 또한 단백질을 첨가한 RTE-시리얼은 근력증강이 필요한 사람들에게 단백질 보강에 도움을 기대할 수 있는 제품이다.

2-3-7. 압맥(Rolled barley)

보리알갱이 조직이 부스러지지 않도록 압편기를 사용하여 누른 것으로 납작보리라고 한다. 삶지 않아도 쌀과 함께 넣어 취반이 가능하다.

보리를 60~80℃의 고열증기로 쪼여 조직을 부드럽게 한 후 압편공정을 걸쳐 두께를 얇게 하여 냉각하여 제품화한다. 압맥의 장점은 조직이 부드러워 씹는데 부담이 적고, 흡수율이 높아 쌀과 함께 혼합취반이 가능하며, 영양성분상 큰 차이는 없다.

2-3-8. 무세미

무세미는 쌀을 씻지 않고 물을 가하여 밥을 지을 수 있도록 가공한 쌀로 씻지 않는다는 간편함과 쌀겨 잔유물을 과학적인 세미장치를 사용하여 제거한 것으로 밥을 하였을 때 윤기가 돌고 밥맛이 좋다. 무세미의 제조공정은 (그림 2-7)과 같다.

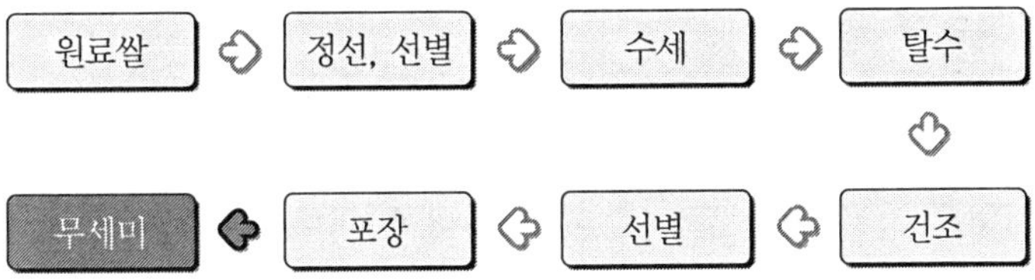

그림 2-7 무세미의 제조

일반쌀은 수세할 때 나오는 쌀뜨물로 손실되는 양이 약 3%이며, 대형 밥공장에서는 쌀뜨물이 수질오염의 원인이 되고, 물의 사용양이 많다는 단점이 있다.

2-3-9. 무균포장밥(Boiled rice)

무균포장밥은 원료 쌀을 정선, 선별공정을 걸쳐 밥짓기를 하고 무균포장시스템으로 진공상태로 포장하여 유통기한은 상온에서 수개월 정도이다. 소비자들은 먹을 때는 전자레인지를 이용하여 재 가열하면 방금한 밥과 같은 맛을 그대로 느낄 수 있다. 무균포장밥 제조공정은 (그림 2-8)과 같다.

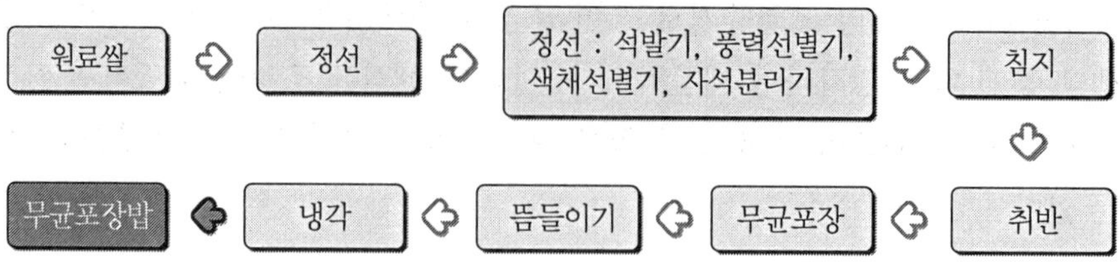

그림 2-8 무균포장밥 공정

국내에서도 수요가 많고, 외국으로 수출될 뿐만 아니라 기내식으로도 이용되고 있다. 무균포장밥에는 쌀밥, 발아현미밥, 오곡밥, 흑미밥 등을 원료로 사용한 다양한 제품이 있다.

2-3-10. 기능성 쌀

기능성 쌀은 원료 쌀에 생리활성 물질을 첨가하여 기능성을 강화하거나, 재배방법을 무공해법을 적용한 것 등으로 기존의 쌀에 대하여 경쟁력을 확보하기 위한 방안이다. 과거 쌀의 생산은 생산증가와 밥맛에 역점을 둔 반면, 최근에는 건강에 대한 관심 증대로 기능성을 주로 한 제품이 상품화되고 있다.

기능성 쌀에는 녹차쌀, 버섯쌀, 키토산쌀 등과 같은 생리활성물질을 함유한 천연물질이 코팅된 쌀, 배아가 보통쌀 보다 큰 거대배아미, 식이섬유를 많이 함유한 비만억제용 쌀, 흑향미, 발아현미, 홍국쌀, 동충하초쌀, 오리쌀 등이 있다.

2-3-11. 기타

기타 곡류가공에는 가정간편식(HMR; home meal replacement), 컵밥(cup-rice), 컵죽(cup-porridge), 어린이용 짜먹는 죽 등이 있다.

2-4. 제분(Flour milling)

제분(flour milling)은 곡류를 분쇄하고 겨층을 제거하여 배유를 가루로 만드는 공정으로 밀가루 외에 쌀가루, 옥수수가루, 메밀가루, 보리가루, 미숫가루 등이 제분공정을 이용한 것이다. 그러나 일반적으로 제분은 밀(wheat)의 제분을 말하는 것으로 원료 밀을 분쇄하여 밀가루를 제조하는 공정을 말한다.

2-4-1. 원료밀

밀(wheat)은 세계인구의 25% 이상이 주식으로 이용하는 주요한 곡물로 제과, 제빵, 제면 산업의 원료로 이용되고 있다. 그러나, 원료밀의 국내 자급률은 약 0.2%로 대부분 수입에 의존하고 있다.

원료밀은 생육 특성에 따라 겨울밀과 봄밀, 색에 따라 붉은 밀과 흰 밀, 조직에 따라 경질밀(hard wheat)과 연질밀(soft wheat)로 분류한다. 경질밀은 초자질밀이라 하고 연질밀은 분상질밀이라 하며, 경질밀과 연질밀의 사이를 중간질밀이라 한다. 경질밀을 두쪽으로 나누면 반투명한 유리모양으로 나타나 초자질밀이라고 하고 이를 제분한 밀가루를 강력분으로 제빵용으로 사용된다. 연질밀의 단면은 백색의 불투명한 부분을 나타내어 분상질밀이라 불리고 이를 제분하여 박력분을 얻는다. (그림 2-9)는 밀의 종류에 따른 적용 예를 나타낸 것이다.

그림 2-9 밀의 종류와 용도

그 외에 듀럼밀(durum wheat)을 제분한 밀가루는 마카로니(macaroni)나 스파게티(spaghetti)의 재료로 사용되며, 배유부분은 호박색을 나타낸다.

밀의 구조는 밀기울, 배유, 배아로 구성되어 있으며, 밀기울(wheat bran)은 밀의 피부로 쌀의 경우 겨층이라 불리며, 약 15%를 차지하고 식이섬유(dietary fiber), 칼륨(K), 인(P), 등의 무기질 성분과 피틴산(phytic acid)를 함유하고 있다. 밀기울에 많이 함유된 피틴산은 예전에는 인체내 철(Fe)과 같은 무기질의 흡수를 방해하는 물질로만 알려져 왔지만, 최근에는 혈당 저하 및 항산화작용 등이 있다고 보고된 바 있다. 밀의 배유부분은 약 82%를 차지하고 전분과 단백질의 함량이 많으며, 분쇄공정으로 가루가 되는 부분이다. 배아부분은 지방, 당, 비타민류 특히 비타민 B_1이 많으며, 약 3%를 차지한다.

2-4-2. 제분능력

밀의 제분능력은 barrel로 표시되며, 1 barrel은 1일에 밀가루 4포대를 만들 수 있는 능력을 말한다. 소형제분은 100 barrel이하이고, 대형제분은 200~1,000 barrel을 말한다.

2-4-3. 제분공정

밀을 원료로 사용하여 밀가루를 제조하는 제분공정은 (그림 2-10)과 같다.

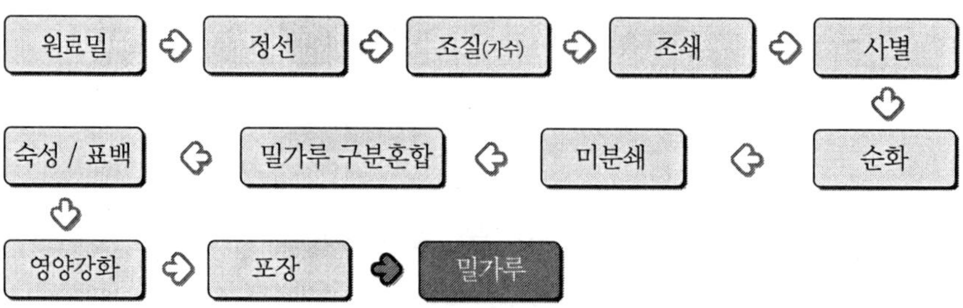

그림 2-10 제분공정

제분의 주요 공정은 정선, 조질, 분쇄, 사별로 분류하여 설명하면 다음과 같다.

(1) 정선

원료 밀을 정선하는 목적은 원료 밀에 붙어 있는 흙, 먼지, 잡초와 같은 협잡물이나 쇠붙이와 맥각균의 번식하여 부스러지기 쉬운 밀알을 제거하는 것이다. 정선장치에는 석발기(stoner), scourer, 자력분리기, 종자분리기(seed separator) 등이 있다. 석발기는 돌을 제거하는 장치이고, scourer는 곡류 자체끼리의 또는 scourer의 금속 망과의 연마에 의하여 밀 표면에 묻어 있는 흙, 먼지 등을 제거하는 장치이다. 또한 자력 분리기를 사용하여 쇠붙이나, 못조각을 제거하고, 종자분리기를 사용하여 모양이 다른 씨나, 잡곡 등을 제거하는 장치이다.

(2) 조질(Tempering)

조질공정은 밀의 제분공정 중 분쇄 전에 하는 공정으로 정선된 밀에 물을 첨가하여 일정시간 방치하는 것으로 분쇄공정을 용이하게 한다. 원료 밀은 저장 중 건조되어 수분함량이 낮아진다. 이를 조질공정 없이 분쇄공정을 하면 밀기울이 잘게 부스러져 배유부분에 혼입되기 쉽다.

일반적으로 가수량은 나눠서 첨가하는데, 가수량이 많으면 온도와 습도가 높을 때 변질이 용이하고, 원료 밀에 한꺼번에 흡수되기가 어렵기 때문이다.

조질공정의 목적은 밀기울이 물을 흡수하여 분쇄 중 잘 부서지지 않게 하기 위해서 이고, 배유부분이 부드러워져 분쇄를 용이하게 한다는 것이다. 일반적으로 연질밀은 수분함량이 15.0~15.5%, 경질밀은 16.5%, 듀럼밀(durum wheat)은 17.5% 정도로 가수한다.

또한 조질공정을 할 때 45℃이하로 온도를 높여 조질공정 효과를 높이는 것을 conditioning이라고 한다. 가온처리로 수분이 밀알로 확산현상에 의하여 침투를 빠르게 하는 것이다. 그러나 과도한 가열처리로 밀단백질의 변성이 일어날 수도 있으므로 약 45℃이하로 처리한다.

(3) 분쇄 및 사별

조질공정 후 밀은 분쇄와 사별공정을 하여 밀은 밀가루로 되고 밀기울 부분은 분리 제거된다. 분쇄와 사별공정은 제분공정 중 가장 중요한 공정으로 조쇄, 사별, 순화, 미분쇄로 구분된다.

제분의 분쇄이론은 밀기울은 분쇄되지 않고 배유부분만 조분쇄하는 선택적인 분쇄를 말한다.

1) 조쇄

조질공정을 거친 밀은 조쇄롤(break roll)을 사용하여 밀기울과 배유를 분리한다. 특히, 밀기울은 작은 조작으로 부수러지지 않게 조쇄롤로 파쇄한다. 이는 밀가루 생산량을 좌우하는 가장 중요한 공정이다. 조쇄롤은 (그림 2-11)과 같으며, 1쌍의 조쇄롤의 표면에 톱날모양의 날이 있어, 이들이 다른 속도로 회전하면서 압착, 절단, 비틀림 작용에 의하여 조쇄된다. 조쇄 공정에서는 가능한 밀기울이 작은 조각으로 부수러지지 않아야 한다. 조쇄공정에서는 보통 4~5개의 조쇄롤을 통과시킬 때 조쇄롤의 치수를 12~24로 적은 치수에서 차차 치수를 많게 조절하여 밀기울과 배유를 분리한다. 치수는 1인치 당 톱날모양의 수로 표시한다.

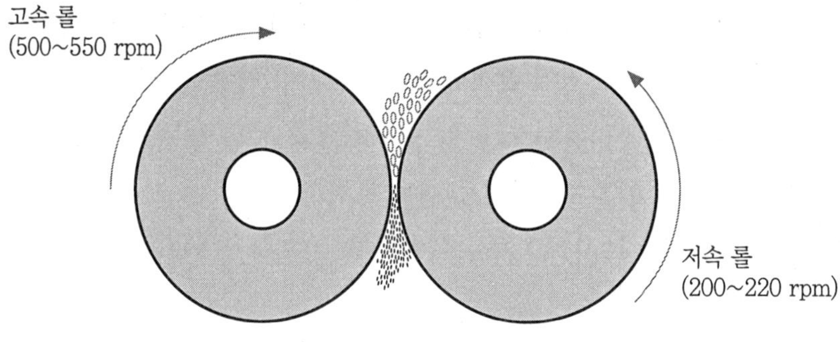

그림 2-11 조쇄롤

2) 사별

사별은 조쇄롤에서 분쇄된 것을 체를 사용하여 밀기울을 제거하는 공정으로 (그림 2-12)는 26개의 체를 통과시키는 체상자를 나타낸 것이다. 사별공정으로 통과분과 미통과분으로 분리된다. 이와같이 사별공정으로 체를 통과하여 밀기울을 제거한 통과분인 조쇄된 배유부분을 얻게 된다.

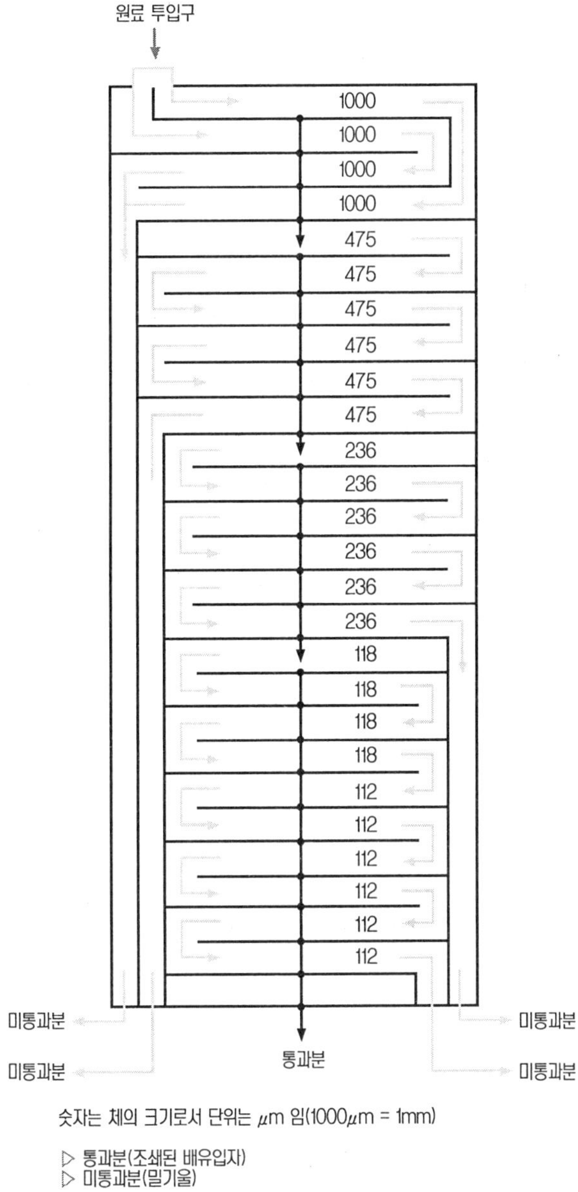

그림 2-12 사별공정

3) 순화

순화공정은 사별공정으로 체를 통과시켜 얻은 배유부분에 섞여 있는 미세한 밀기울을 제거하기 위하여 순화기(purifier)를 통과시켜 순수한 배유부분만을 얻는 공정이다. 순화기에서 조쇄, 사별된 원료가 투입되면 체가 좌우로 진동하고 밑으로부터 바람을 불어 넣어 순수한 배유부분, 겨와 배유가 섞여 있는 부분과 겨층으로 각각 분리되어 순수한 배유부분만을 얻는다(그림 2-13).

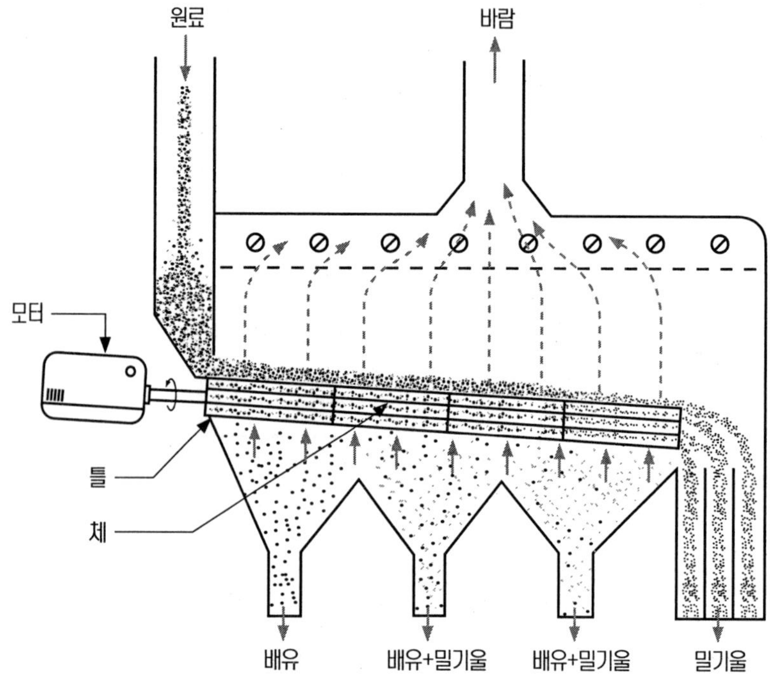

그림 2-13 순화기

4) 미분쇄

조쇄된 순수한 배유부분은 활면롤(smooth roll)을 사용하여 미분쇄된다. 미분쇄는 압력을 적게하여 롤의 회전수를 다르게 작용시켜 일어나는 비틀림 작용으로 완성시킨다. 이때 롤의 회전비는 1:1.5이다.

(4) 밀가루의 구분 혼합

대규모 제분공장에서는 단백질의 함량에 따라 밀의 종류를 섞어 제분 공정에서는 여러 곳에서 밀가루가 생성된다. 밀가루의 용도에 따라 생성된 밀가루를 혼합하게 된다.

제분수율(flour extraction)은 원료 밀로부터 얻은 밀가루의 생산수율을 말하며, 일반적으로 제분수율은 72% 정도이다. 나머지 28%는 밀기울, 배아 및 말분(shorts)으로서 사료로 이용된다. 그러나 제분 수율은 밀의 품종, 제분 기술 등에 따라 달라진다.

(5) 밀가루의 숙성

제분 후 일정기간동안 방치하여 공기 중 산소의 산화작용으로 점탄성을 증가시켜 제빵적성을 좋게 하고, 표백도 되어 하얀색의 밀가루를 얻을 수 있다. 이와 같이 밀가루의 성질을 안정시키는 것을 숙성이라고 한다. 그러나 자연적인 상태로 치하는 것은 시일이 오래 걸리는 단점이 있다.

따라서 산화제나 표백제와 같은 밀가루 품질개량제로 처리하여 단시간 내에 밀가루의 표백, 밀가루의 제빵적성 향상으로 밀가루의 품질을 개선시킨다. (표 2-4)는 밀가루의 숙성에 사용되는 산화제와 표백제를 나타낸 것이다.

표 2-4 밀가루의 산화제와 표백제

산화제	브롬산칼륨($KBrO_3$), 요오드칼륨(KIO_3), Dehydro-L-ascorbic acid, Azodicarbonamide
표백제	과산화벤조일, 이산화질소(NO_2)
산화제 & 표백제	과산화아세톤, 염소(Cl), 이산화염소(ClO_2)

밀가루의 -SH기와 -SH기를 산화시켜 -S-S-결합을 만들어 점탄성을 증가시키는 산화제는 브롬산칼륨(KBO_3), 요오드칼륨(KIO_3), dehydro-L-ascorbic acid, azodicarbonamide 등이 있으며, 케이크용 밀가루와 같이 밀가루의 색을 하얗게 하기 위하여 사용되는 표백제로는 과산화벤조일, 이산화질소(NO_2) 등이 있고, 산화작용과 표백작용을 동시에 갖고 있는 물질로는 과산화아세톤, 염소(Cl), 이산화염소(ClO_2)가 있다.

(6) 영양 강화

밀가루는 비타민과 무기질과 같은 미량 영양소가 부족하여 표백제 등을 첨가할 이들 영양소를 함께 처리하여 밀가루의 영양을 강화시킨다.

2-4-4. 밀가루의 등급 및 용도

밀가루는 단백질의 함량에 따라 강력분(strong flour), 중력분(all-purpose flour) 및 박력분(weak flour)으로 분류된다. 강력분은 제빵용, 중력분은 제면, 박력분은 제과에 사용된다. 또한 밀가루의 회분 함량에 따라 등급이 결정되는데 1등급, 2등급, 3등급으로 분류된다.

밀가루의 단백질 함량은 제품의 종류에 다르며, 식빵은 12~13%, 면류는 10~11%, 10~11%, 케이크는 9~9.5%, 쿠키는 8~9% 정도이다. 밀가루의 등급은 제품의 품질에 따라 다르게 사용되며, 주로 1등급 밀가루와 2등급 밀가루가 널리 사용되고 있다.

2-4-5. 밀가루의 품질 인자

밀가루의 품질에 영향을 미치는 인자는 밀단백질, 회분함량, 흡수율, 효소활성도 및 점도 등이 있다.

(1) 밀단백질(Wheat protein)

밀단백질(wheat protein)은 밀가루의 품질을 좌우하는 가장 중요한 인자로서 밀단백질 중 글루텐(gluten)의 함량에 따라 강력분, 중력분, 박력분과 같은 밀가루의 종류를 분류한다.

밀단백질은 (그림 2-14)와 같이 글루텐(gluten)과 비글루텐(non-gluten)으로 나눌 수 있다. 밀가루를 물과 혼합하여 반죽을 형성할 때 글리아딘(gliadin)과 글루테닌(glutenin)이 결합하여 글루텐을 형성하는데 반죽에 점탄성을 부여하여, 제빵 및 제면적성을 좋게 하는 밀가루 단백질만의 독특한 성질이다.

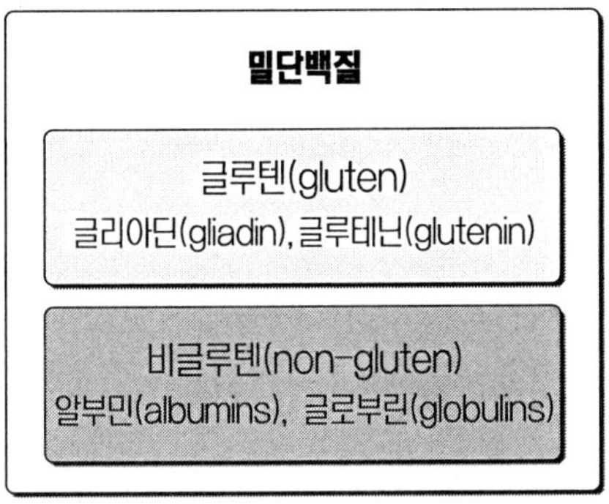

그림 2-14 밀단백질(Wheat gluten)

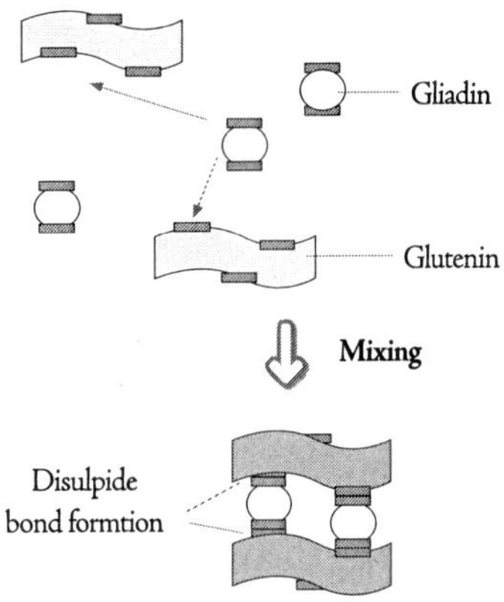

그림 2-15 글루텐의 구조

(2) 회분

회분함량(ash content)은 밀기울(wheat bran)에 많이 함유되어 있어 제분율을 판단할 수 있는 지표가 된다. 회분함량이 많이 함유되어 있으면 밀기울이 혼입되어 있어 밀가루의 색상이 어둡고 등급이 낮은 밀가루이다.

따라서 밀가루의 회분함량으로 밀가루의 등급이 결정된다. 즉, 회분함량이 많으면 등급이 낮은 밀가루이고, 회분함량이 적으면 등급이 높은 상등급의 밀가루임을 알 수 있다.

이와 같이 밀가루의 회분함량이 제품의 가공적성에 영향을 미치지는 않지만, 제분의 상태를 나타내는 지표가 되고, 밀가루의 색상과 관계가 있다. 회분함량이 많이 함유한 밀가루는 색이 표준 밀가루보다 어둡게 나타난다. 밀가루의 색상은 회분함량 외에 색 등에 영향을 받는다. 원료밀의 색소는 카로티노이드(카로티노이드(carotenoid)계 색소가 주된 것이며, 옅은 노란색을 띠고 있어 분쇄와 사별공정 후 숙성공정에서 표백처리를 별도로 하지 않으면 하얀색의 밀가루를 얻을 수 없다. 따라서 분쇄, 사별, 밀가루 구분혼합 후 밀가루의 숙성 공정으로 표백제로 처리하여 밀가루의 백도(whiteness)를 향상시킨다.

표준 밀가루와 제분공정으로 얻은 밀가루의 색상을 비교하는 방법으로 pekar법을 이용하여 밀기울의 혼입정도를 판단한다. 그 외에 밀가루의 백도(whiteness)를 측정하는 것으로 주로 표백제에 의한 색소의 제거 정도를 판단하는 기준이 되기도 한다. 또한 밀가루의 밝기를 색도계로 반사율을 측정하여 밀기울의 혼입정도를 판정하는 방법이 있다.

(3) 효소 활성도

밀가루에는 전분분해효소(amylase), 단백질분해효소(protease), 지질분해효소(lipase)와 같은 여러 가지 효소가 존재한다.

그 중 가장 중요한 효소는 전분분해효소 중 α-아밀라제(amylase)와 β-아밀라제이다. 전분분해효소 중 α-아밀라제는 발효성 당을 생산하여 효모활성에 도움을 주는 등 반죽의 성질에 영향을 준다.

일반적인 보통 밀은 β-아밀라제의 활성을 적당히 갖고 있으나, α-아밀라제의 활성은 거의 나타내지 않는다. 그러나 밀이 발아되면서 α-아밀라제의 활성을 나타내게 된다. 따라서 밀가루의 α-아밀라제의 활성도는 원료밀의 발아 정도를 판단하는 기준으로 이용되고 있다.

α-아밀라제의 활성 측정방법으로는 아밀로그래프(amylograph)와 F.N.(falling number)를 측정하는 방법이 있다. 아밀로그래프는 α-amylase의 작용력을 측정하는 점도계이다.

2-4-6. 반죽의 물성(Rheology of dough)

반죽의 물성(rheology)은 반죽의 변형을 나타내는 특성으로 밀가루 반죽의 성질은 최종 제품에 결정적인 영향을 주게 된다. 밀가루 반죽의 성질은 단백질, 전분, 지방 및 무기질 등의 성분 함량과 효소 등이 관계되므로 화학적인 성분으로는 가공 적성을 완전히 파악하기가 곤란하다. 밀가루 반죽의 물리적인 방법에 의한 시험방법은 물리적인 성질과 기계 측정값을 수량적으로 평가할 수 있다.

밀가루 반죽은 점탄성을 갖고 있어 반죽의 물리적 성질에 영향을 미친다. 표 2-5는 반죽의 물성 측정에 사용되는 기기를 나타낸 것이다. 밀가루 반죽의 물성 측정 기기는 파리노그래프(farinograph), 익스텐시그래프(extensograph), 아밀로그래프(amylograph) 등이 있다. 이들 기기는 반죽의 점탄성, 반죽 시간, 흡수율, 신장성, 인장항력, α-아밀라제의 작용력 등을 측정하는데 사용된다.

표 2-5 밀가루 반죽의 물성측정

물성 측정 기기	측정 항목
파리노그래프	점탄성
익스텐시그래프	신장도
아밀로그래프	α-amylase의 작용력

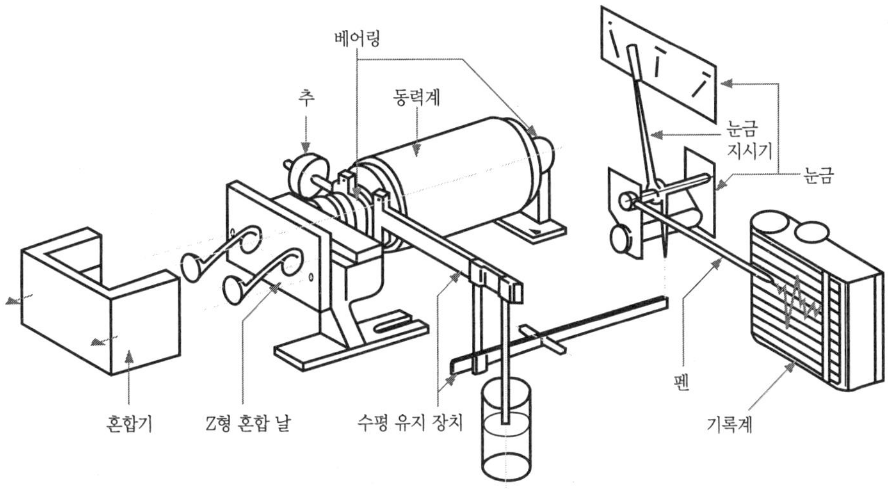

그림 2-16 파리노그래프(Farinograph)

파리노그래프(farinograph)의 구조는 (그림 2-16)과 같으며, 이는 일정한 온도에서 반죽을 교반할 때 가소성 및 이동도를 측정하는 장치로 점탄성과 흡수율을 측정하여 밀가루 반죽이 일정한 점성저항에 이르는데 필요한 물의 양을 알 수 있다. 파리노그래프(farinograph)로 나타낸 결과인 파리노그램(farinogram)의 해석방법은 (그림 2-17)과 같다.

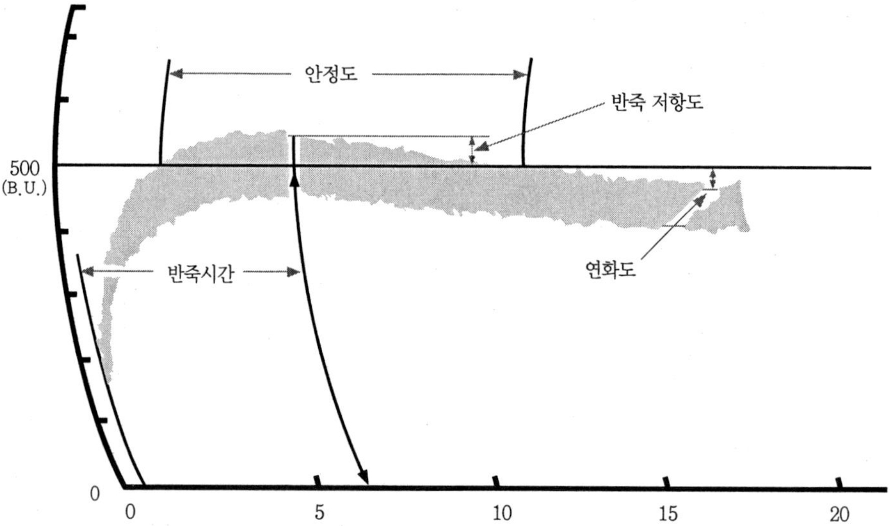

그림 2-17 파리노그램(Farinogram)

파리노그램(farinogram)의 측정값은 시간(분)과 B.U.(Brabender units, B.U.)의 관계로 표시하며, 파리노그램(farinogram) 커브의 윗부분이 500 B.U.에 도달하는 시간을 도착시간(arrival time)이라고 한다. 반죽시간은 반죽의 점조도가 최고점에 도달하는 시간을 가리키며, 안정도는 커브 윗부분이 500 B.U.에 도달했을 때와 떠날 때 까지의 시간으로 표시한다. 반죽의 저항도는 반죽시간으로부터 5분 후 커브 높이(B.U.)의 차이, 연화도는 반죽 시간으로부터 12분 후 커브 윗부분의 높이와 500 B.U.와의 차이로 반죽의 약화도 나타낸다. 이러한 파리노그램(farinogram)은 밀단백질인 글루텐(gluten)의 함량과 질에 의하여 영향을 받는다.

익스텐시그래프(extesograph)는 밀가루 반죽의 힘을 잡아 늘려서 끊어질 때까지의 힘인 인장항력과 신장도와의 관계를 기록하는 장치이며, 밀가루 개량제의 효과도 측정할 수 있다. 익스텐시그램(extensogram)은 밀가루 반죽의 신장도와 최대 저항도를 측정할 수 있다. 신장도가 큰 경우는 약한 반죽으로 가스 수용력이 떨어지고, 저항도가 큰 경우는 글루텐의 성질이 강한 반죽을 나타낸다.

아밀로그래프(amylograph)는 회전우력을 측정하는 회전 점도계의 하나로서 α-아밀라제의 작용력을 측정하는 장치이다. 밀가루에 물을 넣은 현탁액을 일정한 속도로 가열 또는 냉각시키면서 점도 변화를 기록하는 장치로 가열 범위는 20~97℃이며, 회전 속도는 75 rpm을 표준으로 잡고 있으나 표준보다 적게 또는 높게 조절할 수도 있다. 아밀로그램(amylogram)으로 호화개시온도, 최고점도 등을 표시할 수 있다.

2-5. 제빵

최초의 빵은 밀을 수확하였던 석기시대 때부터 시작된 것으로 추측할 수 있으나 현재의 발효빵과 다른 형태로 밀을 통째로 빻아 물을 첨가한 반죽을 구운 것이다. 빵효모가 발견되기 전에는 밀가루 등의 곡류가루에 물을 첨가하여 공기 중에 방치한 결과 공기 중의 젖산균과 초산균 등이 번식하여 유기산과 탄산가스(CO_2)를 형성하여 이를 팽창제로 사용하였다.

빵은 밀가루, 물, 소금, 팽창제 등의 재료를 넣고 혼합 반죽하여 팽창제로 탄산가스(CO_2)를 생성시켜 부풀린 후 구운 것으로, 팽창제에 따라 발효빵과 무발효빵으로 분류할 수 있다. 팽창제로 효모를 사용한 것을 발효빵, 화학팽창제인 baking powder를 사용한 것은 무발효빵이라 한다. 일반적으로 빵은 발효빵을 말하며, 무발효빵은 제과로 구분한다.

빵은 빵틀에 넣고 굽는 pan bread, 빵틀을 사용하지 않고 철판을 사용하여 직접 굽는 hearth bread로 분류한다. Pan bread의 대표적인 예는 식빵이고 hearth bread의 대표적인 예는 불란서빵이 있다. 그 외에 과자빵(sweet goods)이 있는데, 식빵과의 차이는 과자빵은 식빵보다 당을 많이 함유한 것으로 그 예로는 팥빵, 크림빵 등이 있다.

2-5-1. 제빵 원료

제빵의 기본이 되는 원료는 밀가루, 물, 효모와 소금이며, 그 외에 설탕, 유지, 계란, 우유, 유화제, 효모먹이(yeast food) 등 여러 가지 부원료가 사용되며, 방부제로 프리피온산 칼슘(calcium propionate) 등이 사용되기도 한다.

(1) 밀가루

제빵용 밀가루는 글루텐(gluten) 함량이 많은 강력분(strong flour)을 사용한다. 강력분은 경질밀을 원료로 제분한 밀가루로 글루텐(gluten)이 많아 반죽할 때 끈기가 많고 점탄성이 높으며 흡수율이 크고 감촉이 거친 특성이 있다. 글루텐(gluten) 함량이 적은 밀가루는 가스 보유력이 약하고 부피가 작은 빵이 된다.

(2) 효모(yeast)

식빵과 같은 발효빵의 팽창제는 효모로 *Sacchromyces cerevisiae*가 사용되며, 빵효모의 발효형식은 밀가루의 전분을 가수분해하여 당을 이용하여 알코올과 탄산가스(CO_2)를 발생시키는 알코올 발효형식($C_6H_{12}O_6 \rightarrow 2C_2H_5OH + 2CO_2$)이다.

빵효모는 효소(enzyme)를 분비하는데 이들 효소의 작용으로 생성된 탄산가스(CO_2)로 빵의 부피가 증가하고, 알코올, 케톤류(ketones), 알데히드류(aldehydes) 및 유기산 등으로 빵의 독특한 풍미를 갖게 된다.

빵효모는 압착효모(compressed yeast)와 건조효모(dry yeast) 2가지의 형태로 이용되는데 주로 압착효모(compressed yeast)의 형태로 이용한다. 압착효모(compressed yeast)는 건조효모(dry yeast)에 비하여 수분함량이 높아 10℃이하의 저온에서 보존하여야 한다. 건조효모는 압착효모를 저온에서 건조하여 수분함량을 8% 정도로 한 것으로, 사용할 때 25~30℃의 설탕액에서 40분 정도 효모를 활성화시킨 후 사용한다.

(3) 물

제빵에서 사용한 물의 역할은 건조 재료를 수화시키는 것으로 물의 사용량은 일반적으로 밀가루를 기준으로 55~65%이다. 물은 미네랄 함량이 120~180 ppm인 아경수가 좋으며, 물의 pH는 빵효모가 생육하기 적합한 5.2~5.5가 가장 적합하다. 아경수는 경수와 연수의 중간 정도의 물이다.

(4) 당

제빵에 사용되는 가장 많이 사용되는 당은 설탕으로 그 역할은 첫째, 효모의 영양원이 되고 둘째, 빵의 색에 관여한다. 빵의 표피색은 환원당과 밀가루의 단백질과의 비효소적인 갈변반응인 마이야르반응(maillard reaction)과 당류의 가열에 의한 흑갈색을 형성하는 캐러멜반응(caramellization)에 의하여 생성된다. 셋째, 단맛을 부여하고, 넷째, 휘발성 유기산(volatile organic acid) 과 알데히드(aldehyde)의 생성으로 방향성이 강하여 좋은 냄새가 난다. 다섯째, 당의 흡습성으로 수분 유지력이 높아 빵의 노화를 지연시켜 저장성을 향상시킨다.

당으로 설탕이 가장 많이 사용되지만 꿀, 물엿, 맥아당, 이성화당, 과당, 당밀, 단풍당밀(maple syrup) 등이 설탕 대용으로 쓰이기도 한다. 이 중 꿀과 단풍당밀(maple syrup)은 고급제품에 사용된다.

(5) 소금

제빵에 사용되는 소금의 양은 1~2.5% 정도를 사용한다. 소금의 효과로는 빵 반죽의 발효를 알맞게 조절하고, 글루텐(gluten)을 강화시켜 탄성을 증대시키고, 향미를 좋게 하며, 노화방지 등이 있다.

(6) 유지

제빵에 사용되는 유지는 과거에는 우지(tallow)나 돈지(lard)와 같은 동물성 유지를 사용하였으나, 그 후 쇼트닝(shortening), 마가린(margarine), 버터(butter)가 사용되고 있다.

유지는 반죽의 전분과 글루텐(gluten)사이에 윤활유로 작용하여 반죽이 늘어나서 글루텐 막이 얇어져 빵의 조직을 부드럽게 하는 역할과 노화방지효과가 있으며, 반죽에 공기를 흡수시켜 부피를 크게 조절하고, 식감을 부드럽게 한다.

그러나 최근에는 트랜스지방(trans fat)의 논란이 있어 쇼트닝(shortening) 등의 사용이 제한적이다. 트랜스지방(trans fat)은 액체 상태의 식물성 기름을 가공하는 과정에 수소를 넣어 만든 것으로, 이를 장기간 섭취하면 건강에 해로운 콜레스테롤(cholesterol)인 저밀도지단백콜레스테롤(low-density lipoprotein; LDL cholesterol)이 많아져 심장병과 동맥경화증 등의 질환과 어린이의 과잉행동증후군(hyperactivity syndrome)에도 영향을 끼친다고 알려져 왔다. 따라서 쇼트닝(shortening)을 사용할 때의 맛과 작업성을 유지하면서도 트랜스지방(trans fat)을 제거한 유지가 개발되어 이용되고 있다.

(7) 효모먹이(Yeast food)

제빵에 사용되는 효모먹이(yeast food)는 효모의 영양물질이 되고 발효를 조절하는 발효촉진제로 사용되고, 글루텐성질을 조절하는 물질개량제로서의 기능을 갖고 있다.

효모먹이의 구성은 효모의 영양원, 산화제, pH 조절제 및 부형제(filler)로 구성되어 있다(표 2-6). 효모의 영양원은 질소원으로 염화암모늄(NH_4Cl)과 황산암모늄($(NH_4)_2SO_4$)을 주로 사용하고, 산화제로는 브롬산칼륨($KBrO_3$)과 요오드칼륨(KIO_3)이 있다. 그 외에 pH 조절제로는 제일인산칼슘($Ca(H_2PO_4)_2$)과 탄산칼슘($CaCO_3$)이 사용되고, 부형제(filler)로 전분과 밀가루 등이 사용된다.

표 2-6 효모먹이의 조성

효모먹이의 구성	예
효모 영양소	NH_4Cl, $(NH_4)_2SO_4$
산화제	$KBrO_3$, KIO_3,
pH 조절제	$Ca(H_2PO_4)_2$, $CaCO_3$
부형제	전분, 밀가루

(8) 기타

그 외에 유화제(emulsifying agent), 방부제, 우유, 탈지분유, 대두분 등이 사용된다. 유화제는 물성분과 유지성분을 고르게 섞어주는 역할을 한다. 방부제로 사용되는 프로피온산 칼슘(calcium propionate)은 곰팡이 방지제로 사용되는 보존료이다. 우유, 탈지분유 등은 글루텐(gluten)을 강화시키고 영양강화 효과와 빵 표피의 색상에 관여한다.

2-5-2. 제빵 방법

제빵방법은 원료의 배합방식에 따라 직접반죽법(straight dough process)과 스펀지반죽법(sponge-dough process)이 있다. 직접반죽법(straight dough process)은 소규모 제빵업소에서 쓰이며, 스펀지반죽법은 대규모 공장에서 이용된다.

그 외에 고속반죽기를 사용한 연속제빵방법(continuous baking method), 속성제빵방법(no-time dough process)이 있으나 제빵시간이 짧지만 소비자의 기호도가 좋지 않다. 또한 액체발효법(liquid ferment system)은 스펀지반죽법을 단순화시켜 스펀지법의 결함을 제거하기 위하여 발효액체를 먼저 만든 후 제빵 원료를 가하여 반죽하는 방식이다.

여기서는 제빵방법으로 대표적인 직접반죽법과 스펀지반죽법에 관하여 살펴보면 다음과 같다.

(1) 직접반죽법(Straight dough process)

직접반죽법은 직날법이라고도 하며, 원료전부를 한꺼번에 반죽기에 넣어 1 단계의 혼합과정을 거쳐 얻은 반죽을 발효시키는 방식으로 소규모의 제과점에서 이용되고 있다.

직접반죽법의 장점은 다음과 같다. 첫째, 스펀지법(sponge-dough process)에 비하여 발효시간이 짧아 제조시간을 절약할 수 있으며, 둘째, 인력과 전력이 적게 들고, 셋째, 발효로 인한 손실이 적으며, 넷째, 설비가 적게 들고 제조장비가 간단한 것이다.

그러나, 스펀지법(sponge-dough process)에 비하여 효모의 양이 많이 사용되고, 공정이 잘못되었을 때 수정할 수가 없다는 것이며, 조직이 좋지 않은 무거운 빵이 된다는 것이 단점이다.

(2) 스펀지반죽법(Sponge-dough process)

스펀지반죽법(sponge-dough process)은 중종법이라고도 하며, 밀가루의 일부를 물과 효모를 넣어 반죽하고 발효시켜 효모를 증식시킨 후, 나머지 원료를 넣어서 본반죽하는 방법이다. 이는 반죽을 2회로 나눠 혼합하는 방법으로 반죽은 스펀지반죽과 본반죽으로 분류되며, 대량생산이 가능한 양산업체에서 시용되는 제빵방법이다.

스펀지법을 직접반죽법과 비교한 결과, 단점으로 첫째, 발효시간이 오래 걸리고, 둘째, 발효로 인한 손실이 크며, 셋째, 인력이 많이 들고 설비가 더 필요하다는 것 등이 있다.

그러나, 스펀지법(sponge-dough process)은 직접반죽법(straight dough process)에 비하여 효모의 양이 적게 들고, 조직이 좋으며, 빵이 가벼워 부피가 크고, 공정이 잘못 되었을 경우 수정할 기회가 있어 양산업체에서 대량생산을 할 때 적용되는 방법이다.

2-5-3. 제빵공정

제빵공정은 가장 일반적인 제빵방법인 직접반죽법에 준하여 살펴보면 다음과 같다(그림 2-18).

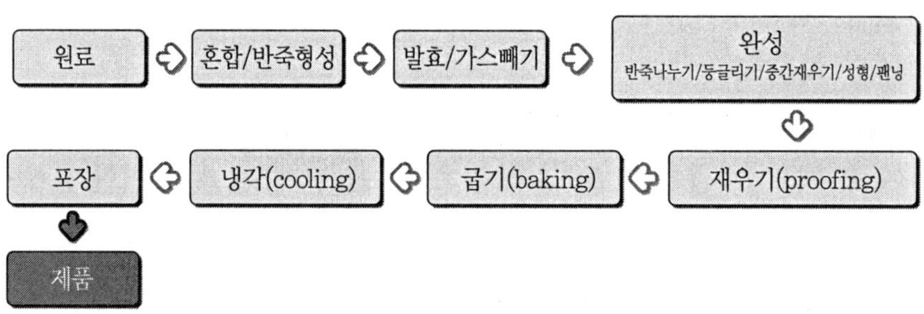

그림 2-18 직접반죽법에 의한 제빵공정

(1) 원료의 전처리

제빵의 사용하는 원료 밀가루는 체질하여 준비한다. 원료 밀가루를 체질하는 이유는 공기 중의 산소를 공급하고, 협잡물과 같은 이물질을 제거하며, 밀가루를 고르게 분산시키기 위해서이다.

가장 적합한 반죽온도는 26~28℃이므로 냉장보관 중이던 쇼트닝(shortening), 버터, 우유, 효모 등은 작업하기 전에 꺼내서 실온에서 온도를 조절하여 준비한다.

(2) 혼합 / 반죽형성

제빵용 원료 전부를 반죽기에 넣고 골고루 분산시켜 균일한 혼합물을 만드는 공정으로 글루텐(gluten) 구조를 형성시키는 것이 목적이다.

혼합공정에서 주의해야 할 것은 유지재료를 밀가루와 물 등과 함께 처음부터 넣어주면 밀가루 입자에 붙어서 밀가루가 물을 흡수하는 것을 방해하므로 글루텐(gluten) 형성이 잘 되지 않는다. 따라서 물과 유지를 제외한 나머지 건조 재료들을 혼합하여 수화가 완료된 후에 유지를 첨가해야 한다.

(표 2-7)은 제빵공정 중 혼합시 반죽의 상태변화를 나타낸 것이다.

표 2-7 제빵 혼합공정 중 반죽의 상태변화

반죽의 상태 단계	기능
Pick-up 단계	원료 결합하는 상태
Clean-up 단계	수화완료
발달(Development) 단계	글루텐이 발전되는 단계 - 탄력성 최고
최종(Final) 단계	탄력성 감소, 신장성 생김
Let-down 단계	탄력성과 신장성 상실 - 과도한 혼합의 초기 단계
Break-down 단계	글루텐 파괴

반죽의 점탄성은 단백질 간의 -SH기가 산화되어 -S-S-결합을 형성하는 것으로 설명할 수 있다(그림 2-19). 그 결과 밀가루 반죽의 가스 수용력이 높아진다.

$$R_1\text{-}CH_2SH + R_2\text{-}CH_2SH$$
$$\downarrow (0)$$
$$R_1\text{-}CH_2\text{-}S\text{-}S\text{-}CH_2\text{-}R_2 + 2H$$

그림 2-19 밀단백질의 산화로 -S-S-결합형성

(3) 발효(Fermentation) / 가스빼기(punching)

혼합공정으로 글루텐(gluten)이 형성된 반죽을 발효실에 옮겨 27~29℃로 온도와 95%로 습도를 유지시켜 발효를 진행시킨다. 발효공정이 1~3시간 지나면 반죽의 부피가 2~3배 증가하는데 이를 1차 발효(fermentation)라 한다.

발효의 목적은 빵효모가 당을 분해하여 탄산가스(CO_2)를 생성시켜 반죽이 팽창하여 부피가 증대된다. 그 외에 특유의 향이 발달되고 글루텐(gluten)이 숙성되어 가스 포집과 보유능력이 개선되고 효모가 분비하는 효소의 작용으로 반죽의 유연성이 증대된다.

밀가루 반죽의 당은 밀가루 자체에 존재하는 유리당(free sugar), 효모 또는 밀가루의 효소에 의하여 전분의 분해로 생성된 당 및 첨가된 당이 있다. 빵효모의 발효에 중요한 당은 포도당(glucose), 과당(fructose)과 같은 단당류 등이다.

제빵에 있어 적당한 당 함량은 밀가루를 기준으로 3.5% 정도로 이 이상의 당은 빵에 잔유하는 당으로 남게 된다. 반죽의 pH는 발효 중에 4~6 정도로 유지하는 것이 바람직하다.

발효공정으로 반죽은 부드러워지고 신장성이 증가되는데 이를 반죽의 숙성이라고 한다.

가스빼기(punching)는 발효 중 발효시간의 60%정도가 진행되었을 때 반죽의 끝부분을 잡아당겨서 반죽 가운데를 겹쳐 눌러서 반죽내의 가스를 배출시킨다. 발효 중 가스빼기는 1회 정도하거나 2회하는 경우도 있다. 가스빼기를 하는 목적은 반죽 안팎의 온도를 균일하게 하기 위해서이고, 발효로 생성된 탄산가스(CO_2)를 배출시키며, 신선한 공기로 효모의 작용을 왕성하게 하는 것이다.

(4) 완성(Make-up)공정

완성공정은 가스빼기(punching) 후 재우기 전까지의 공정으로 반죽나누기, 둥글리기, 중간 재우기, 성형과 팬닝(panning)으로 이루어진다.

반죽나누기는 발효가 계속 진행되어 부피가 증가되므로 15~20분 이내에 완료하여야 한다. 둥글리기는 나누기 공정으로 제거된 가스의 보유력을 증가시키고 손상된 글루텐(gluten) 구조를 회복시키기 위하여 하는 작업이다.

중간재우기는 반죽의 신전성을 회복하기 위하여 30℃의 온도와 80%의 습도에서 약 10분간 방치하는 것으로 중간 발효라 한다. 중간재우기 공정 후 반죽의 일정한 모양을 만드는 성형공정은 반죽을 균일한 얇은 층으로 늘리는 sheeting, 실린더 모양으로 말아내는 rolling, 일정한 모양으로 된 반죽의 끝부분을 잘이어서 보기 좋은 형태로 만드는 sealing 등의 조작으로 중간재우기로 생성된 반죽의 가스를 빼주고 모양을 만든다. 성형된 반죽은 팬에 담는 공정을 팬닝(pannig)이라 한다.

(5) 재우기(Proofing)

반죽은 완성공정 후 가스가 많이 제거되어 부피가 작아 빵을 굽기 전에 부피를 크게 조절하고 반죽의 신전성을 회복하기 위하여 재우기 공정을 한다. 이를 2차 발효라고 하며, 제품의 종류와 특성에 따라 온도와 습도 조건이 다르다. 일반적으로 2차 발효는 주로 반죽의 부피 등으로 판단된다. 2차 발효에서 습도를 일정하게 유지하는 것은 발효 동안 반죽의 표면이 마르는 것을 방지하기 위해서이다.

(6) 굽기(Baking)

반죽은 2차 발효 후 굽기 공정을 하여 빵을 형성한다. 굽기 공정에서는 여러 가지 물리 · 화학적인 변화가 일어나게 된다. 즉, 굽는 동안 가스가 팽창되어 부피가 증가하고 전분이 호화되며, 빵 겁질(crust)이 생성되고, 밀단백질이 변성되어 빵의 골격이 형성되며, 빵의 표피 색이 황갈색으로 형성된다. 굽기 공정은 3단계로 분류할 수 있다. 굽기 제 1단계에서는 가스팽창으로 빵의 부피가 증가(oven rise)되고 밀단백질이 응고되어 빵의 골격이 형성된다. 제 2단계서는 수분 증발, 전분의 호화(α-화), 단백질 응고 속도가 최대 속도로 일어나고, 빵의 표피 색이 황갈색으로 형성된다. 제 3단계는 오븐(oven)의 열기가 빵의 중심부로 침투하여 완전히 구어진다.

(7) 냉각(Cooling)

굽기 공정 후 빵은 실온에서 냉각하는데 냉각공정 없이 포장하면 빵에 수분이 많아 조직감이 좋지 않다. 냉각공정이 제대로 되지 않는 경우, 특히 더운 여름철에 점질물질을 생성하는 미생물인 rope균이 발생하여 문제가 되기도 한다. 냉각된 빵은 온도와 습도에 유의하면서 포장하여 제품화한다.

2-5-4. 냉동반죽법

냉동반죽법은 1935년 미국에서 시도되어 실용화된 반죽법으로 국내에서는 1990년대 초부터 프렌차이즈 업체들이 소비자에게 신선한 빵을 공급하기 위한 방안으로 시작되어 실용화되었다.

냉동반죽법은 빵반죽을 -40℃에서 급속동결하여 -18℃이하의 온도로 냉동보관하여서 빵효모의 활성을 일시적으로 중지시키는 원리를 이용한 것으로 반죽을 장기간 보관할 수 있다.

이는 계획생산이 가능하고, 소비자에게 신선한 빵을 즉시 공급할 수 있으며, 다양한 제품을 소량 생산할 수 있고, 인력과 시설비를 절약할 수 있으며, 초보자도 쉽게 만들 수 있다는 장점이 있다. 그러나 동결공정으로 물이 얼음으로 변함에 따라 얼음결정의 성장으로 밀단백질인 글루텐(gluten)이 동결장애를 받아 가스 보유력이 떨어지거나, 동결공정으로 생성된 얼음결정으로 사용한 빵효모의 세포가 파괴되기도 한다.

냉동반죽법의 종류에는 반죽냉동, 성형냉동, 발효냉동 반죽 및 파베이키드 브레드(parbaked bread) 냉동이 있다. (그림 2-20)는 발효냉동반죽의 제조공정을 나타낸 것이다.

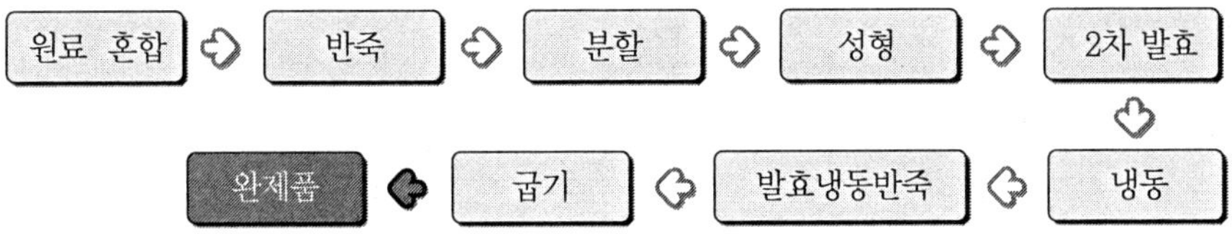

그림 2-20 발효냉동반죽의 제조공정

2-5-5. 빵의 저장성에 영향을 미치는 요인

빵의 저장성에 영향을 미치는 요인으로는 노화와 미생물 발생으로 인한 부패 등이 있다.

빵은 유통기한이 지날수록 점점 단단해지고 부스러지기 쉬운 상태가 되는데 이를 노화라 한다. 일반적으로 빵은 노화로 상업적인 품질수명을 결정짓는다. 오랫동안 노화를 억제할 수 있는 효율적인 저장방법으로 냉동방법이 제시되고 있다. 또한 미생물이 번식하여 빵의 변질 및 부패를 일으킨다. 이는 프로피온산 칼슘(calcium propionate)과 같은 방부제를 사용하여 억제할 수 있다.

2-6. 제면

제면은 국수(면)를 만드는 공정으로 원료 밀가루에 물과 소금 등을 첨가하여 혼합, 반죽하여 면대(sheet)를 형성한 후 절단하여 면의 가락을 만들거나 반죽을 압출하여 면 가락을 뽑아낸 제품이다. 이러한 면의 주원료는 밀가루이지만 그 외에 전분을 이용한 당면, 메밀가루와 밀가루 등을 혼합한 냉면, 쌀가루 등이 사용된다. (표 2-8)는 면의 분류를 나타낸 것으로 면류는 선절면, 신연면, 압출면, 즉석면으로 분류된다.

표 2-8 면의 분류

면의 분류	예
선절면	생면, 건면, 증면
신연면	소면, 중화면
압출면	스파게티, 당면, 냉면, 아르긴면, 해조면
즉석면	유탕면(라면) : 봉지면, 용기면

2-6-1. 제면 원료

제면의 주된 원료로는 밀가루, 소금, 물이고, 그 외에 중화면 제조에는 견수, 백반 등이 사용되기도 한다.

원료 밀가루는 중력분이 적당하나 스파게티(spaghetti)와 같은 파스타(pasta) 제조에는 드럼(durum)소맥을 제분한 밀가루가 가장 적합하고, 즉석면류에는 준강력분이 가장 사용하기에 좋다.

제면에 사용하는 물의 양은 30~35%로 제빵보다 그 양이 적으며, 소금은 원료 밀가루의 2~4%를 사용한다. 소금을 사용하는 목적은 밀가루의 점탄성을 높이고, 미생물의 번식과 발효를 억제시키며, 특히 건면 제조시 건조속도를 조절한다.

중화면과 라면 제조시 사용하는 견수는 주성분이 탄산나트륨(Na_2CO_3)과 탄산칼륨(K_2CO_3)으로 pH를 8~9로 하는 알카리제이다. 이는 밀가루의 플라보노이드(플라보노이드(flavonoid)) 색소와 만나 황색으로 변하고, 독특한 향기가 나게 하며, 씹을 때 조직감이 좋아져 식감이 개선된다. 견수는 분말, 액체, 고형 등의 형상이 있으나 분말형태로 널리 사용된다.

그 외에 당면제조에는 주원료가 전분이며, 식용명반인 황산알루미늄칼륨(aluminium potassium sulfate)이 첨가되며, 이는 전분에 끈기를 부여한다.

2-6-2. 건면

건면은 선절면류에 속하며, 원료를 혼합하여 면대(sheet)를 만들어 가늘게 절단하여 건조한 것으로, 제조공정은 (그림 2-21)과 같다.

그림 2-21 건면의 제조공정

밀가루에 소금, 물을 첨가하여 혼합 공정으로 반죽을 형성한 후 롤에 감아 10~20℃에서 1시간내지 하룻밤 정도 숙성시킨다. 이러한 숙성공정은 반죽의 수분함량을 균일하게 하고, 면대가 잘 펴지도록 한다.

압연과 연연 공정으로 면대를 형성시키는데 압연은 반죽 뭉치를 만드는 것이고 연연은 압연한 반죽뭉치를 면대기를 통과시켜 면대를 형성시키는 것이다. 연연의 목적은 글루텐 형성을 촉진하고 수분의 분포를 고르게 하는 것이다.

선절공정에서는 선절 롤러(roller)을 사용하여 면대를 연속적으로 절단하는 것으로 면의 굵기를 표시하는 척도로는 면의 번수가 있다. 면의 번수는 3 ㎝당 면의 가락수로 번수가 클수록 면선이 가늘고 번수가 작을수록 면선이 굵다.

선절한 면류의 수분함량은 30%정도로 건조하여 수분함량을 14~15%로 한다. 건조방식은 표면증발과 내부확산에 의하여 서서히 건조시킨다. 이 때 급격히 건조하면 면선이 갈라지고 건조가 부족하면 곰팡이 냄새가 나기도 한다.

2-6-3. 소면

소면은 대표적인 신연면류에 속하는 일본국수로 원료의 배합은 밀가루, 소금, 물의 비율이 100 : 5~6 : 40~50이다. 소면의 제조공정은 (그림 2-22), (그림 2-23)과 같다. 원료를 혼합 반죽하여 5 ㎝ 정도의 폭으로 하여 바깥에서 중심쪽으로 원절하여 표면에 식용유를 칠하면서 잡아 빼는 신연공정을 한 후 절단, 숙성하여 제품화한다.

소면은 건면보다 소금의 사용양이 더 많으며, 신연공정을 할 때 표면에 식용유를 칠하면서 잡아 빼므로 표면이 더 단단하고 삶았을 때 덜 풀어지는 특성이 있다.

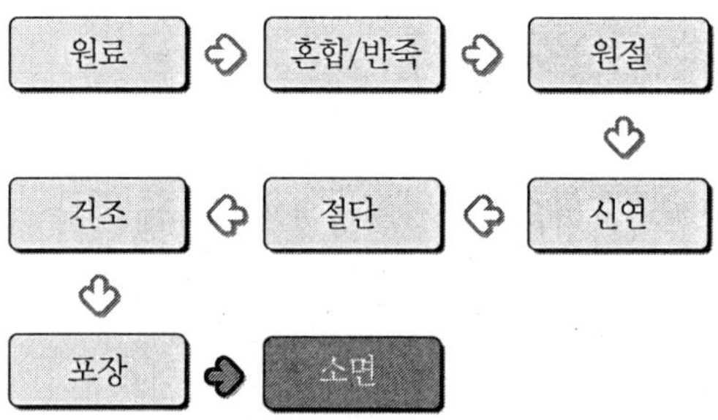

그림 2-22 소면의 제조공정

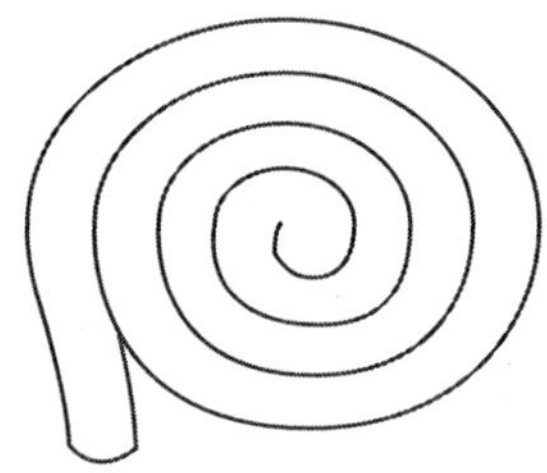

그림 2-23 소면의 원절공정

2-6-4. 당면

당면은 전분을 원료로 하여 만든 건면으로 압출면의 일종으로 전분국수라 한다. 주원료는 고구마 전분이이지만, 옥수수 전분도 이용되고 있으며, 그 외에 감자, 고구마, 녹두 전분이 이용된다. 전분에 끈기를 부여하고 면선을 가락지어 지게 하기 위하여 식용명반(황산알루미늄칼륨, aluminium potassium sulfate)을 첨가한다.

당면의 제조공정은 (그림 2-24)와 같이 원료를 반죽하여 압출시켜 익혀서 동결, 건조 및 절단하여 제품으로 한다. 당면은 기계당면과 손당면이 있으며, 기계당면은 압출성형기(extruder)를 이용한 것이고, 반죽을 자연 낙하 또는 압출성형기(extruder)로 단순히 압출시키 것은 손당면이다. 일반적으로 기계당면은 주로 옥수수 전분 또는 고구마 전분을 일부 혼합한 것을 이용하며, 손 당면은 고구마 전분을 이용한다.

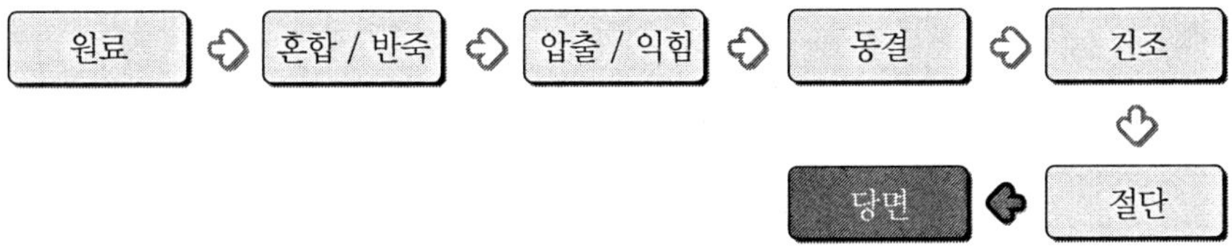

그림 2-24 당면의 제조공정

2-6-5. 라면

라면은 기름에 튀긴 면으로 유탕면이라고 부르며, 일본에서 최초로 개발되었고, 국내에서는 1963년 처음 생산되었으며, 즉석용기면은 1980년대에 등장하였다.

라면의 제조공정은 (그림 2-25)와 같다. 원료 밀가루, 소금, 물에 탄산나트륨(Na_2CO_3)과 탄산칼륨(K_2CO_3)을 주성분으로 하는 알칼리제, 유화제, 전분 등을 첨가하여 반죽하고 면대를 형성한 후 두께 1.25 ㎜, 폭 1.36 ㎜ 정도로 절단한 후 스팀박스를 통과시켜 100℃이상의 스팀으로 증숙공정을 하여 전분을 호화시키고 성형한 다음, 팜유와 같은 식물성유지로 튀기는 유탕공정으로 라면의 지방함량을 20% 정도로 조절하고 수분함량을 10% 이하로 낮춘다. 유탕공정을 거친 면은 상온에서 냉각한 후 포장된 스프를 별도로 첨가하여 자동포장기로 포장하여 완제품 라면을 완성한다.

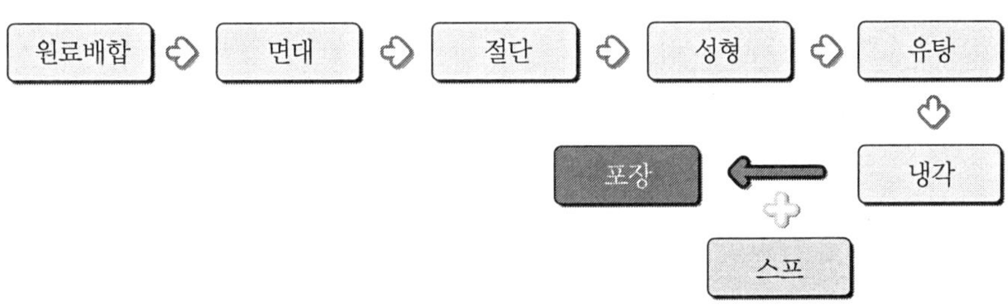

그림 2-25 라면의 제조공정

이와 같이 기름에 튀긴 유탕면의 열량은 120 g당 500 ㎉ 정도이다. 그러나 기름에 튀기지 않고 만든 면을 호화건면이라고 한다. 이는 증숙공정 즉, 증기로 쪄서 익힌 것이다. 포장면에 이어 등장한 용기면은 일반적으로 컵라면이라 불리며, 1회용 용기에 면을 넣어 별첨스프를 첨부한 것을 말한다. 그러나, 1회용 용기면의 원료는 스티렌(styrene)으로 컵라면 용기에 뜨거운 물을 넣고 10분 이상 놓아두면 스티렌(styrene)으로부터 스티렌다이머(styrene dimer) 와 스티렌트리머(styrene trimer)와 같은 생식기능 등을 저하시키는 환경호르몬이 추출된다. 따라서 폴리에틸렌(polyethylene)으로 코팅한 종이로 만들어진 용기를 사용하기도 한다.

2-6-6. 생면(Wet noodle)

생면(Wet noodle)은 일반적으로 칼국수라도 불리지만, 광범위하게 생면을 분류하면 일반생면, 숙면, 즉석개량면과 냉동면으로 분류할 수 있다.

생면은 원료를 반죽하여 압연 및 연연공정을 거쳐 면대를 형성한 후 절단하여 포장한 것으로 수분함량은 20~40%이고, 유통기한이 5℃에서 1주일 이내로 짧다. 그 외에 숙면은 증면이라고도 하며, 생면을 삶아 호화시킨 면을 말한다. 즉석개량면은 생면을 삶아 살균한 면으로 상온에서 유통기한이 수개월 정도이며, 냉동면은 생면을 삶아 터널식냉동기(tunnel type freezer)로 급속냉동하여 −18℃이하의 온도로 냉동저장한 면으로 삶아 건져낸 직 후의 면의 맛을 그대로 유지한 면이다.

2-6-7. 파스타(Pasta)

파스타(pasta)는 압출면의 일종으로 이태리식 면류를 말하며, 듀럼밀(durum wheat)을 제분한 세몰리나(semolina)를 원료로 사용하여 여러 가지 모양을 만드는 것으로, 듀럼밀의 배유부분 색이 담황색을 나타낸다. 파스타(pasta)의 대표적인 예로는 스파게티(spaghetti) 와 마카로니(macaroni) 등이 있다.

파스타의 제조는 원료 세몰리나(semolina)와 물을 혼합한 후 압출기(extruder)를 사용하여 고압으로 압출하고 다이(die)로 성형절단한 후 건조시켜 수분함량을 12%정도로 한다(그림 2-26). 원료는 세몰리나(semolina) 외에 셀러리(celery), 양파, 토마토 등의 건조 채소분말과 계란, 우유 등을 부원료로 사용하기도 한다.

그림 2-26 마카로니 제조공정

특히, 원료의 혼합과 압출은 진공 조건에서 하여 색소의 산화와 공기를 제거한다. 반죽의 온도는 50℃가 넘지 않도록 냉각시켜야 한다. 압출과 동시에 성형도 가능하여 파스타(pasta)의 종류는 다이(die)로 조절하여 다양한 모양을 만들 수 있다.

파스타 제조에서 건조공정으로 수분함량을 30%에서 12%로 낮춘다. 건조는 예비건조와 본건조로 2단계로 구분되며, 예비건조단계에서는 곰팡이의 부착을 방지하고, 습열공기를 순환시켜 전체 수분함량을 균일하게 하는 것이 그 목적이다.

2-7. 제과

제과는 빵효모를 팽창제로로 사용하지 않고, 베이킹파우더(baking powder)를 주성분으로 하는 화학 팽창제를 이용하여 부풀린 간식용 기호식품으로 설탕, 버터의 사용량이 많은 제품이다.

따라서 제과에는 케이크(cake), 쿠키(cookie), 비스킷(biscuit), 캔디, 껌, 초콜릿(chocolate) 등을 예로 들 수 있으며, 케이크, 쿠키 등의 제과 품목에 대한 제빵과

차이는 발효공정이 생략되어 무발효빵이라고 한다.

일반적으로 과자는 제과의 대표적인 예로, 과자는 한식 과자, 서양 과자, 일식 과자로 분류된다. 한식 과자에는 유과, 다식 등이 포함되고, 서양 과자에는 비스킷, 초콜릿, 캔디, 껌 등이 있으며, 일본식 과자에는 화과자, 양갱 등이 있다. 한식 과자에 포함되는 유과는 찹쌀가루에 콩물이나 막걸리를 넣어 반죽하고 말린 다음 기름에 튀겨 팽화시키고 고물을 묻힌 제품이고, 다식은 곡물 가루, 전분 등을 꿀과 반죽하여 다식판에 박아낸 제품이다.

과자류는 팽창방법에 따라 베이킹파우더(baking powder)와 같은 화학팽창제를 이용한 화학적 팽창, 계란을 휘저어 거품을 만들면서 함유된 공기에 의한 팽창 등이 있다. 수분함량에 따라 생과자와 건과자로 분류하면, 수분함량이 30%이상인 생과자와 수분함량이 5%이하인 비스킷과 같은 건과자가 있다. 익히는 방법에 따라 구운과자, 튀김과자와 스팀을 이용하여 쪄서 만드는 제품이 있다. 일반적인 과자류는 구운과자에 속하고, 튀김과자에는 도넛이 대표적인 예이다.

여기서는 케이크, 쿠키, 비스킷, 캔디, 껌, 초콜릿 등의 서양과자라 불리는 제과 품목에 대하여 알아보면 다음과 같다.

2-7-1. 제과 원료

제과원료로는 품목에 따라 다양한 원료를 사용한다. 일반적으로 제빵과 달리 원료 밀가루는 박력분을 사용한다. 그 외에 팽창제로는 화학팽창제가 이용되고, 설탕, 계란, 유지, 우유 등이 많이 사용되며, 물, 소금, 향 등이 이용되고 있다. 제빵에서 이미 설명한 원료를 제외하여 살펴보면 다음과 같다.

(1) 밀가루

제과에 사용되는 밀가루는 연질소맥을 제분한 박력분을 사용하며, 단백질함량은 7~7%이고 회분함량은 0.4%이하이며, pH 5.2 정도의 밀가루가 적합하며, 특히 케이크용 밀가루는 표백처리된 박력분을 사용한다.

(2) 화학팽창제

화학팽창제는 베이킹파우더(baking powder)로 무발효빵의 팽창제라 불리며, leavening agent라 한다. 팽창제의 주된 역할을 하는 것은 반응에 의하여 생성된 탄산가스(CO_2)로 이는 중탄산나트륨($NaHCO_3$), 중탄산암모늄(ammonium bicarbonate) 등과 산(acid)과의 화학적 반응에 의하여 생성된다. 이와 같이 산(acid)을 사용하는 이유는 제과에 사용되는 연질밀의 pH는 7.0 부근으로 탄산가스(CO_2)의 양이 적게 생성되므로, 가스를 많이 생성시키기 위하여 산(acid)를 사용하여 pH를 낮추어 탄산가스(CO_2)의 발생을 좋게 한다. 따라서 베이킹파우더는 단일물질이 아니라 몇가지 물질의 혼합물로 구성되어 있다. 그 종류에는 중탄산나트륨(sodium bicarbonate), 중탄산암모늄(ammonium bicarbonate), 산성피로인산나트륨(sodium acid pyrophosphate), 주석산 칼륨(monopotassium tartarate), 인산칼슘(monocalcium phosphate) 등이 있다.

중탄산나트륨($NaHCO_3$)은 베이킹파우더(baking powder)의 주성분으로 중조라고도 불리며, 독성이 없고 취급이 용이하며, 제품의 맛에 영향을 주지 않으며, 순도가 높아 오래전부터 널리 사용된 화학팽창제이다. 그러나 제품에 황색과 쓴맛을 남기는 문제점이 있다. (그림 2-27)은 중탄산나트륨($NaHCO_3$)의 분해 생성물로 생성된 탄산가스(CO_2)를 나타낸 것으로 탄산가스(CO_2)가 팽창제의 역할을 한다.

$$2NaHCO_3 \rightarrow Na_2CO_3 + H_2O + CO_2$$

(중탄산나트륨) → (중탄산나트륨) (물) (탄산가스)

그림 2-27 팽창제로 중탄산나트륨의 반응 생성물

(3) 계란

계란은 액란(liquid egg), 난황(egg yolk)와 난백(egg white)의 형태로 이용된다. 계란은 영양을 공급해주고, 커스터드크림(custard cream)에서는 결합제의 역할을 하며, 난백을 교반하면 팽창작용을 하는데 이는 난백 단백질이 피막을 형성하여서 공기를 함유하여 기포를 많이 형성하기 때문이다. 또한 난황은 제과에서 색을 노르스름하게 하는 색의 발현에 영향을 주고, 난황에 함유된 레시틴(lecithin)은 유화제의 역할을 한다. 그 외 제품에 수분을 공급해주는 역할을 한다.

(4) 우유

우유의 수분함량은 약 90%이고 고형분은 약 10%정도이다. 영양을 강화시키는 역할을 하고, 유당을 함유하고 있어 비효소적인 갈변반응으로 표피색에 관여한다.

2-7-2. 케이크(Cake)

케이크(cake)는 제조방법에 따라 반죽형과 거품형 제품으로 분류되며, 설탕의 비율이 높고, 수분 함량이 높으며, 굽기 공정에서 전분이 호화되어 일정한 형태로 고정된다.

또한 원료를 혼합하는 중 공기의 혼입으로 케이크는 구조가 가벼운 것이 특징이다.

케이크용 밀가루에 처리하는 염소(Cl)처리는 밀가루의 pH를 감소시키며, 전분을 변화시켜 팽윤력을 증가시킨다. 케이크의 경우 원료를 혼합한 것을 batter라고 한다.

(1) 반죽형 케이크

반죽형 케이크는 유지를 함유한 반죽으로 화학팽창제인 베이킹파우더(baking powder)를 사용하여 만든 제품으로 그 대표적인 예로는 파운드케이크(pound cake) 등이 있다.

다단계 혼합 공정에 의한 것으로서 먼저 설탕과 유지를 섞어 크림을 만들고 여기에 물과 기타 원료를 섞고 마지막으로 밀가루를 섞는 것으로 이는 유지에 공기를 혼입시켜, 굽기 공정에서 유지가 녹으면서 공기가 액상(liquid phase)으로 방출되어 케이크를 부풀리게 된다. 이를 크림법(creaming method)이라 하며, 이를 적용한 대표적인 예로 파운드케이크(pound cake) 등이 있다.

(2) 거품형 케이크

거품형 케이크는 계란에 함유된 단백질의 기포성을 이용하여 만든 제품으로 대표적인 예로는 스펀지 케이크(sponge cake) 등이 있다. 믹싱(mixing)의 종류는 계란을 난황과 난백으로 분류하지 않고 믹싱하는 공립법, 분류하여 믹싱하는 별립법, 모든 재료를 한 번에 혼합하여 믹싱하는 1단계법으로 이때 유화제와 기포제를 별도로 사용한다.

1단계 혼합 방식은 모든 원료가 미리 혼합되어 있으므로 단순히 액체만 가하여 혼합하면 된다. 이 경우 공기는 액상에 직접 혼입되는데 이는 유화제가 존재하기 때문이다.

2-7-3. 쿠키(Cookie)

쿠키(cookie) 특징은 당과 지방 함량이 높고 수분함량이 상대적으로 낮으며, 반죽할 때 글루텐(gluten)을 최소로 발달시켜야 부드러운 제품을 얻을 수 있다. 영국에서는 sweet biscuit이라 하고, 사용하는 지방은 주로 버터이며, 그 함량이 높은 것이 특징이다.

쿠키는 굽기 전의 반죽의 형태에 따라 rotary-mould, wire-cut과 routpress 형으로 분류된다. Rotary-mould형은 반죽을 회전하는 롤(roll)의 mould에 넣어 찍어 내는 형태이고, wire-cut형은 반죽을 압출시키고 홈(groove)이 있는 롤로 적절한 크기와 모양으로 한 다음 철사줄로 끊은 것이다. (그림 2-28)은 반죽의 형태에 따른 쿠키의 제조공정을 나타낸 것이다.

또한 제법에 따라 분류하면 hand-made식 쿠키, 짜는 주머니를 사용하는 bagged-out식, 유지함량이 많은 반죽을 냉동하여 작업하는 ice box식, 반죽을 밀어 편 후 성형기로 반죽을 찍어 구운 sheeting roll식 등이 있다.

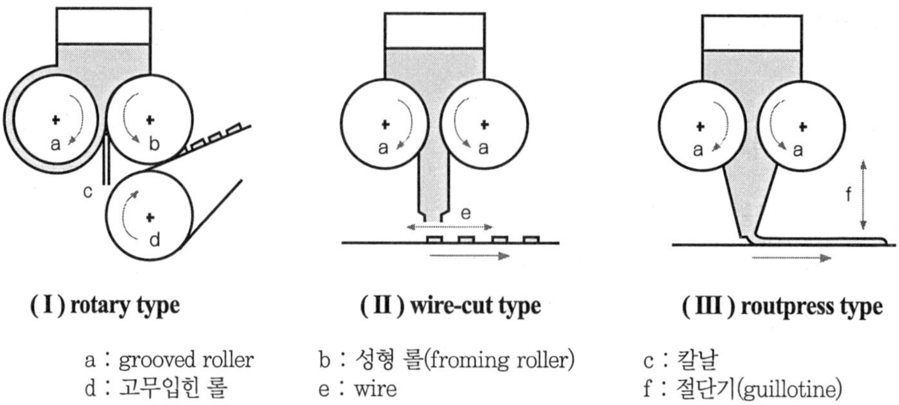

그림 2-28 반죽의 형태에 따른 쿠키의 제조

2-7-4. 비스킷(Biscuit)

비스킷(biscuit)은 발효공정이 생략된 것으로 원료를 혼합하여 성형하여 구운 것으로 소화가 용이하고 영양가가 풍부하여 어린이 간식으로 이용되고 있다.

원료 배합 및 제법에 따라 하드비스킷(hard biscuit), 소프트비스킷(soft biscuit), 팬시비스킷(fancy biscuit)으로 분류된다. 하드비스킷(hard biscuit)은 글루텐(gluten)을 충분히 생성시킨 것으로 바늘구멍(pin hole)이 있으며, 당과 유지 함량이 적다. 소프트비스킷(soft biscuit)은 박력분을 사용하여 반죽시간을 짧게 하여 만든 부드러운 제품으로 당과 유지함량이 많은 것이 특징이다. 팬시비스킷(fancy biscuit)은 당과 계란을 많이 사용하여 만든 연하고 단맛이 강한 고급 비스킷이다.

2-7-5. 크래커(Cracker)

크래커(cracker)를 분류하면 솔틴크래커(saltine cracker)와 스낵크래커(snack cracker)가 있다.

솔틴크래커(saltine cracker)는 소다크래커라고도 부른다. 원료조성이 밀가루, 물, 소금, 효모로 가장 간단하며, 설탕을 거의 사용하지 않는다. 스펀지법(sponge dough method)에 따라 제조한 반죽은 스펀지반죽과 본반죽 단계로 나뉘며, 발효시간이 길고 텍스처가 가볍고 부서지기 쉬운 것이 특징이다. 스펀지반죽은 25℃에서 16~20시간 발효시키는데 반죽의 pH는 6.0에서 4.0으로 감소된다. 발효 후 스펀지는 나머지 원료와 혼합하게 되는데 이 때 소다를 충분히 사용하여 pH가 7.2근처가 되도록 하여야 한다. 본반죽은 27~28℃에서 4~5시간 발효시킨다. 반죽은 두께가 0.30 ㎜되도록 하고 바늘구멍(pin hole)을 낸 후 소금을 뿌리고 230℃에서 2.5분 정도 구워서 최종 수분함량은 1~2%되도록 한다. 스낵크래커(snack cracker)는 솔틴크래커(saltine cracker)보다 쇼트닝(shortening)과 향료를 많이 사용하고 직접반죽법에 따라 제조하여, 오븐에 구운 후 조미, 기름 처리 및 건조공정을 걸쳐 최종 수분함량이 1~3%의 제품을 얻는다.

2-7-6. 스낵 (Snack)

스낵(snack)은 포장을 뜯고 바로 먹을 수 있으며, 가볍고 가격이 싸며 바삭바삭한 조직감과 복합적인 맛과 풍미를 지닌 식품을 일컫는다.

스낵은 원료, 제조 공정, 가공 방법 등에 따라 분류된다. 원료에 따라 소맥스낵, 옥수수스낵, 감자스낵, 고구마스낵, 미과스낵으로 분류할 수 있다. 우리나라에서는 밀가루스낵이 차지하는 비중이 큰 반면 미국, 유럽 등지에서는 감자스낵의 비중이 더 크다.

우리나라 스낵의 대부분은 압연스낵으로 밀가루, 옥수수 등을 이용하여 원료를 호화, 압연, 건조시킨 후 튀기거나 볶은 제품이다.

압출스낵의 제조는 압출성형기(extruder)를 이용하여 폭넓은 텍스처(texture), 모양, 밀도의 제품을 만들 수 있으며, 노동력과 가공비가 낮으며, 원료의 혼합, 익힘, 살균, 성형, 팽화, 건조 등을 연속적으로 할 수 있는 장점이 있다.

그 외 감자스낵은 감자를 직접 이용하는 감자칩과 감자 가루 또는 으깬 감자를 이용하는 성형 감자칩(fabricated potato chip)이 있다.

감자칩 제품은 생감자의 껍질을 벗기고 0.8~1.6 ㎜ 두께로 자른 다음, 2단계로 튀기고 소금을 뿌린 후 포장한다, 감자의 환원당은 튀기기 공정 중 갈변을 일으키는 원인이 된다.

성형 감자칩은 감자가루 또는 으깬 감자를 반죽하고 압연하거나 압출 성형기를 이용하여 성형하고 압연하여 기름에 튀기게 된다. 성형 감자칩은 모양과 두께가 일정하다.

2-7-7. 초콜릿(Chocolate)

초콜릿(chocolate)은 카카오콩(cacao bean)의 배유, 카카오버터, 설탕, 유화제 및 분유 등을 원료로 사용하여 제조한 것으로 제조공정은 (그림 2-29)과 같다.

원료 카카오콩(cacao bean)을 선별하여 볶음 공정으로 특유의 향을 우려내고 분리공정으로 콩을 분쇄하여 껍질을 제거하여 카카오니브(cacao nib)를 얻는다. 카카오니브는 카카오버터를 함유하고 있어, 카카오니브를 갈아 으깨면 걸죽한 상태가 된다. 여기에 우유, 설탕 등을 첨가하여 미립화하여 부드럽게 한다. 미립화 후 장시간 반죽하여 초콜릿의 향이 생성된다. 템퍼링(tempering)은 초콜릿의 식감과 광택을 좋게 하기 위하여 온도조절을 하는 공정으로 카카오버터를 안정화한 후 결정화시켜, 성형틀에 붓고 냉각한 후 포장하여 안정시키기 위하여 일정기간 숙성시킨다.

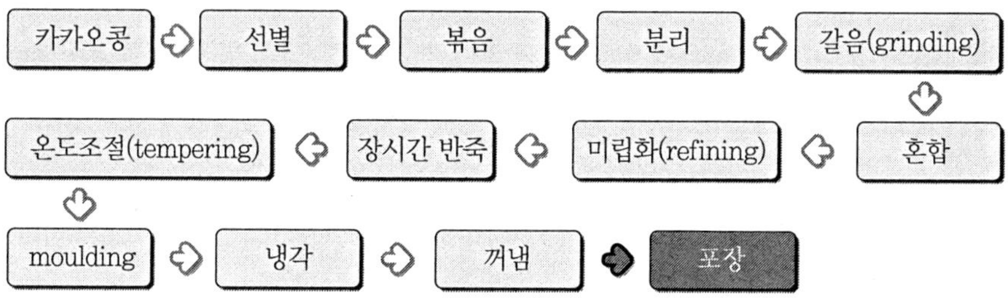

그림 2-29 초콜릿의 제조공정

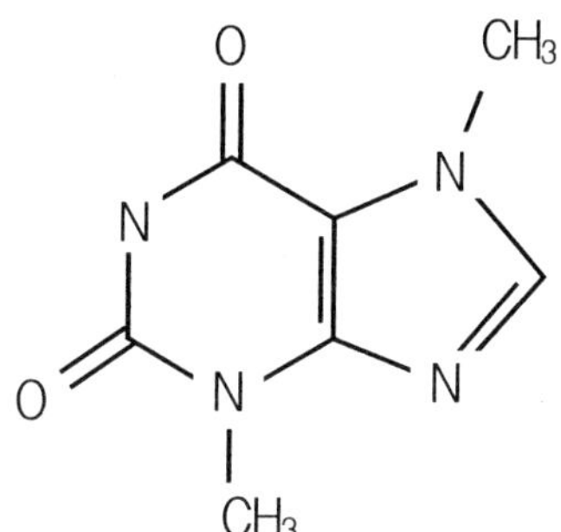

Theobromine
3,7-dihydro-3,7-dimethyl-1H-purine-2,6-dione

그림 2-30 Theobromine의 구조

초콜릿의 종류에는 다크초콜릿(dark chocolate), 우유를 첨가하지 않은 화이트 초콜릿(white chocolate)과 우유를 첨가한 밀크초콜릿(milk chocolate)이 있다. 다크초콜릿은플라보노이드(flavonoid)가 풍부한 코코아 고형분의 함량이 높아 심혈관 질환을 감소와 관계있다고 보고된 바 있다.

초콜릿에는 극미량의 카페인(caffeine)이 있고, 풍미의 원인물질인 카카오콩에 함유된 알카로이드(alkaloid)인 theobromine이 있다(그림 2-30). 또한 카카오향은 정신을 안정화시켜 집중력을 향상시키는데 도움이 된다.

초콜릿의 표면에 백색가루가 생기는 현상을 블룸(bloom)현상이라고 하는데, 이는 인체에는 해가 없으나 상품가치를 저하시키는 요인으로 초콜릿의 이상현상으로 분류된다. 블룸(bloom)현상에는 fat blooming과 sugar blooming 현상이 있다. Fat blooming은 초콜릿이 카카오버터의 녹는점보다 고온에서 열 충격을 받아 유지가 용해되고 분리되어 제품이 단단해지는 현상이고, sugar blooming은 초콜릿이 습기를 흡수하여 설탕이 용해되면서 건조공정으로 초콜릿 표면이 하얗게 보이는 현상을 말한다.

2-7-8. 캔디(Candy)

캔디(candy)는 설탕을 틀에 부어서 굳인 서양식 설탕과자를 말한다. 설탕과 물엿에 물을 첨가하여 가열, 용해시킨 반죽에 색소, 유기산(organic acid)과 향을 첨가하여 성형한 후 냉각시켜 포장한다. 캔디의 종류와 그예는 (표 2-9)과 같다.

표 2-9 캔디의 종류와 예

종류	예
Hard candy	Drops
Chewy candy	Caramel
Aerated candy	Nougat, marshmallow

캔디의 주원료는 설탕과 물엿이지만 자이리톨(xylitol)을 사용하여 무설탕캔디 제조에 사용되고 있다. 자이리톨(xylitol)은 5탄당의 당알코올로 핀란드자작나무에서 추출한 천연소재감미료로 충지예방효과를 갖고 있다. 설탕대체 제과제품에 사용되는 감미료는 자이리톨(xylitol) 외 에리스리톨(erythritol), 소르비톨(sorbitol), 락티톨(lactitol) 등이 있다.

2-7-9. 껌(Gum)

제과에서 껌은 추잉껌(chewing gum)으로 원료는 점성, 탄성과 가소성 등을 부여하여야 한다. 주원료로 천연수지와 합성수지로 과거에는 치클(chicle)과 같은 천연수지를 사용하였으나, 제 2차 세계대전 후 여러 종류의 밀랍(beeswax)과 합성수지(synthetic resin)를 추잉껌 제조에 치클(chicle) 대신 사용해 왔다.

치클(chicle)은 중미산 적철과 식물에서 채취한 추잉껌의 원료로 폴리이소프렌(polyisoprene) 등을 주성분으로 하는 천연수지이다. 밀랍(beeswax)은 꿀벌이 벌집 구멍 사이에 벽을 만들기 위해 분비하는 물질로 꿀벌의 집을 원료로 하여 얻는다. 합성수지에는 폴리염화비닐 등의 열가소성 수지가 있다.

이외에 감미료(sweetener)로는 설탕, 당알코올 등이 사용된다. 무설탕 제과에 사용되는 감미료에는 에리쓰리톨(erythritol), 솔비톨(sorbitol), 락티톨(lactitol), 자이리톨(xylitol)이 있다. 최근에는 자연계에 존재하는 5탄당 알코올인 자이리톨(xylitol)이 충치 예방효과가 있어 기능성 껌 제조 외에도 요구르트 등 다양한 제품에 이용되고 있다. 자이리톨(xylitol)은 5탄당의 당알코올로 핀란드자작나무에서 추출한 천연소재감미료로 충지예방효과를 갖고 있다. 설탕대체 제과제품에 사용되는 감미료는 자이리톨(xylitol) 외 에리스리톨(erythritol), 소르비톨(sorbitol), 락티톨(lactitol) 등이 있다.

Revised Edition Agricultural Food Processing

개정판 농산식품가공학

제3장 두류의 가공

Agricultural Food Processing

두류(콩, soybean)에는 콩, 팥, 녹두, 강남콩, 완두, 땅콩 등이 있으며, 단백질, 지방이 풍부하여 쌀 위주의 미식 문화권에서 단백질을 보충할 수 있는 가장 경제적인 단백질의 공급원이다.

콩의 원산지는 중국을 포함한 동북부 아시아 지역으로 우리나라에는 기원전 4세기경에 도입되어 재배되었다. 가공되는 콩의 90%이상이 미국과 중국에서 수입된 것으로 콩은 자급률이 낮은 작물 중 하나이다.

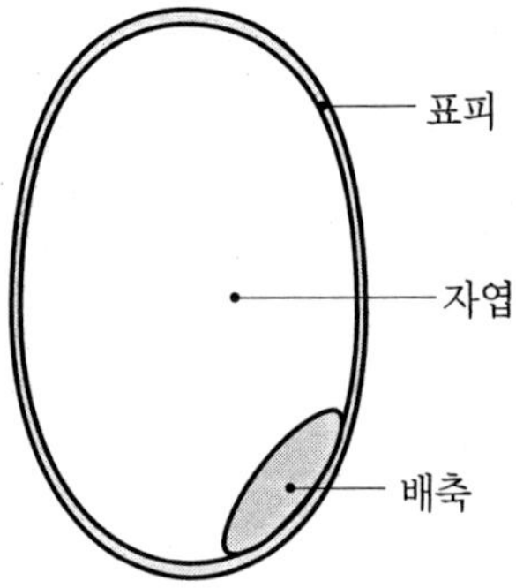

그림 3-1 콩의 구조

콩의 구조는 표피(8%), 자엽(90%), 배축(2%)으로 구성되어 있다(그림 3-1). 가공에 이용되는 자엽부분은 수분을 제외한 건량을 기준으로 단백질이 40%이고 지방은 20% 정도 함유되어 있다.

콩을 원료로 사용하여 발아, 추출, 응고, 발효 등 여러 가지 가공 제품들이 제조되고 있다.

(표 3-1)은 콩을 원료로 사용한 가공제품을 분류한 것이다.

표 3-1 콩을 원료로 한 가공제품

분류	예
대두 비발효식품	두부 두유 콩나물 콩가루(전지콩가루, 탈지콩가루) 농축콩단백질(soy protein concentrate, SPC) 분리콩단백질(soy protein isolate, SPI) 조직콩단백질(textured soy protein, TSP) 인조육 등
대두 발효식품	장류(고추장, 간장, 된장, 청국장 등) 콩 치즈 콩 요구르트 등

콩을 이용한 가공제품으로는 대두 비발효식품과 대두 발효식품이 있다. 대두 비발효식품으로는 두부, 두유, 콩나물 등이 있으며, 대두 발효식품으로는 고추장,

간장, 된장, 청국장 등과 같은 장류 등이 있다. 콩에는 유지함량이 약 20%정도 있어 콩의 유지를 추출법으로 채취하여 콩기름을 제조하고 있으며, 콩에 함유된 약 40%의 단백질을 활용하여 농축콩단백질(soy protein concentrate, SPC), 분리콩단백질(soy protein isolate, SPI) 및 조직콩단백질(textured soy protein, TSP) 등을 제조하고 있다.

3-1. 콩의 성분

3-1-1. 콩의 일반성분

콩에는 단백질 함량이 약 40% 정도 함유되어 있으며, 글로부린(globulin)에 속하는 글리시닌(glycinin)이 대부분을 차지한다. 글리시닌에는 각종 아미노산(amino acid)이 골고루 함유되어 있으며. 특히 라이신(lysine) 함량이 많으나, 메티오닌(methionine) 등은 적게 함유되어 있다. 콩 단백질인 글리시닌의 아미노산 조성은 (표 3-2)와 같다.

표 3-2 콩 단백질 글리시닌(glycinin)의 아미노산 조성(%)

아미노산	함량(%)
Lysine	2.71
Valine	0.68
Leucine	8.45
Proline	3.78
Phenylalanine	3.86
Asparatic acid	3.89
Glutamic acid	19.46
Tyrosine	1.86~4.15
Arginine	5.12
Histidine	1.39
Glycine	0.87
Tryptophan	1.94~2.84
Cystine	0.74~1.45
Methionine	1.84

3-1-2. 콩의 생리활성물질

콩에 함유된 생리활성물질에는 아이소플라본(isoflavone), 사포닌(saponin), 대두올리고당(soybean oligosaccharide)이 있다(그림 3-2).

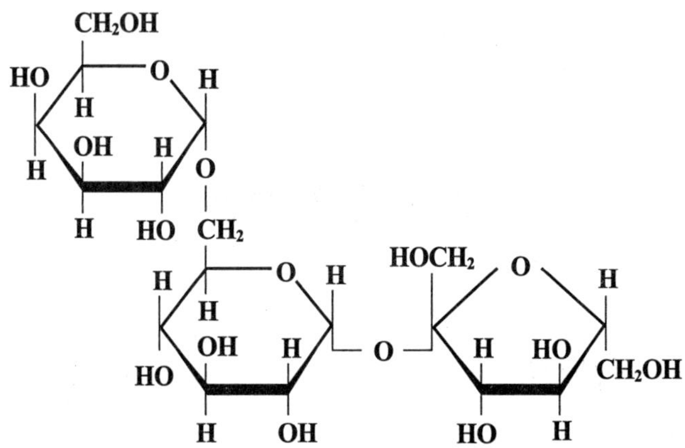

그림 3-2 대두올리고당 - 래피노오스(Raffinose : gal+glu+fru)

아이소플라본(isoflavone)은 콩의 노란색을 나타내는 물질로 여성호르몬인 에스트로겐(estrogen)과 유사한 작용을 하여 식물성 에스트로겐(phytoestrogen)이라 불리며, 폐경기 여성의 에스트로겐(estrogen) 결핍으로 유발되는 골다공증 예방 및 억제에 효과가 있다. 따라서 콩과 두부, 두유, 콩나물 등 대두가공식품을 다량 섭취한 폐경기 이후 여성은 골다공증과 이로 인한 골절의 위험을 낮출 수 있다.

또한, 사포닌(saponin)은 두부제조 공정 중 콩을 증자할 때 발생하는 거품의 원인물질로 생체 내 과산화지질의 형성을 막아 노인성치매 예방효과가 있다.

대두올리고당(soybean oligosaccharide)인 래피노오스(raffinose)와 스타키오스(stachyose)는 장내가스발생(flatulence)의 원인 물질로만 알려져 있었지만, 기능성 올리고당으로 안전성이 인정된 물질로 기능성 음료 등의 원료로 다양하게 이용되고 있다. 콩에는 3당류인 래피노오스(raffinose)는 약 1%, 4당류인 스타키오스(stachyose)는 약 4%정도 함유되어 있다.

3-2. 콩에 존재하는 영양 저해인자

콩에 존재하는 영양저해인자로는 트립신 저해제(trypsin inhibitor), 피트산(phytic acid), 적혈구응집소(hemagglutinin), raffinose와 stachyose가 있다.

3-2-1. 트립신 저해제(Trypsin inhibitor)

콩에 존재하는 트립신 저해제(trypsin inhibitor)는 단백질분해효소인 트립신의 작용을 저해하는 효소이다. 이는 단백질 소화를 억제시켜 단백질의 이용률을 저하시킨다.

트립신 저해제는 열에 약하여 이를 불활성화 시키고 함량을 감소시키기 위하여, 가열처리를 한다. 콩을 가열처리하지 않고 생콩을 그대로 섭취하면 췌장이상 등을 일으켜 성장감소를 일으키고, 황함유 아미노산 결핍으로 성장저해 현상이 일어난다.

트립신 저해제를 불활성화시키기 위하여 100℃정도로 가열처리하여 단백질 이용률을 높인다. 그러나 고온으로 계속 가열처리하면 단백질이 열에 의하여 변성되거나, 라이신(lysine)과 같은 아미노산이 파괴되어 단백질 이용률을 감소시킨다.

그 외에 발아공정으로 트립신 제해제의 함량을 감소시키기도 한다. 이의 대표적인 예가 콩을 발아시킨 콩나물로 먹을 때 데치기(blanching) 정도의 열처리로도 소화시키는데 전혀 문제가 되지 않는다.

3-2-2. 피트산(Phytic acid)

콩에는 피트산(phytic acid, inositol hexaphosphate)이 1.5% 이하로 함유되어 있다. 콩의 인(P) 함량의 51~57% 정도는 피트산 구성원소로 되어 있어 체내에서의 인(P)의 흡수율을 감소시킨다.

피트산(phytic acid)은 콩에 있는 Ca, Mg, Fe. Zn, Mn, Cu 등의 2가 또는 3가 금속이온과 불용성 복합체를 형성하여, 이들 무기물의 체내 흡수를 저해시킨다. 그 외에 콩에 함유된 피트산은 단백질과 결합하여 불용성 화합물을 만들어 단백질의 이용률을 저하시킨다.

콩의 영양저해인자인 피트산(phytic acid) 제거방법으로는 115℃정도의 고온에서 장시간 가열처리하는 방법, 한외여과법(UF, ultrafiltration), 효소(phytase) 처리 방법 및 이온교환수지를 이용하는 방법 등이 있다.

3-2-3. 혈구응집소(Hemagglutinin)

콩에 존재하는 영양저해인자 중 혈구응집소(hemagglutinin)는 적혈구를 응집시키는 유해한 단백질로 동물에게 섭취시켰을 때 성장저해가 일어난다. 이는 가열처리나 효소처리 및 발효공정으로 제거될 수 있다.

3-2-4. 장내가스 인자

콩에 존재하는 장내가스 인자는 래피노오스(raffinose)와 스타키오스(stachyose)이다. 이들은 콩에 존재하는 소당류로 대두올리고당이라 불린다. 그러나, 인체 내에서는 이를 분해하는 효소인 α-galactosidase가 없어 소화되지 않은 상태로 대장에 도달하게 되어 대장 내에 존재하는 혐기성 미생물에 의하여 분해되면서 N_2, CO_2, 메탄(methane)과 같은 가스를 발생시킨다. 따라서 콩제품을 섭취하게 되면 대장 내에 가스가 발생하여 장내 불편함을 유발할 뿐만 아니라, 가스가 체외로 배출되어 불쾌감을 준다. 이러한 증상들은 콩에 함유된 탄수화물과 함께 가스생성에 상승작용을 나타낸다.

이의 제거 방법으로는 α-galactosidase에 의한 분해, 한외여과법, 발아법 등이 있다.

그러나 콩에서 이를 분리하여 얻은 래피노오스(raffinose)와 스타키오스(stachyose)는 대두올리고당으로 불리며, 기능성 소재로 음료 등 다양한 제품에 응용되고 있다.

3-3. 콩단백질 제품

콩단백질 제품은 원료로 콩자체를 사용하거나, 콩기름을 추출한 후 부산물로 남는 탈지대두박을 사용하여 탈지콩가루(defatted soy flour, DSF), 농축콩단백질(soy protein concentrate, SPC), 분리콩단백질(soy protein isolate, SPI) 및 조직콩단백질(textured soy protein, TSP) 등을 제조한다.

대두단백질을 이용한 제품의 제조공정은 (그림 3-3)과 같으며, 전지콩가루 등 총 6가지 제품을 나타낸 것이다.

그림 3-3 대두단백질을 이용한 제품의 제조공정

3-3-1. 콩가루(Soy flour)

콩가루(soy flour)는 전지콩가루와 탈지콩가루로 분류할 수 있다. 전지콩가루는 원료콩을 탈지하지 않고 분쇄하여 분말화한 것이고, 탈지한 대두박을 원료로 사용하여 제조한 것을 말한다. 일반적으로 분쇄정도는 100 메쉬(mesh) 체를 통과한 입자의 크기로 하여 이용한다.

표 3-3 콩과 콩가루의 단백질과 지방함량의 비교

제품	단백질(%)	지방(%)
콩	42.6	20.0
전지콩가루	46.0	22.1
탈지콩가루	59.0	16.4

(표 3-3)은 콩과 콩가루의 단백질과 지방함량의 비교를 나타낸 것이다. 탈지콩가루는 지방을 제거한 것으로 지방함량이 1% 이하이고, 단백질 함량이 높은 편이며, 전지콩가루는 지방함량을 최소한 18% 정도 함유하고 있다.

(1) 전지콩가루(Soy flour)

전지콩가루(soy flour)는 원료 콩을 조쇄하여 6~8조각으로 한 후 표피를 송풍기나 흡입기를 사용하여 제거한 다음 남아있는 콩의 자엽과 배아 부분은 가열처리를 거쳐 건조한 후 마쇄하여 제품화한다. 전지콩가루의 조성은 원료 콩의 자엽부분 성분조성과 유사하고, 지방함량을 최소한 18% 정도 함유하고 있다.

(2) 탈지콩가루(Defatted soy flour)

탈지콩가루(defatted soy flour)는 원료 콩을 용매 추출법을 이용하여 탈지공정을 거쳐 콩의 지방성분을 제거한 후 남은 탈지대두박을 원료로 사용하여 제품화한 것이다.

탈지대두박에 잔존하는 용매를 제거한 후 단시간 내 증기를 사용하여 탈취공정을 하여 불쾌한 냄새를 제거하고, 건조 후 마쇄공정을 거쳐 제조한 것이다. 탈지콩가루는 지방함량이 1% 이하이며, 단백질 함량은 높은 편이다.

3-3-2. 농축콩단백질(Soy protein concentrate, SPC)

농축콩단백질(soy protein concentrate, SPC)은 단백질 함량이 70% 이상 되는 제품이다.

원료로 지방성분을 제거한 탈지대두박을 사용하여 산추출법 등을 적용하여 수용성 비단백태 물질 등의 성분들을 추출한 다음, 원심분리를 이용하여 이들 물질을 제거한 후 중화를 거쳐 건조하여 제조한다. 일반적으로 단백질을 70~80% 함유하고 있으며, 불용성 탄수화물은 주로 아라비노갈락탄(arabinogalactan)과 산성펙틴(pectin) 물질이다.

일반적으로 산추출법을 적용하여, 산을 가하여 단백질의 등전점 범위인 pH를 4~5로 하여 단백질을 침전시킨 후 용해되어 있는 물질은 제거하고, 남은 불용성 물질인 단백질을 회수하여 얻는다. 그 외 유기용매를 사용한 추출법을 적용하여 비단백태 물질은 용해시키고 단백질을 얻는다. 농축콩단백질(soy protein concentrate, SPC)의 수율은 원료 탈지대두박으로부터 60~70% 정도이다.

농축콩단백질(SPC)의 용도는 유화력과 수분결합능이 좋아 소시지와 같은 육제품에 첨가하여 이용하고 있다.

3-3-3. 분리콩단백질(Soy protein isolate, SPI)

분리콩단백질(soy protein isolate, SPI)은 탈지대두박을 원료로 사용하여 비단백질 성분을 제거하여 단백질 함량이 90% 이상 함유되도록 제조한 제품이다.

분리콩단백질(soy protein isolate, SPI)의 제조에는 알카리 추출법을 적용하여서 pH를 8~9로 하여 단백질을 용해시킨 후 불용성 탄수화물을 원심분리법하여 제거한다. 이어 산추출법을 적용하여 pH 4.5에서 단백질을 침전시키고, 이때 산용액에 용해되어 있는 수용성 물질을 원심분리하여 제거한다. 따라서 분리콩단백질(SPI)은 단백질 함량이 농축콩단백질(SPC)보다 더 높은 순수한 제품이다.

3-3-4. 조직콩단백질(Textured soy protein, TSP)

조직콩단백질(textured soy protein, TSP)는 대두 단백질을 조직화시켜 맛과 씹힘성을 부여하여 조직감을 고기와 유사하게 만든 제품이다.

이는 콩고기 등의 제품에 이용되거나, 육제품 제조공정에 증량제로 사용되며, 고기 육색을 향상시키는데도 이용되고 있다.

이의 제조방법은 압출기 이용법과 증기 이용법이 있다.

(1) 압출기 이용법

압출기 이용법으로 제조된 조직콩단백질(textured soy protein, TSP)의 제조공정은 (그림 3-4)와 같다.

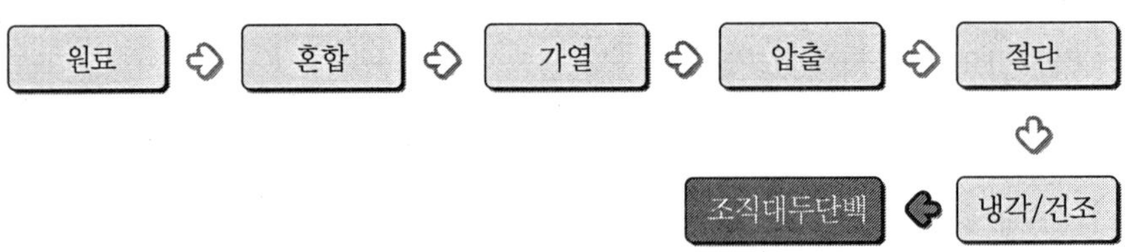

그림 3-4 조직대두단백의 제조공정

조직콩단백질(TSP)의 원료는 탈지대두단백, 기름, 물, 향신료, 착색료, 소금 등을 사용하여 배합하여 혼합한 후 혼합된 원료를 가열하면서 고압의 압출기(extruder)를 사용하여 압출시키면, 단백질 분자들이 방향성을 가지면서 응고된다.

따라서 이를 씹었을 때 조직감을 갖게 된다.

조직콩단백질(TSP)의 제조 중 가장 주요한 공정은 압출공정이다. 이는 원료를 조직화 하고 성형시키는 압출성형기(extruder)를 사용하여 주입된 원료를 스크루(screw)에 의하여 압출성형기 끝 부분에 있는 작은 구멍으로 통과시키면 압력이 높아져 조직화되어 배출구로 나올 때 팽창된다. 이를 절단 한 후 냉각, 건조공정을 거쳐 포장하여 제품화한다. 이는 고기와 유사한 조직감을 나타낸다.

조직콩단백질(textured soy protein, TSP)의 조직과 맛에 영향을 미치는 요인으로는 원료의 종류, 수분함량, 원료의 배합비율 및 가열 온도와 시간 등이 있다.

(2) 증기 이용법

증기 이용법으로 제조된 조직콩단백질(TSP)은 원료로 탈지대두단백, 농축콩단백질(soy protein concentrate, SPC), 분리콩단백질(soy protein isolate, SPI)을 사용하여 고온의 증기처리로 단백질이 열에 의하여 겔화되는 것을 이용한 제품이다.

이때 원료의 수분함량은 18~24%, 증기의 증기압은 80~110 psig 정도가 적합하다.

3-4. 콩단백질 제품의 용도

콩단백질 제품인 탈지콩가루, 농축콩단백질(soy protein concentrate, SPC), 분리콩단백질(soy protein isolate, SPI) 및 조직콩단백질(textured soy protein, TSP) 제품은 육가공품, 유가공품, 제과 및 제빵 등의 소재로 첨가하여 영양강화 및 원료비를 절감시키는 목적으로 많이 이용되고 있다.

콩단백질의 기능적인 특성을 부여한 식품의 예는 (표 3-4)와 같다. 대두단백질의 용해성, 흡수성, 유화성 등 기능적 특성은 가공식품의 물리적 특성과 관련이 있다.

표 3-4 콩단백질의 기능적인 특성과 관련 식품

기능적 특성	관련 식품
용해성	음료(단백질 용해)
흡수성	소시지, 제빵(물과 수소결합 형성)
유화성	소시지, 케이크(유화 형성 및 안정화)

(1) 육가공품

농축콩단백질(soy protein concentrate, SPC)과 조직콩단백질(textured soy protein, TSP) 등과 같은 콩단백질 제품은 소시지나 햄버거 고기 등의 육가공품에 첨가된다. 첨가 목적은 육제품의 무게를 증가시키는 증량제로 첨가되어 가격을 낮추고, 흡수력을 높여 조직감을 향상시키며, 유화력과 결착력을 높여주고, 단백질을 강화시키는데 있다.

(2) 유가공품

콩단백질 제품은 우유를 주 원료로 한 혼합음료, 아이스크림, 치즈, 휘핑크림 등과 같은 유가공품에 첨가된다. 이는 제품에 따라 우유의 영양성분을 강화시키는 효과 외에 제품 색을 밝게 하고, 점도를 높이며, 공기 혼입 등의 효과를 나타낸다.

(3) 제과, 제빵

콩단백질 제품은 제과 및 제빵의 부원료로 콩단백질 제품이 첨가된다. 이는 단백질의 영양가치를 높이고, 제품에 흡수력 및 보수력을 향상시키는 효과가 있다.

콩단백질의 보수력을 향상시키는 특성은 제빵과정 중 반죽형성을 용이하게 하며, 빵이 딱딱해지는 것을 막는다. 그러나 많은 양이 첨가되면 빵의 부피를 감소시킨다.

3-5. 대두 비발효식품

원료 콩을 이용하여 발효공정 없이 가공한 대표적인 식품으로는 두부, 두유, 콩나물, 두부 소시지, 두부 햄버거 등이 있으며, 이를 대두 비발효식품이라고 한다.

3-5-1. 두부(Bean-curd)

두부(bean-curd)는 한나라의 류안이 회남왕으로 있을 때 최초로 만들어져 고려 말 국내에 전래된 것으로 중국, 한국, 일본 등에서 제조하여 섭취하여 왔던 양질의 단백질식품이다. 이는 우리나라, 중국, 일본 등의 아시아 국가와 미국을 비롯한 서구에서도 관심을 갖는 식품이다.

두부의 일반 성분은 수분함량이 80~85%, 단백질은 약 8.5%, 지방질은 약 5.5%, 당질은 약 1.5% 내외이다. 두부에 함유된 지질에는 콜레스테롤(cholesterol)을 함유하지 않을 뿐만 아니라 콜레스테롤(cholesterol)을 저하시키는 레시틴(lecithin)과 같은 물질을 함유하고 있어 성인병 예방에 좋으며, 칼로리가 낮은 다이어트 식품이다.

상품화 두부의 문제점은 수분함량이 높아 미생물에 의한 변질과 지방산의 불포화도가 높아 지방의 산패 등으로 인하여 유통기한이 비교적 짧고, 조직이 부드러워 저장 및 유통 중 부서지기 쉽다는 것이다.

두부는 콩을 침지하여 물을 콩에 수화시킨 뒤 마쇄하여 증자한 후 압착, 여과하여 비지를 제거하고 얻은 콩우유에 응고제를 첨가하여 응고시킨 뒤 압착한 것이다. 그 제조 원리는 대두단백질인 글리시닌(glycinin)이 응고제의 Ca이나 Mg 등의 2가 양이온에 의해 응고하는 성질을 이용한 것이다.

최근 시판두부의 두부 종류가 40종 정도로 다양해지고 있다. 일반적으로 두부의 종류는 크게 생두부와 가공두부로 나눌 수 있다. 생두부에는 일반두부, 연두부, 순두부 등이 있고, 가공두부에는 유부, 계란 연두부, 분말두부, 동결두부, 강화두부, 발효두부 등이 있다. 이 중 가장 많이 소비되고 있는 두부는 일반두부이다.

(1) 두부 제조

두부류 중 가장 많이 소비되는 것은 일반두부로 제조공정은 (그림 3-5)와 같다.

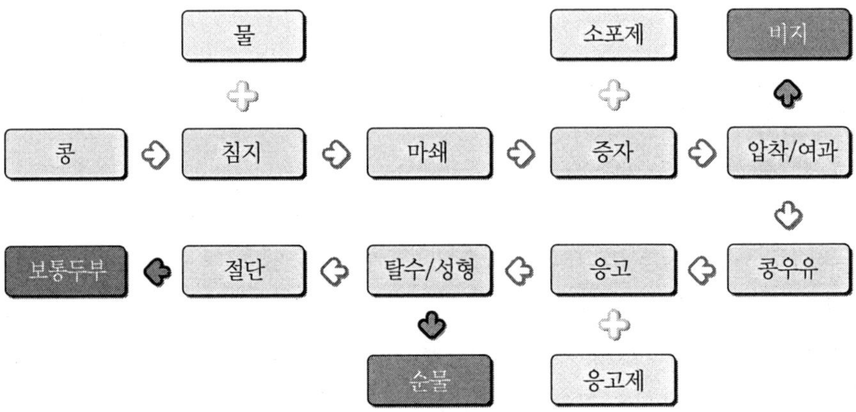

그림 3-5 두부의 제조공정

1) 침지(Steeping)

원료 콩은 단백질 함량이 많은 주로 백태가 사용되고, 저장기간이 짧으며, 수화속도가 빠른 것이 적합하나 저장기간이 오래된 콩은 수화속도가 느리다. 원료 콩으로 백태 외에 검은콩을 사용하여 흑두부를 제조하기도 한다.

원료 콩은 물에 침지하여 부피가 원료 콩의 2~3배 정도가 되도록 한다. 침지시간이 부족하면 마쇄가 잘 되지 않고, 침지시간이 너무 길면 온도가 높은 여름철에는 변패를 일으킨다. 따라서 침지시간은 여름에는 3~4시간, 봄과 가을에는 5~6시간, 겨울에는 12~13시간 정도가 적당하다.

2) 마쇄(Grinding)

침지공정으로 충분히 불린 콩을 건져 원료 콩의 2~3배 되는 물을 첨가하여 마쇄기(grinder)를 사용하여 마쇄하여 두미를 얻는다. 마쇄공정의 목적은 콩의 조직세포를 파괴시켜 세포 안에 있는 수용성 단백질을 추출하는 것이다. 그러나, 마쇄시 발생하는 마찰열로 단백질이 열변성되어 단백질의 추출 수율을 감소시키므로 온도가 과도하게 올라가지 않도록 주의해야 한다. 또한 지나치게 마쇄되면 콩우유를 얻는 여과공정에서 불용성 물질이 여과되므로 주의를 요한다.

3) 증자(Boiling)

증자공정에서는 마쇄공정으로 얻은 두미에 원료 콩 무게의 8~10배에 해당하는 물을 첨가하여 용기 바닥에 눌지 않도록 잘 저어주면서 끓인다.

증자공정의 목적은 단백질과 고형분의 추출 수율을 향상시키고, 효소를 불활성화시키며, 미생물에 대한 살균 효과를 내며, 트립신 저해제(trypsin inhibitor)를 제거하는 것이다.

증자공정 중 거품이 발생되므로, 넘칠 경우 콩기름과 같은 식물성 유지, 규소수지나 대두인지질과 같은 소포제를 첨가하기도 한다. 콩기름과 식물성 유지를 첨가하면 표면장력이 강한 식물성 유지는 표면장력이 약한 거품에 흡착되어 증자공정 중 발생되는 거품이 꺼지게 된다.

증자공정을 고온에서 장시간 처리하게 되면 단백질이 변성되고, 맛이 변질되며, 조직이 단단하게 된다. (표 3-5)와 (표 3-6)은 가열조건에 따른 콩단백질의 추출률을 나타낸 것으로 가열온도가 높을수록, 가열시간이 길수록 콩단백질은 열변성되어 추출율이 감소한다. 그러나, 가열온도가 너무 낮을 경우 트립신 저해제(trypsin inhibitor)가 제거되지 않고 남아 있어 단백질의 이용률을 저하시킨다.

표 3-5 일정 가열시간에서 가열온도(℃)에 따른 콩단백질의 추출률

가열온도 / 추출률	가열온도(가열시간 10분)			
	90	100	110	120
단백질	90.2%	81.2%	79.9%	76.3%

표 3-6 일정 가열온도에서 가열시간에 따른 콩단백질의 추출률

가열온도 / 추출률	가열온도(가열온도 100℃)			
	5분	10분	20분	40분
단백질	78.5%	81.2%	80.3%	79.5%

4) 압착 및 여과(Pressing/filtering)

콩을 침지, 마쇄, 증자공정을 한 후 압착여과를 하여 불용성 물질을 제거하여 비지를 분리하고 콩우유를 얻는다.

압착 및 여과 공정으로 분리되어 제거되는 비지에는 불용성 단백질, 섬유질, 지방의 일부 등으로 구성되어 있다. 압착 및 여과로 얻어진 콩우유에는 비지로 제거되지 않은 나머지 지방과 당 및 수용성 단백질을 함유하고 있다.

이와 같이 증자한 후 압착하는 방법으로는 유압 압착기를 많이 사용한다. 이는 콩우유의 회수 수율이 높으나, 여과할 때 여과포가 찢기는 경우가 있다.

압착 및 여과방법 외에 진공여과법이나 원심분리법이 이용되기도 한다.

5) 응고

압착 및 여과공정으로 비지를 제거하고 얻은 콩우유에 응고제를 첨가하여 응고시킨다. 두부의 응고공정은 두부제조에서 증자공정과 함께 주요한 공정 중 하나이며, 대두단백질이 응고제의 Ca이나 Mg 등의 2가 양이온에 의해 응고하는 성질을 이용한 것이다.

두부 제조에 사용되는 응고제의 종류와 특성은 (표 3-7)과 같으며, 응고제의 종류에는 간수, 황산칼슘($CaSO_4$), 글루코노델타락톤(glucono-δ-lactone), 염화칼슘($CaCl_2$) 등이 있다.

간수는 천일염 제조과정 후 얻어지는 부산물로 바닷물에서 NaCl을 제외한 나머지 성분이 간수의 원료로 사용된다. 이의 주성분은 염화마그네슘($MgCl_2$)으로 인근해역의 오염으로 간수를 정제하여 염화마그네슘($MgCl_2$)의 함량을 높인 정제간수를 응고제로 사용하고 있다. 간수의 주성분인 염화마그네슘($MgCl_2$)를 응고제로 사용할 때 응고온도는 75~80℃가 적합하며, 두부의 맛이 좋고, 응고시간이 짧으나 제품에 쓴맛이 있어 완성된 두부는 물에 담가두어 쓴맛을 제거해야 한다.

황산칼슘($CaSO_4$)을 응고제로 사용한 두부는 탄력이 있고 부드러우며, 보수력이 높아 수율이 높은 반면, 물에 잘 녹지 않아 사용하기에 불편한 것이 단점이다.

글루코노델타락톤(glucono-δ-lactone)은 수율이 응고제 중 가장 높고 두부가 부드러우며, 조직이 너무 연하고, 물에 용해되었을 때 글루콘산(gluconic acid)으로 분해되어 약간의 신맛이 있는 것이 단점이다. 그러나 응고력이 좋으며, 수율이 높은 것이 장점이다. 이는 순두부와 연두부 제조에 사용되는 응고제이다.

염화칼슘($CaCl_2$)은 수용성으로 응고에 적합한 온도는 75~80℃이고, 응고시간이 빠르고 응고력이 좋은나, 두부의 조직이 거칠고 딱딱하며, 보수력이 낮아 수율이 낮은 것이 단점이다.

두부제조에서 응고정도는 응고온도, 응고제의 종류, 응고제의 양 등에 따라 다르며, 응고제의 종류에 따라 응고적온이 다르다. 응고제는 2~3번 나눠서 첨가한다.

응고제의 양이 많으면 응고가 고르지 않고 수분이 분리된다. 또한 응고온도가 70℃ 이하가 되면 응고가 잘 형성되지 않아 온도를 높여야 하고, 콩우유의 농도가 너무 높으면 저어줄때 응고된 단백질이 부서지기 쉽다.

응고공정의 완성은 용기의 밑부분에 응고물이 형성되고, 윗부분에는 담황색의 투명한 액을 띠게 된다.

표 3-7 두부 응고제의 종류와 특성

응고제	첨가온도(℃)	장점	단점
정제간수	75~80	· 맛이 좋음 · 응고시간이 빠름	· 수율이 낮음 · 조직이 거칠음 · 쓴맛이 있음
황산칼슘	80~85	· 조직이 연함 · 탄력이 좋음 · 수율이 높음	· 더운 물에 용해하여 사용
글루코노델타락톤	85~90	· 응고력이 우수함 · 수율이 높음	· 조직이 대단히 연함 · 약간의 신맛이 있음
염화칼슘	75~80	· 응고시간이 빠름 · 압착공정에서 물이 잘 빠짐	· 수율이 낮음 · 조직이 거칠고 견고함

6) 탈수/성형

콩우유를 응고시켜 형성된 응고물을 두부상자에 천을 깔고 그 위에 넣은 후 베보자기와 같은 천으로 덮어 표면을 매끈하게 한 후 서서히 압착하여 탈수 및 성형이 되어 두부를 완성시킨다. 서서히 압력을 증가시켜 압착하는 것이 탄력이 좋은 두부를 만들고, 수율이 높은 제품을 얻을 수 있다.

7) 절단, 찬물에 담그기, 포장

탈수 및 성형 후 완성된 두부는 판매 단위로 일정하게 절단한 후 찬물에 담근다. 따라서 응고제의 쓴맛이 제거되고, 두부가 흐트러지는 것을 막는다.

찬물에 담근 후 포장하여 두부를 완성시킨다. 두부의 포장 용기는 폴리프로필렌 단일 재질로 된 사각용기를 사용하는데, 이는 무미, 무취, 무독하고 연소시 유해가스를 발생하지 않으며, 내열성이 좋고 위생적이다. 사각용기 위 표면의 밀봉할 필름 재질은 폴리프로필렌수지를 기본으로 한 다층필름을 사용하여 포장을 완성한다.

이와 같이 제조된 두부의 수율은 상당히 높아, 원료 콩 1 kg에서 4~5 kg의 두부를 만들 수 있다.

(2) 유부

유부는 일반두부를 압착시켜 수분함량을 낮춰 얇게 잘라 기름에 튀긴 것으로 두부에 지방이 침투하여 지방함량은 증가되고, 기호성이 향상된 제품이다. 지방의 함량은 튀김 조건에 따라 다르고, 단백질 함량은 10~18% 정도이다. 유부의 제조공정은 (그림 3-6)과 같다.

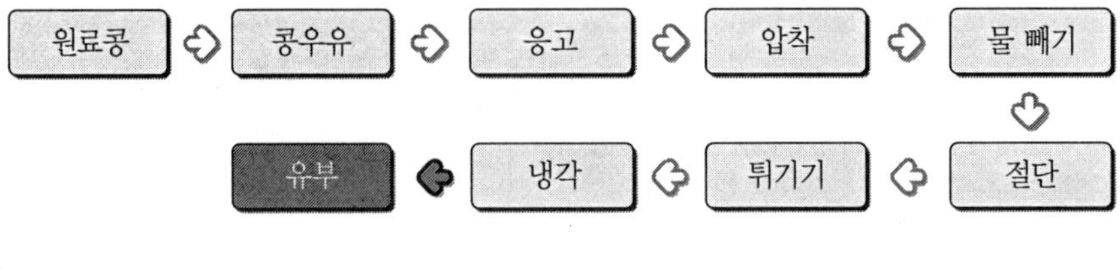

그림 3-6 유부의 제조공정

유부에 사용되는 두부의 수분함량이 높으면 기름에 튀길 때 고온에서 두부 내부의 물이 튀어 나와 제조하는데 위험하고, 두부의 내부 조직이 거칠게 되므로 수분함량이 낮은 두부를 사용해야 한다. 기름에 튀기는 공정은 식물성유지를 사용하여 2단계로 구분하여 튀긴다. 1단계는 110~120℃의 튀김온도에서 1차로 튀긴 후 2단계에서 180~200℃의 온도에서 두부 표면의 색이 엷은 황자색이 될 때까지 튀긴다. 그러면 조직감이 좋고 향미가 향상된 유부가 된다.

이와 반면 두부의 표면만을 튀긴 것을 생양이라도 한다.

(3) 연두부와 순두부

연두부와 순두부는 두유에 응고제를 섞고 처음부터 제품의 용기에 넣어 곧바로 굳혀서 만든 것이다.

순두부는 일반두부의 탈수 성형 직전의 두부로 콩우유가 응고되었을 때 그대로 순물과 함께 떠서 폴리에틸렌(polyethylene) 주머니에 넣어 포장한다. 연두부는 콩우유에 응고제로 글루코노델타락톤(glucono-δ-lactone)을 첨가하여 순물을 완전히 빼지 않고 어느 정도 남긴 채 플라스틱 용기에 넣어 가열하여 찐 것으로 조직이 대단히 부드럽다.

대두의 고형분 함량은 순두부는 7%정도이고, 연두부는 11%정도의 콩우유를 가열 냉각시킨 후 가열하여 응고시킨 제품이다.

계란 연두부는 제조시 공정 중에 계란을 생란의 형태로 약 10% 혼합한 것이다.

(4) 전두부

전두부는 진한 콩우유를 얻어 전부 응고시킨 후 탈수하지 않고 틀에 성형시킨 것이다. 이는 콩우유의 영양소가 그대로 함유되어 있고, 두부상자 틀에 천을 사용하지 않아 표면이 매끈하여 촉감이 상당히 좋은 제품을 얻을 수 있다. 이때 첨가되는 물의 양은 원료콩의 5~5.5배 정도로 일반두부의 약 절반정도에 해당한다.

(5) 기타

그 외에 동결두부, 발효두부, 분말두부, 명주두부 등 이 있다.

동결두부는 얼림두부라 불리고, 현재는 사용되지 않은 두부로 오래전부터 중국의 추운 지방에서 만들어 왔던 두부이다. 일반두부를 잘라서 동결하고 건조하여 수분함량을 10% 정도로 낮춘 것으로 저장성은 일반두부에 비하여 좋고, 단백질과 지방질이 풍부하다. 그러나, 동결두부의 조직은 스펀지와 같은 해면상 조직을 하고 있다.

(그림 3-7)은 동결두부의 제조 공정을 나타낸 것으로 동결두부의 동결방법은 자연동결법과 인공동결법있다. 인공동결법은 두부의 표면은 급속히 얼리고, 내부는 서서히 얼리는 이단동결법을 사용한다. 팽현처리는 두부조직 등에 탄산수소나트륨($NaHCO_3$, 중탄산나트륨) 등으로 처리하는 것으로 조리시 물을 흡수하여 불어나는 효과를 나타낸다. 이와 같이 완성된 동결두부의 색택은 담황색을 나타내고 윤이 나며, 단위무게의 부피가 큰 편이다.

그림 3-7 동결두부의 제조공정

발효두부는 일반두부를 압착하여 수분함량을 70%정도 되게 하여 일정한 크기(3×3×5)로 절단한 후 부착된 미생물을 열처리하여 사멸시키고, 곰팡이를 접종하여 12~20℃에서 1주일 이내로 발효하여 소금물로 숙성시킨다.

분말두부는 인스턴트 두부라고도 하며, 원료콩을 일반두부 공정에 따라 콩우유를 만들고, 이를 분무건조하여 얻은 분말두유에 응고제를 가하여 포장한 것이다. 이의 제조방법은 비지를 제거하고 제조하는 일반두부와 같은 방법과 불용성물질인 비지를 제거하지 않고 그대로 제조하는 방법이 있다.

명주두부는 비단두부라 불리며, 고운 천으로 걸러 만든 것으로 최근에 제품화되어 생으로 샐러드 등의 원료로 사용되는 두부의 형태이다.

3-5-2. 두유(Soy milk)

두유(soy milk)는 콩의 유효한 물질을 소화가 용이한 형태로 추출한 우유 대체 음료로 단백질, 지질, 비타민, 무기질 등이 풍부하며, 콜레스테롤(cholesterol) 저하효과도 있는 알칼리성 영양음료이다.

두유 및 두유가공품은 특히, 유당(lactose)을 분해시키는 효소를 가지지 않은 유당불내증(lactose intolerance) 환자들에게 우유를 대신하여 마실 수 있는 영양음료이다.

두유에는 수분 88~89%, 단백질 3.0~3.5%, 지방 3.0~3.5%, 당 4.5~5.4%로 함유하고 있어, 우유의 일반성분 조성과 비슷하여 영양적으로 우수한 음료이다. 두유의 단백질은 수용성으로 글리시닌(glycinin)이 주된 단백질이다. 두유 단백질의 아미노산 조성은 (표 3-8)과 같이 메티오닌(methionine) 외에는 우유의 주된 단백질인 카제인(casein)과 유사한 필수 아미노산 조성을 갖고 있다. 두유에는 필수 지방산인 리놀레산(linoleic acid, 35.6%)과 리놀렌산(linolenic acid, 9.6%) 등의 불포화 지방산이 많이 함유되어 있다. 그 외 무기질로는 칼슘, 인, 마그네슘, 유황 등이 많은 편이고, 비타민 중 비타민 E가 많이 함유되어 있다.

표 3-8 두유와 우유 단백질의 필수 아미노산 조성의 비교

아미노산	두유	우유
Isoleucine	5.78	5.06
Leucine	8.21	9.32
Lysine	5.78	7.58
Methionine	1.50	2.39
Phenylalanine	5.79	4.42
Threonine	5.43	4.26
Tryptophan	1.51	1.45
Valine	6.29	6.48
Histidine	2.46	2.52

두유의 종류에는 순수한 두유, 두유에 당을 첨가하여 단맛을 가진 제품과 초콜릿, 커피, 딸기 향 등을 첨가한 두유, 농축두유 및 분말두유 등이 있다.

(1) 두유 제조

두유는 두부를 만들 때 얻어지는 중간산물이지만, 우유대체 음료로 제품화되어 사용되는 두유의 제조공정은 (그림 3-8)과 같다.

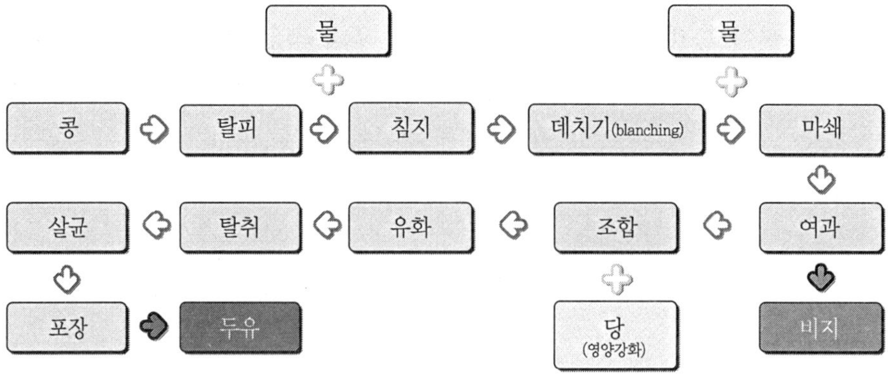

그림 3-8 두유의 제조공정

원료로 사용하는 콩은 향이 좋고, 전분을 많이 함유하지 않으며, 단백질 함량이 많은 것으로 수확 후 1년 이내의 것을 사용한다. 콩을 정선한 후 5~6조각으로 조쇄하여 표피를 제거하여 토양세균이나 풀냄새를 제거하고 물에 침지하여 원료 콩이 팽윤된 것을 끓는 물에 3~4분간 데치기를 하여 리폭시제네이스(lipoxygenase)와 같은 효소를 불활성화시킨다. 이를 마쇄한 후 여과하여 비지를 제거한 후 얻은 순수한 콩우유에 당을 첨가하여 단맛을 조절하고, 대두 단백질의 제 1제한 아미노산인 메티오닌(methonine) 등을 첨가하여 영양성분을 강화시키는 조합 공정을 거쳐 균질화시킨 후 탈취하여 이취를 제거하고 포장하여 두유를 얻는다.

(2) 두유의 품질개선

두부를 만들 때 얻어지는 중간산물로 얻어지는 두유는 그대로 방치하면 고형분이 가라앉아 층이 분리되고, 고형분과 단백질의 수율이 낮으며, 콩비린 냄새와 같은 불쾌한 냄새와 맛이 있고, 콩에 존재하는 영양저해 인자들이 있어 두유의 품질을 저하시켜 상품적 가치를 떨어뜨린다.

따라서 두유의 품질개선 방안으로 두유 현탁액의 안전성 방안, 수율개선 및 향미개선방안 등이 제시된다.

1) 현탁액의 안정성

두유를 방치하면 고형분이 가라앉아 층이 분리된다. 이는 현탁액의 물리적 성질인 안정성 결여로 두유의 상층은 맑고, 하층은 탁하게 되는 것이다. 이러한 층의 분리 현상을 막는 방안으로 카라기난(carrageenan)과 같은 안정제를 첨가하거나, pH를 알칼리로 조절하여 현탁액의 안정성을 증가시키거나, 불용성 물질을 제거하고, 균질과정의 강화 등이 제시된다.

2) 수율 개선

콩을 물로 추출할 때 대두 단백질 및 고형분의 추출이 가장 높은 온도는 55~65℃로 가열처리는 수용성물질의 수율에 영향을 미친다. 그러나 불쾌한 냄새의 생성에 관여하는 효소인 리폭시제네이스(lipoxygenase)를 불활성화하기 위하여 고온으로 가열처리하면 대두 단백질은 변성되어 추출 수율을 저하시킨다.

그 외 콩을 탄산수소나트륨($NaHCO_3$) 용액에 담가 불린 후 마쇄 전과 후로 가열을 2번한 뒤 마쇄한 현탁액을 높은 압력에서 균질화시키는 방법은 고형분과 단백질의 수율을 향상시킨다. 그러나 이는 비용이 많이 들고, 장기간 보관하였을 때 층 분리 현상이 생긴다.

3) 향미의 개선

두유의 불쾌한 냄새와 맛의 원인물질은 알데히드류(aldehydes), 알코올류(alcohols), 케톤류(ketones) 및 페놀류(phenols) 등으로 다른 성분과 결합되어 있다가 유리되거나, 리폭시제네이스(lipoxygenase)에 의하여 지방이 분해된 후 화학반응을 거쳐 생성된다.

두유에서 문제가 되는 불쾌한 비린 냄새는 콩을 침지한 후 마쇄공정에서 리폭시제네이스(lipoxygenase)가 불포화 지방산에 작용하여 생성된다.

이의 제거로는 콩을 침지한 후 끓는 물을 사용하여 마쇄하는 방법이 있다. 그러나, 이와 같은 가열 방법으로 단백질의 수율이 감소되거나, 황함유아미노산이 가열에 의하여 생성된 황화수소(H_2S)가 문제가 되기도 한다. 또한 콩을 침지할 때 0.1% NaOH 용액에서 처리하여 pH를 7.37정도가 되면 콩의 비린 냄새와 맛이 감소된다.

콩을 발아시킨 후 끓는 물로 마쇄하여 두유를 제조하는 방법이 제시된다. 이는 콩의 불쾌한 비린 냄새와 맛을 감소시키고, 구수한 맛을 증가시켜 향미가 향상된다.

4) 콩에 존재하는 영양저해 인자의 제거

콩에 존재하는 영양저해 인자는 두유의 품질에 영향을 미치므로 이를 제거하여야 한다.

3-5-3. 콩나물(Soybean sprout)

콩나물은 두아라고 불리며, 콩을 발아시켜 재배한 것으로 신선한 맛과 단단한 씹힘성으로 두부와 함께 가장 서민적이고 대중적인 식품이다. 예전부터 채소가 부족하던 겨울철에 많이 애용하여 국이나 찌개에 넣거나, 무침 등으로 즐겨 먹어 왔던 우리 고유의 식품이다.

콩나물은 원료 콩보다 단백질과 지방의 함량은 적으나, 비타민 C, 비타민 B_1과 B_2의 함량은 높은 편이다.

(그림 3-9)는 콩나물의 구조로 콩나물은 자엽부와 배축부로 구성되어 있고, 배축부는 체장(boly length)와 뿌리(root)로 구성되어 있다.

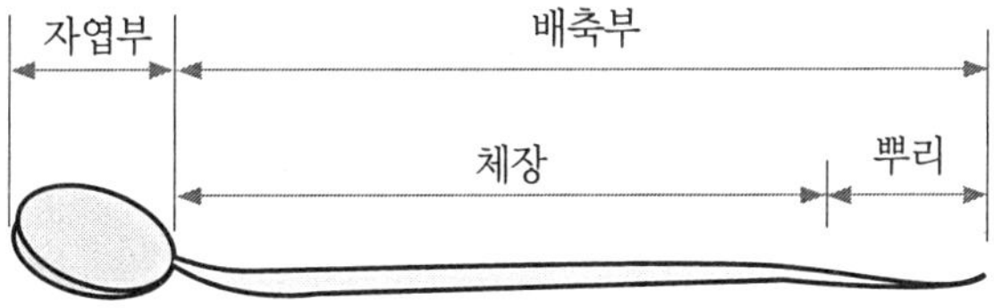

그림 3-9 콩나물의 구조

(1) 콩나물 제조

콩나물의 원료 콩은 두부나 두유 제조용 원료콩과는 달리 서목태와 같은 소립종의 품종을 사용하여 제조한다.

원료 콩을 상온에서 4~6시간 침지시켜 물을 충분히 흡수시킨 후 어두운 상자에 넣어 빛을 차단하고 수시로 물을 주면서 약 10일 정도 발아시킨다.

발아로 인한 콩나물의 성장은 콩의 종류, 침지 시간, 온도, 물을 주는 수주횟수 등에 의해서 영향을 크게 받는다. 따라서 콩의 발아를 위한 최적 조건을 만들어 주는 것이 생산과 관련된 중요한 문제가 된다.

침지공정은 원료 콩을 물에 담가 봄과 가을에는 12시간, 여름에는 5~6시간, 겨울에는 34시간 정도 침지시킨다.

콩을 침지시킨 후 발아시킨다. 일반적으로 발아온도가 높으면 미생물이 번식하여 상품가치를 저하시킨다. 발아 중 물을 뿌리는 이유는 콩나물에 수분공급과 호흡작용으로 인한 열 발생을 냉각시키는 효과를 주기 때문이다. 물을 주는 수주량과 수주 횟수가 부족하면 콩나물의 온도가 상승하여 미생물이 번식하여 변질되고, 발아가 제대로 되지 않으며, 콩나물에 잔뿌리가 많이 생긴다. 일반적으로 수주횟수는 1일에 4~5회가 적합하다.

(2) 발아 중 화학성분의 변화

콩을 발아시켜 콩나물을 제조하는 동안 일반성분의 변화는 (표 3-9)와 같다. 발아기간 중 단백질과 지방의 함량은 기간 동안 감소하였고, 가용성 무질소물은 원료 콩이 발아되는데 필요한 영양원으로 래피노오스(raffinose)와 스타키오스(stachyose) 등과 같은 당이 발아 초기부터 이용되어 발아 기간 중 감소폭이 다른 성분에 비하여 크다.

표 3-9 콩을 발아시키는 동안 화학성분의 변화

	조지방(%)	조단백(%)	조섬유(%)	회분(%)	가용성 질소물(%)
원료 콩	16.78	39.08	4.46	4.27	21.59
1일	16.35	38.97	6.62	3.96	15.81
3일	15.60	38.72	7.34	3.92	14.07
5일	13.76	38.26	8.65	4.10	7.94

조섬유는 발아 중 증가하고, 원료 콩에는 비타민 C가 거의 함유되어 있지 않으나, 발아로 인하여 증가하고, 비타민 B_2도 발아 중 증가함을 보인다.

3-6. 대두발효식품

대두발효식품으로는 간장, 된장, 고추장, 청국장 등과 같은 장류와 요구르트 등이 있다.

장류는 콩을 주원료로 사용하여 발효시킨 것으로 대표적인 대두발효식품으로 한국 전통 조미료로 사용되고 있다. 간장은 콩, 밀, 소금을 원료로 사용하고, 된장은 콩, 쌀 또는 보리 등 전분질 원료와 소금을 원료로 사용하여 발효시켜 제조한다. 고추장은 쌀, 밀가루 또는 보리 등 전분질 원료와 소금, 고춧가루 등을 사용하고, 청국장은 콩, 소금 및 그 밖의 향신료를 원료로 사용하여 발효시켜 제조한 것이다.

국내 최초의 장류에 대한 문헌상의 기록은 삼국사기를 통하여 알 수 있다. 장류의 생산은 경제 성장 및 식생활 패턴의 변화로 가정에서 직접 제조하는 것보다 산업체에서 생산되는 제품을 구매하는 비율이 현저히 증가하여 장류시장이 급속히 성장하고 있다.

장류는 단순히 조미료로서 기능뿐만 아니라 항암효과 등과 같은 건강 기능적인 면이 보고됨에 따라 새롭게 조명되고 있는 우리의 과학적인 전통식품이다.

3-6-1. 간장(Soy sauce)

간장의 종류는 한식간장, 개량간장, 화학간장, 혼합간장이 있다. 한식간장은 재래식 간장으로 그 원료는 콩, 메주, 소금, 물이고, 개량간장은 메주 대신에 코지(koji, 국)를 사용한 양조간장이다. 메주는 재래식 간장인 한식간장의 원료로 10월에 수확한 콩을 삶아 식기 전에 으깨어 입방형으로 덩어리를 만들어 균열이 생길정도로 건조시킨 후 짚을 이용하여 방치하면 미생물이 번식하게 만든 것이다.

산분해 간장은 탈지대두박과 같은 단백질 원료를 염산(HCl)으로 가수분해하여 중화시켜, 색과 맛을 조정한 것이다. 혼합간장은 아미노산 간장과 양조간장을 혼합한 뒤 숙성시켜 제조한 것으로 두가지 간장 각각의 장・단점을 서로 보완한 간장이다.

(1) 개량간장

개량식 간장은 한식간장에서 사용한 메주를 대신하여 코지(koji, 국)를 사용한 양조간장이다.

1) 원료

개량간장의 원료는 장류업체에서 공업적으로 제조하는 것으로 물, 소금, 코지(koji, 국)를 원료로 사용하여 발효시킨 것이다.

원료 콩은 단백질 함량이 많은 금강 대립, 금두 등과 같은 품종을 사용하고, 곡류를 쪄서 순수하게 배양한 미생물을 접종하여 번식시킨 코지(koji, 국)를 사용한다. 소금은 간장에 짠맛을 부여하고, 부패를 방지해 주는 역할을 한다. 간장에 사용하는 소금은 3~4등급의 제품을 사용하는 것이 효모의 영양소가 함유되어 있어 발효작용에 더 효과적이다. 장을 담글 때 사용하는 물은 불순물이 적어야 하고 특히, 철분이 함유되지 않아야 한다.

코지(koji, 국)는 곡류를 쪄서 코지균을 번식시킨 것으로서 개량간장인 양조간장의 제조에 메주를 대신하여 사용된다. 코지를 만드는 가장 중요한 목적은 강력한 효소를 생성하는 것이다. 코지의 제조 공정은 (그림 3-10)과 같다.

그림 3-10 코지의 제조공정

간장용 코지의 구성요소는 콩을 증자한 것과 밀은 볶은 것을 종국(seed koji)과 함께 섞어 사용한다. 코지 제조에 사용한 콩은 종자가 굵은 것을 택하여 세척, 침지하여 수화시킨 후 증자시킨다. 증자한 콩은 손으로 눌러 쉽게 부서지고, 적갈색을 띠며, 단맛과 끈기가 약간 있는 것이 좋다.

밀은 볶은 것을 사용하는데 밀의 볶음 효과는 간장의 향과 색을 좋게 하고, 전분을 호화(α-화)시켜 코지균의 번식을 잘 되게 하며, 콩과 섞을 때 수분을 흡수하므로 수분의 조절 효과가 있다. 볶은 밀은 가루로 만들어 사용한다.

종국(seed koji)은 쌀에 코지균을 번식시켜 포자를 많이 생성시킨 후 건조한 것으로 단백질의 분해력이 강하다. 코지 제조 방법은 가락 코지법과 입상 코지법이 있다.

코지균이 발육하여 번식하면서 단백질분해효소(protease)와 전분분해효소(amylase)를 강력하게 생성하여 원료 성분을 분해시킨다. 간장제조에서는 단백질의 분해가 탄수화물 분해보다 중요하므로 단백질 분해력이 강한 단모균을 코지균으로 사용한다.

2) 제조

개량간장은 간장코지, 물, 소금을 원료로 사용하여 (그림 3-11)과 같은 공정에 따라 담금하여 숙성시켜 제조한다.

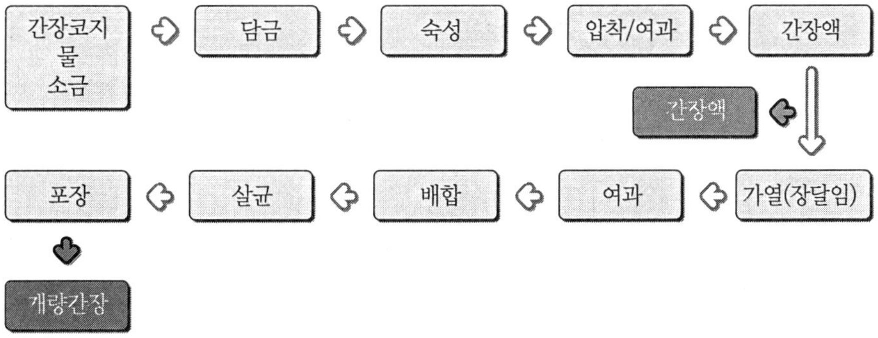

그림 3-11 개량간장의 제조공정

간장의 담금공정에서 원료의 배합비는 간장 덧의 숙성속도와 간장의 품질에 영향을 미친다.

담금공정에서 소금의 농도는 보통 17~18% 정도로 한다. 이보다 소금의 농도가 높으면 숙성 중 간장 덧의 발효가 억제되며, 질소의 용해도가 낮아진다. 이와 반대로 소금 농도가 낮을 경우, 질소의 용해도가 높아지고 발효가 빨리 진행되는 반면 제품에 신맛이 느껴진다.

담금공정 후 간장 덧을 숙성시킨다. 좋은 품질의 간장을 얻기 위하여 숙성기간은 6개월에서 12개월 정도로 한다. 원료를 담근 후 숙성시키면 원료 코지에 있는 효소가 원료를 분해하여 간장 고유의 맛이 생긴다.

숙성 중 간장 덧을 교반하며, 교반 횟수는 봄과 가을에는 1회/일, 여름에는 1~2회/일, 겨울에는 1회/3일 정도로 한다. 숙성기간 중 간장 덧을 교반하는 목적은 간장 덧에 생긴 탄산가스(CO_2)를 배출하고 산소를 공급하며, 간장 덧을 고르게 섞어서 코지(koji, 국)의 효소를 용출시켜 원료의 분해를 빠르게 하고, 숙성작용을 고르게 하는 것이다.

교반방법은 대규모 공장에서는 비교적 높은 압력의 압착 공기를 가는 관으로 주입시켜 교반한다.

간장 덧의 숙성이 끝난 후 압착 및 여과하여 간장박을 제거하고 간장액을 분리하여 얻는다. 제거되는 간장박은 재래식 된장의 원료로 사용하거나 사료로 이용된다. 이와 같이 생간장인 간장액을 얻는 공정을 장뜨기라고 한다.

압착 및 여과 후 얻은 간장액을 가열하는 공정을 장달임이라고 한다. 일반적으로 장달임은 80℃에서 30분간 가열처리하며, 60℃이하에서는 가열효과가 거의 없다.

장달임의 주된 목적은 미생물에 대한 살균효과와 효소를 불활성화 시키며, 색을 진하게 하고, 숙성 중 분해되지 않고 용해된 단백질을 열에 의하여 응고, 침전시켜 장을 말갛게 하는 것이다. 간장 색이 검은 것은 장달임 중 비효소적 갈변반응과 코지균의 색이 그 원인이 된다.

가열처리인 장달임 공정 후 간장의 맛, 색 등 일정한 품질을 갖게 하기 위하여 간장에 첨가물을 첨가, 배합하여 균일한 제품을 얻는다. 간장 제품의 총질소의 함량이 0.8%(W/V) 이상이고 pH는 4,0~5.5이어야 한다.

3) 간장 저장 중 이상현상

간장의 저장 중 피막이 발생하는데, 이는 여름철에 간장을 오랫동안 저장하면 발생하는 현상이다. 저장 중 간장표면에 백색 피막이 생겨서 간장에서 불쾌한 냄새와 맛이 발생하여 간장을 변질시킨다.

백색 피막의 원인은 산막효모라는 호기성이 강한 미생물이다. 이는 간장농도가 낮을 경우, 소금 함량이 적을 경우, 장달임 온도가 낮을 경우, 숙성이 부족한 것을 압착 여과했을 경우, 당이 많이 들어 있을 경우, 사용 기구 및 용기 등이 비위생적일 경우 발생하기 쉽다.

따라서 백색의 피막현상을 방지책으로 사용 기구 및 용기를 위생적으로 세척하고, 살균해서 사용해야 한다. 그 외에 보존료로 안식향산나트륨, 파라옥시안식향산에틸 등을 사용하여 저장효과를 갖게 한다.

(2) 산분해 간장

산분해 간장은 화학간장 또는 아미노산 간장이라고도 하며, 이는 단백질 원료를 산(acid)으로 가수분해한 후 알카리(alkali)로 중화시켜, 맛과 색을 조정한 것이다.

이의 장점은 개량간장이나 한식간장의 미생물과 효소작용에 의해서 제조되므로 제조기간이 길은 반면, 산분해 간장의 제조기간은 짧으며, 대량생산이 가능하다. 또한 산분해 간장은 다른 간장에 비하여 생산단가가 싸서 가격이 저렴하다는 것 이다. 그러나, 양조간장에 비하여 맛, 향 등 풍미가 떨어진다.

산분해 간장의 제조공정은 (그림 3-12)와 같다.

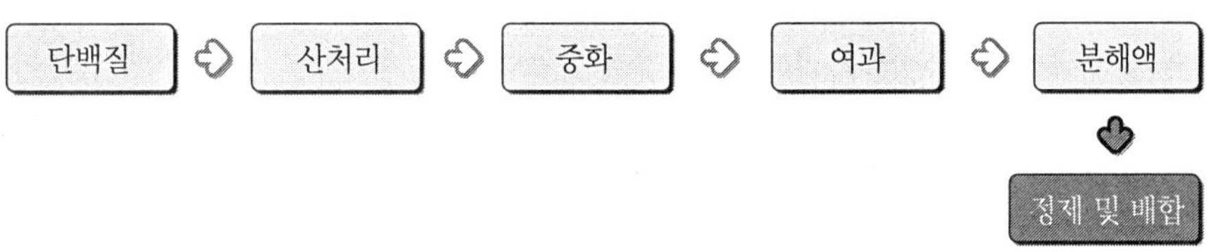

그림 3-12 산분해 간장의 제조공정

1) 원료

산분해 간장의 원료로는 동물성 단백질과 식물성 단백질을 사용할 수 있다. 식물성 단백질로는 탈지 대두박, 글루텐 등이 사용되며, 이 중 탈지 대두박이 많이 사용되고 있다.

일반적으로 산분해 간장의 원료로는 식물성 단백질이 동물성 단백질보다 간장의 맛이 더 좋고, 가격이 저렴하므로 많이 사용된다. 동물성 단백질로는 생선가루나, 누에 번데기 등이 이용되는데, 이는 불쾌한 어취 등의 냄새가 남아 있어 탈취 공정을 해야 한다.

원료로 탈지대두박을 사용할 경우 유지를 추출용제로 사용한 용한 헥산(hexane)이 탈지대두박에 미량 존재할 경우 원료단백질의 분해제로 사용한 염산(HCl)과 반응하여 MCPD(monochloropropandiol), DCP(dichloropropanediol)와 같은 유해한 염소화합물이 생성되어 논란이 되었다.

2) 산 분해

원료로 식물성이나 동물성 단백질을 사용하여 산(acid)으로 분해한다. 산으로는 18% 염산(HCl)을 사용하여 직접 증기 취입법을 적용하여서 89~90℃에서 48~72시간, 또는 110~125℃에서 10시간 정도 분해한다. 고온보다 저온을 이용한 분해방법을 주로 많이 사용하는데, 이는 고온 분해방법보다 풍미와 성분 면에서 우수한 품질의 제품을 얻기 때문이다.

3) 중화

산분해용 간장의 원료인 단백질을 산으로 분해처리한 후 얻은 분해액은 알카리를 사용하여 60℃이하의 온도조건에서 pH 4.5로 중화시킨다. 분해액 중의 humin을 제거하기 위하여 humin의 등전점(pH 4.5)으로 pH를 낮춰 중화하면 투명도가 좋은 간장을 얻을 수 있다. 주로 사용하는 중화제로는 수산화나트륨(NaOH)이나 탄산나트륨(Na_2CO_3)으로 염산과 중화한 결과 반응 산물로 소금(NaCl), 물과 탄산가스(CO_2)를 얻는다(그림 3-13).

$$HCl + NaOH \rightarrow NaCl + H_2O$$

$$2HCl + Na_2CO_3 \rightarrow 2NaCl + H_2O + CO_2$$

그림 3-13 산분해 간장의 중화반응

4) 여과

분해액을 중화한 후 아미노산 분해액을 압려기(filter press)로 여과한 다음 탈취한다.

5) 정제 및 배합

산분해 간장 특유의 냄새와 맛이 있어 탈색, 탈취 등의 정제처리를 한다. 정제는 활성탄(activated carbon)으로 처리하여 색과 냄새를 제거한 후 간장의 맛과 향을 갖게 하기 위하여 배합공정을 한다. 배합은 소금, 조미료, 향미물질, 캐러멜 등을 첨가하여 제품의 맛, 향, 색을 조절하는 것이다.

(3) 혼합 간장

혼합간장은 산분해 간장과 양조 간장을 혼합한 뒤 숙성시켜 제조한 것으로 두 간장의 장 · 단점을 서로 보완한 간장이다. 산분해 간장과 양조 간장의 혼합 비율은 5 : 5 또는 6 : 4로 하고, 혼합된 간장을 숙성시켜 안정화 한 후 여과을 한 다음 살균하여 제품으로 된다.

(그림 3-14)는 혼합 간장의 제조공정이다.

그림 3-14 혼합 간장의 제조공정

(4) 효소분해간장

효소분해간장은 단백질분해효소(protease)와 전분분해효소(amylase) 자체를 이용한 간장으로 콩에 효소를 처리하여 제조한 것으로, 콩(대두)에 함유된 대두 단백질을 아미노산으로 분해하는 제조원리를 적용한 것이다.

이와 반면, 양조간장은 숙성공정에서 이용되는 발효 미생물인 코지(koji; 국)균을 이용하여 제조한 간장으로 코지(koji; 국)균이 잘 번식하여 강력한 효소(단백질분해효소와 전분분해효소)를 생성하는데 이를 이용한 것이다.

(5) 기타

국간장은 염도를 높여 재래식 간장인 한식간장을 대신하여 사용하며, 주로 국의 간을 맞출 때 사용하는 조미료로 이용된다. 그 외 저염간장, 분말간장, 튀김용 소스용 간장 등이 있다.

3-6-2. 된장(Doenjang, soybean paste)

된장은 콩을 삶아 소금물과 된장용 코지를 원료로 사용하여 담근 다음 발효 숙성시킨 것이다. 재래식 된장은 간장을 담근 후 남는 메주 찌꺼기에 소금을 첨가하여 제조한다. 된장은 탄수화물 위주의 식단에서 단백질을 보충해 주는 영양적으로 우수한 부식 재료이다.

원료에 따라 쌀 코지를 사용한 쌀 된장, 보리 코지를 사용한 보리 된장, 콩 코지를 사용한 콩된장이 있다. 쌀 된장은 찐 쌀로 쌀 코지를 제조한 후 삶은 콩과 소금을 섞어 제조한 것이다.

(1) 개량식 된장의 제조

개량식 된장의 제조는 된장용 쌀 또는 보리 코지에 삶은 콩과 소금을 섞어서 숙성시킨 것으로 숙성 중 뒤섞기를 하여 제품을 완성한다(그림 3-15).

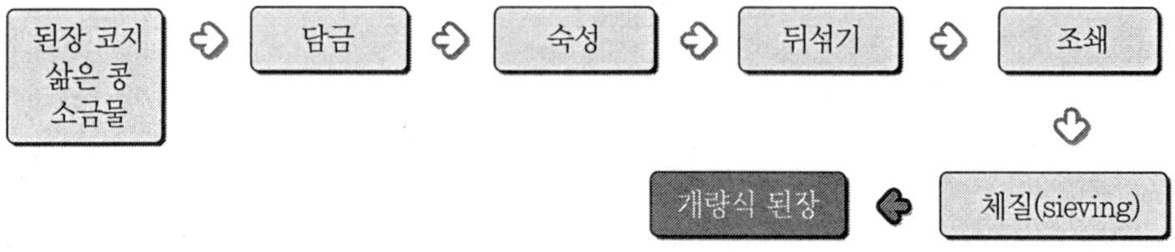

그림 3-15 개량식 된장의 제조공정

된장 원료의 배합은 제품의 종류에 따라 다르게 배합된다. 즉, 된장의 원료 중 쌀이나 보리의 양이 많이 첨가될수록, 된장의 숙성기간이 짧으며, 단맛이 강하고 엷은 색의 된장이 된다. 콩의 사용양이 많으면 펩티드(peptide)나 아미노산과 같은 단백질 분해 산물이 많이 생성되어 제품의 맛 중 구수한 맛이 강하게 생성되고, 코지(koji, 국)의 양이 상대적으로 적어져서 숙성기간이 길어지며, 단맛이 적고 색이 진해진다. 또한, 소금의 첨가량을 증가시킬수록 저장성은 향상되는 반면, 숙성이 늦어진다.

된장 원료를 배합하여 초퍼(chopper)를 사용하여 조쇄하여 용기에 틈이 생기지 않게 담근다. 담근 표면에 소금을 뿌리고 비닐로 덮어 그 위에 누름돌을 얹는다. 이 때 소금은 곰팡이의 번식이나 표면의 건조 현상을 막기 위하여 표면에 뿌린다. 소금을 뿌린 후 누름돌을 얹지 않으면, 된장덧이 발효되어 위로 올라와 공기와 닿아 잡균 번식으로 부패가 일어난다.

된장은 발효 숙성 중 뒤섞기를 하여 된장 용기 내의 된장 덧을 잘 섞고 신선한 공기를 공급하여 숙성을 촉진시킨다. 숙성된 된장을 초퍼(chopper)를 사용하여 갈아 조쇄한 후 체질하여 된장을 완성한다.

(2) 된장의 숙성 중 변화현상

된장의 숙성은 코지 내의 미생물 작용으로 일어난다. 숙성 중 변화현상은 첫째, 전분이 코지 곰팡이의 전분분해효소(amylase)에 의하여 당화작용이 일어나 당으로 분해되고, 둘째, 생성된 당은 알코올 발효작용에 의하여 알코올을 생성하고, 셋째, 당의 일부는 유기산 발효작용으로 유기산이 형성된다. 넷째, 단백질은 단백질 분해 효소에 의하여 분해되어 아미노산을 생성하여 구수한 맛을 낸다. 숙성 중 생성된 분해 화합물들은 화학적 반응으로 더 분해되어 에스테르 등을 형성하여 된장의 독특한 향기를 만든다.

3-6-3. 고추장(Gochujang, red pepper paste)

고추장은 한국 고유의 전통발효식품으로 매운 맛, 단 맛, 구수한 맛, 짠 맛이 조화된 것이다.

고추장의 종류는 메주를 사용하여 제조한 재래식 고추장과 코지(koji, 국)를 사용하여 제조한 개량식 고추장이 있다. 전분질 원료에 따라 멥쌀 고추장, 찹쌀 고추장, 보리 고추장 등이 있다.

(1) 개량식 고추장 제조

개량식 고추장은 전분질 원료인 쌀가루를 가열하여 호화시킨 다음 코지(koji, 국)를 첨가하여 전분과 단백질을 분해시켜, 조미 · 향신료를 첨가하여 숙성시킨 것이다. 이의 제조 공정은 (그림 3-16)과 같다.

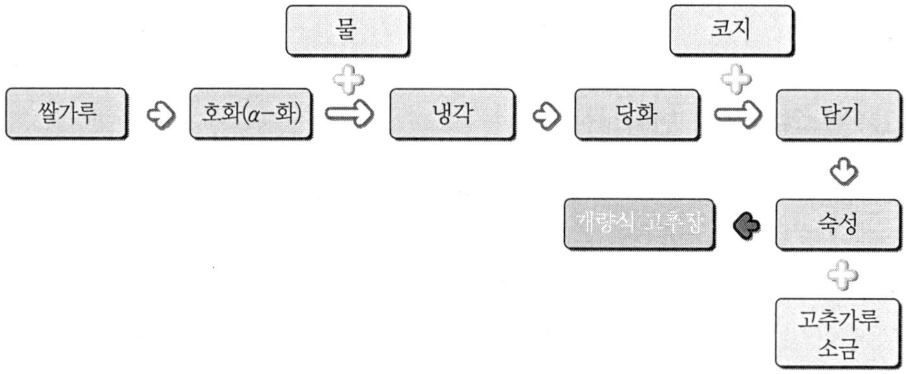

그림 3-16 개량식 고추창 제조공정

1) 원료

전분질 원료로 멥쌀이나 찹쌀 가루를 사용하며, 그 외 보리쌀 가루나 밀가루를 사용하기도 한다. 코지는 간장 코지가 가장 좋으며, 이는 곱게 마쇄하여 분말코지로 사용한다. 고추 가루는 불순물이 없어야 하고, 소금도 불순물이 없는 것을 사용한다.

2) 호화, 냉각

쌀가루와 같은 전분질 원료에 물을 2~3배 정도 첨가하여 교반하면서 가열하여 전분을 완전히 호화시킨다. 호화가 완료된 전분 호화액을 냉각한 후 분말형태의 코지를 전분질 원료의 30~40%되게 첨가한다.

3) 당화

당화공정으로 고추장 원료성분 중 탄수화물과 단백질을 분해하여 단맛과 구수한 맛을 갖게 된다. 당화조건은 60℃에서 3~5시간 유지하는데, 이때 당화온도가 60℃ 이하로 낮아지면 고온의 젖산균이 번식하여 신맛의 고추장이 되므로 온도관리에 주의가 필요하다.

4) 담기

담기 공정에서는 당화가 끝난 당화액에 고추가루와 소금을 원료의 20% 정도 첨가하여 용기에 담는 것이다. 원료의 배합량은 고추장의 맛은 물론 숙성 기간에 영향을 미친다. 소금양이 많으면 숙성 기간이 길어지고, 적으면 숙성기간이 짧아진다.

5) 숙성

용기에 담은 고추장은 30℃ 이하의 온도에서 30일 정도 숙성시킨다. 숙성 기간은 대체로 1개월로서 숙성 중에 안팎을 뒤섞는다.

3-6-4. 청국장(Cheonggukjang, fast-fermented bean paste)

대두발효식품 중 청국장은 제조기간이 가장 짧은 식품으로 2~3일 정도면 완성되며, 소화가 쉽고 영양가치가 높은 식품이다.

청국장의 전통적인 먹는 방법는 우리나라에서는 주로 청국장을 찌개로 끓여 먹으나, 일본에서는 낫토(natto)라고 불리며, 생으로 먹거나 간장, 계란 등과 함께 먹는 방법이 다르다. 최근 청국장이 건강식품으로 인식되면서 생으로 먹거나, 가루 형태, 환으로 만들어 먹기도 한다.

청국장은 콩을 발효시켜 납두를 만든 다음, 납두에 마늘, 고추 가루 등의 향신료를 첨가하여 만든 것으로 건강기능성 장류로 새롭게 인식되고 있다.

일반적으로 전통적 찌개용 양념으로 이용하였으나, 최근 건강에 대한 효과가 밝혀짐에 따라 전통청국장 외에 생청국장, 가루청국장 등이 가공화된 제품의 소비가 증대되고 있다.

청국장은 증자한 콩에 *Bacillus natto*(납두균)을 번식시켜 만든 납두에 여러 가지 조미료와 향신료를 첨가하여 담그는 전통 청국장, 납두를 그대로 제품으로 하는 생청국장이 있다. 생청국장을 먹게 되면 나토키나아제(nattokinase)라고 부르는 혈전용해효소의 작용에 의해 혈전을 예방할 수 있다. 또한 납두를 분말화한 분말청국장 등이 있다.

(1) 개량식 청국장 제조

개량식 청국장은 증자한 콩에 순수 분리하여 배양한 *Bacillus natto*(납두균)을 인공 접종시켜 번식하게 하여 납두를 얻는다. 청국장균은 균학적으로 *Bacillus subtilis*라고도 불린다.

청국장의 제조공정은 (그림 3-17)과 같다.

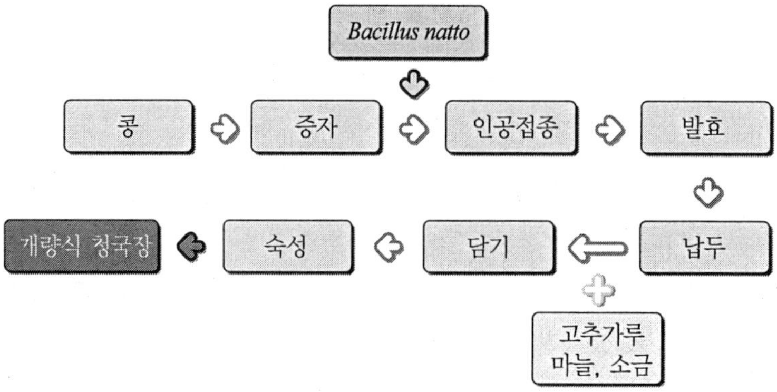

그림 3-17 개량식 청국장의 제조공정

재래식 청국장은 증자한 콩을 볏짚으로 쌓아서 볏짚에 있는 균이 콩으로 옮겨져서 발효가 일어난 것이다.

납두의 제조조건은 40~42℃ 온도에서 20시간 발효시켜 유지하여 콩의 표면에 흰빛의 점질물이 생겨 끈기가 있고 고유의 향을 갖은 납두가 된다. 이러한 끈기를 부여하는 점질성의 원인물질은 글루탐산(glutamic acid)이 중합된 폴리펩타이드(polypeptide)와 과당(fructose)이 중합된 프럭탄(fructan)의 혼합물이다.

(그림 3-17)은 청국장의 제조공정으로, 이와 같이 완성된 납두는 원료 콩의 약 2배 정도 되며, 여기에 고추 가루, 마늘, 소금 등을 첨가하여 잘 섞어 용기에 담아 30℃ 이하의 온도조건에서 숙성을 완료하여 개량식 청국장을 얻는다.

(2) 청국장의 효능

청국장에서 추출한 나토키나아제(nattokinase)라는 효소는 혈전용해작용을 하여 혈전예방에 도움을 줄 수 있어 심혈관질환에 효과적인 것으로 알려져 있다. 나토키나아제(nattokinase)는 피브린(fibrin)을 용해시키는 혈전용해효소로 그 작용력이 강력하고, 또한 혈전용해효소의 전단계물질인 프로유로키나제(pro-uro-kinase)를 활성화시키는 특성을 갖고 있다. 따라서 콩을 이용한 대표적인 건강·장수식품이라 할 수 있다.

그 외에 식중독을 일으키는 *Staphylococcus aureus*와 같은 포도상구균에 대한 억제효과가 있다.

Revised Edition Agricultural Food Processing

개정판 농산식품가공학

제4장

과실 및 채소의 가공

Agricultural Food Processing

4-1. 과실 및 채소의 특성

과실 및 채소의 수분함량은 80~90%로 건물의 일반성분 중 가장 많이 차지하며, 고형분이 적게 들어 있어 에너지 공급원이나 단백질원으로는 의의가 적다. 그러나 비타민이나 무기질의 공급원으로 아주 중요하며 특수한 색소, 향기 및 맛 성분을 가지고 있다. 과실 및 채소는 연중 생산 시기가 제한되어 있어 수확기에 신선한 상태로 소비되는 외에 장기보존을 위한 가공 및 저장이 필요하다.

4-1-1. 과실 및 채소의 주요성분

과실 및 채소류 중에서 저장이나 가공에 중요한 것들의 성분을 아래와 같다.

과실류의 감미는 고형물의 대부분을 이루고 있는 포도당(glucose), 과당(fructose), 자당(sucrose) 등의 당분에 기인하며, 과실 고유의 탄수화물로 펙틴(pentin)질을 함유하고 있다. 과실은 유기산이 많은 액즙을 가지고 있어서 상쾌한 맛을 주며, 유기산의 종류는 주로 구연산, 주석산, 사과산, 탄닌산 등인데 과실의 종류에 따라 함유하는 산이 각각 다르다. 과실 중의 회분은 영양상 중요하며 K, P, Fe, Ca 등이 풍부하다. 비타민류로는 비타민 C가 대부분의 과실에 많이 들어 있고 비타민 A의 전구물질인 β-carotene(베타카로틴)의 형태로 오렌지 등에 함유되어 있다.

채소류는 비타민 A, B, C의 급원이 되며, 특히 비타민 C가 많다. 무기질로 특히 K, Ca이 많으며 알칼리성 식품으로 체액의 중성을 유지하는데 중요한 역할을 한다.

4-1-2. 과실 및 채소의 가공현황

과채류의 가공제품으로 중요한 것은 통조림제품, 건조제품, 발효제품 등을 들 수 있는데, 그 중 가장 많이 생산되는 것은 통조림제품이다. 과채류 통조림의 생산량은 1980년대까지 증가 추세를 보였으나, 1980년대 이후 매년 감소하여 1990년대에는 80년대에 비하여 약 50% 감소했는데, 이는 주로 양송이 통조림의 수출부진과 경기불황에 의한 수요감퇴에 기인한 것으로 보인다. 그러나 2000년대 이후에는 과일 및 채소의 가공품이 다양해지면서 증가하고 있다.

4-1-3. 과실 및 채소의 통조림

식품을 가열처리하여 유해 미생물과 효소를 파괴하여 장기저장하는 방법은 식품의 저장방법으로 가장 널리 쓰이고 있는 방법이다. 이 때 살균된 식품을 관(can)에 밀봉하면 통조림, 병에 밀봉하면 병조림이라 부르는데, 최근에는 여러 겹의 복합 필름을 사용한 retort pouch(레토르트 파우치)가 개발되어 여러 가지 가열살균된 식품의 보존에 응용되고 있다. 통조림이나 병조림을 만드는 주요 공정은 준비된 식품을 용기에 담는 과정, 탈기, 밀봉, 살균과정으로 구분할 수 있다.

4-2. 과실가공

4-2-1. 과실의 정의 및 분류

과실은 사람 기호에 잘 맞아 예전부터 많은 과실이 식용되어 왔다. 현재 식용되는 과실은 2,500종에 이르며 이중 재배되는 것은 300종이고 우리나라에서 재배되는 주요 품종은 30여종이다. 과실은 목본성 또는 수목으로 즉 과실의 열매를 말한다. 초본성으로는 딸기, 참외 등이 있다.

① 교목성 낙엽과수 : 인과류(사과, 배), 핵과류(복숭아, 자두, 살구, 매실, 체리), 종실류(밤, 호두), 기타(감, 대추)

② 교목성 상록과수 : 밀감류(온주밀감, 낑깡), 기타(올리브)

③ 만성과수 : 장과류(포도, 키위후루츠), 관목성 소과류(나무딸기)

④ 열대과수 : 바나나, 파인애플, 파파야, 망고

과실은 식용열매로 과육과 · 과즙이 풍부하고, 단맛과 신맛이 나며, 향기가 좋으며, 비타민류와 무기질, 각종 유기산과 색소 및 여러 효소가 함유되어 있어 식품 · 영양 · 기능적 측면 뿐 아니라 기호식품으로서 의의가 크다. 비타민과 무기질의 공급원으로 중요할 뿐 아니라 유기산을 함유하고 있어서 산뜻한 맛과 향기를 풍기는 기호식품으로 의의가 크다. 알칼리성 식품으로 펙틴(pectin)질을 많이 함유하고 있어, 젤리나 잼 제조에 이용되기도 한다. 일반적으로 과실의 식물학상 분류는 표 4-1과 같다.

표 4-1 식물 분류학상 과실의 종류

분 류	과 일
인과류(Pomaceous fruits)	사과, 배
준인과류(Subpomaceous fruits)	감, 감귤
핵과류(Stone fruits)	복숭아, 매실, 살구
장과류(Berrie)	포도, 딸기
견과류(Nuts fruits)	밤, 호도, 은행

4-2-2. 과실 성분 및 특성

1) 과실류는 색채가 풍부하고 독특한 방향을 가진 것이 많으며 상쾌한 산미와 적당한 감미를 가진 것이 많다.

과실 특유의 색에는 플라보노이드(flavonoid) 화합물에 속하는 것으로 황색의 플라보노이드(flavonoid)계 색소, 청색, 적색의 안토시아닌(anthocyanin)계 색소가 있으며, 카로티노이드(carotenoid)계 색소, 클로로필(chlorophyll) 색소가 있다

특유의 방향물질은 주로 alcohol류, ester류, aldehyde류, ketone류, terpene류 등이 있다. 특히 감귤류의 방향은 limonene, citral 등의 terpene류이며 살구, 매실, almond는 benzaldehyde, 포도의 향은 anthraniollic acid 등이 주요성분이다.

과실의 독특한 산미의 원인물질은 사과산(malic acid), 구연산(citric acid), 주석산(tartaric acid)이다. 감귤류는 구연산(citric acid), 포도는 주석산(tartaric acid), 사과에는 사과산(malic acid)이 많다. 과실에는 산이 약 0.3~0.7% 함유되었지만 감귤류는 1%로 많고 레몬, 라임은 3~5%이다. 또 떫은 맛의 원인물질은 탄닌(tannin)이다.

감미는 미숙과실일 경우 전분이 많지만 성숙되어 감에 따라 포도당(glucose), 과당(fructose), 자당(sucrose)로 변화하여 감미가 증가한다. 약 10~12% 함유한 포도가 있으며, 감은 많게 5~20% 함유한다.

2) 과실류는 비타민류, 효소류, 무기질 등을 많이 함유하며 다른 식품재료에서 영양적으로 부족한 것을 보충하는 의미로서 중요하다. 비타민은 여러 가지 비타민을 포함하지만 특히 비타민 C는 모든 과실에 존재하고 비타민 A의 전구물질인 β-carotene(베타카로틴)을 함유하고 있는 귤, 오렌지, 레몬, 복숭아 등의 과실류도 있다.

비타민 C는 사과 및 배에 3 ㎎%, 감귤류에 30~90 ㎎% 들어있다.

효소류는 amylase, protease, oxidase가 많고 ascorbic acid oxidase, polyphenol oxidase, pectinesterase, papain, bromelin 등이 알려져 있다.

무기질은 K, Na, Ca, Fe, P, Mg 등이 있으며 그 외에 미량의 Mn, Cl 등이 있다.

3) 과실류는 다즙질로 80~90%가 수분이며 펙틴질, 섬유질이 있어 식감이 좋으며 갈증을 해소하고 식욕을 돋우며 체질을 조성하는 효과가 있다.

수분은 살구, 감귤류에는 많아 89% 이상이지만 밤은 적어 60% 정도이다.

펙틴(Pectin)은 미숙과일인 경우 불용성의 protopectin으로 존재하지만 hemicellulose 및 cellulose와 결합하여 식물의 세포벽을 구성하는 성분이다. 과실이 성숙되어지면 pectinesterase에 따라 수용성의 펙틴(pectin)을 유리한다. D-galacturonic acid의 methylester가 α-1,4결합하고 있는 펙틴(pectin)은 그 methoxyl group(−OCH_3)의 함유량이 7% 이상 즉 carboxyl group의 약 43%가 methy-lester된 경우 high methoxyl pectin이라고 한다. 7% 이하를 low methoxyl pectin이라 하며 gel화 기작이 다르고 일반적으로 high methoxyl pectin을 pectin이라고 한다.

섬유질은 cellulose, hemicellulose가 있으며 cellulose는 세포벽에 hemicellulose, lignin, xylane 등과 같이 존재하며 β−1, 4 glucoside 결합으로 직쇄상으로 발달한 것으로 물에 불용이지만 cellulase에 의하여 가수분해된다.

Hemicellulose는 통상 xylose로부터 구성되는 pentosan 1개, xylan이 많지만 arabinose, galactose, glucose등과 uronic acid를 함유한 것도 있다.

4-2-3. 과실의 가공

(1) 잼(Jam)류

1) Jelly화

과실은 펙틴(pectin), 산, 당을 함유하고 더욱이 당을 첨가하여 가열, 농축시키면 젤리화 된다. 이것이 잼류이다. 젤리상이 되는 것은 펙틴(pectin)이 산과 당에 의해서 망상구조를 생성하기 때문이다. 젤리화의 최적 pH는 2.9~3.5이다. 이것보다 낮은 pH에서는 펙틴(pectin)이 분해하여 수분이 분리하고 반대로 높은 pH에서는 젤리화가 안 된다. 당 농도는 50% 이상 필요하다. 당의 농도가 높게 되면 수분활성이 낮아지고 보존성도 높다. 잼류에는 다음과 같은 종류가 있다.

① Jam : 1 종류만의 과실을 원료로 한 것.
② Mixed Jam : 2 종류 이상의 과실을 원료로 한 것.
③ Marmalade : 감귤류의 과실을 원료로 한 것으로 과피를 함유한 것.
④ Jelly : 과실착즙을 원료로 한 것.
⑤ Preserve : 과실 본래의 모양이 남아 있는 것.

2) Jam류의 제조법

Jam류의 제조법을 (그림 4-1)에 나타냈다. 원료는 딸기, 밀감, 복숭아, 포도, 살구 등이 주로 이용된다. 최근에는 호박 및 당근 등의 채소잼도 있다. 잼의 당 농도는 식품기준규격에 65% 이상으로 정하여져 있지만, 최근에는 잼 제조에 펙틴을 보강하여 당농도가 40~45%인 경우도 있다.

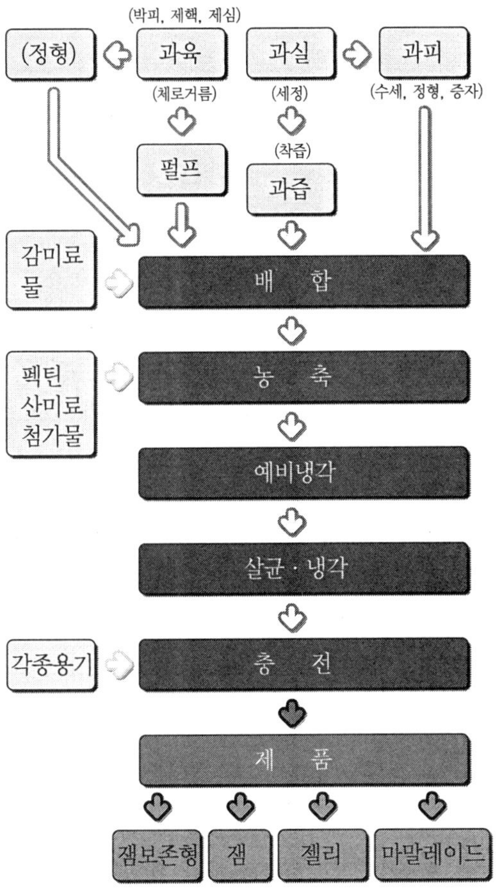

그림 4-1 잼의 제조법

(2) 과실음료

1) 종류

과실음료는 식품기준규격에 의하면 농축과즙, 과실퓨레(puree), 천연과즙, 과즙음료, 과즙음료, 과즙혼입 청량음료, 과립혼입 과실음료로 구분되어 있다.

① 농축과즙 : 과실착즙을 농축(3배~6배)시킨 것이다.

② 과실퓨레(puree) : 과실을 파쇄하고 가는 체로 걸른 것으로 주로 과육음료의 원료가 된다.

③ 천연과즙 : 과실착즙액을 그대로 음용하는 것으로 과실함유율 100%이다. 또 농축과즙을 희석해서 착즙상태로 한 것도 있고 농축환원과즙으로 표시된다. 천연과즙에는 맛을 조정하기 위해 설탕을 첨가하는 경우 제품에 표시해야 한다. 천연과실주스(natural fruit juice)란 원래 과실을 짠 것을 말하는 것으로서 원 과즙의 조성과 향기를 가지고 있다. 미국에서 주스라고 부르는 것은 천연과실주스만을 말하는데 인공적으로 다른 성분을 첨가하지 못하도록 하고 있다. 따라서 주스는 천연주스만을 의미하나 일부 나라에서는 실제로 보통 과즙함유음료까지 말하고 있다.

④ 과즙음료 : 과즙 함유율 50% 이상의 것으로 원료의 농축과즙 및 천연과즙을 희석하고 산, 당, 향료 등을 첨가하여 조합한다. 대부분 과즙을 희석한 음료로서 그 함유율이 50% 이상인 것을 과육음료라 하고, 10% 이상 50% 미만의 것을 과즙입 청량음료라고 한다.

과즙입 청량음료 중 탄산가스(CO_2)를 넣은 것은 과즙입 탄산음료로 표시된다. 따라서 종래에는 이를 직접 탄산음료과즙 외에 희석하여 음용하는 과즙입 농축시럽을 만들고 상품형태에 따라 과실음료를 구별하기도 했다.

서양에서는 과즙의 희석도에 따라 과즙함유율이 많은 것을 과즙(fruit juice drink), 중간정도인 것을 과즙음료(fruit drink) 또는 과일에이드(fruit ade), 적은 것을 과일향 주스(fruit flavored juice)로 구별하고, 과즙입 농축실험에 상당하는 것으로서 과즙시럽(fruit juice syrup) 또는 농축과일음료(fruit drink concentrate)라고 부르고 있다.

⑤ 과육음료(Nectar) : 과실퓨레(puree)를 원료로 하여 당, 조미료, 향료 등을 첨

가·조합한 점성이 높은 음료이다. 넥타(nectar)는 완숙한 건전과실의 가식부를 분쇄하고 체로 거른 퓨레를 20~50% 정도 넣고 과즙 혹은 물과 당, 산 등을 가하여 조미·조정하여 마실 수 있도록 한 음료이다. 따라서 제품의 성상은 상당히 점조성이 있고 과즙음료와는 다르기 때문에 넥타를 과육음료로 부른다.

넥타의 대표적인 것으로는 복숭아, 살구, 배, 오렌지, 사과 등이 있고 외국에서는 특히 구아바, 열대과일 등이 있다.

넥타에는 과실로 일괄 작업하여 만들면 신선미가 풍부한 제품을 얻을 수 있다. 그러나 품질이 일정한 제품을 만들기 위해서는 우선 과일 퓨레를 만들고 냉장하여 두었다가 생산 시기나 산지에 의한 품질 차이를 조정하고, 연간 작업을 행하도록 하는 것도 있다.

⑥ 과즙혼입 청량음료 : 과즙 함유율 10% 이상 50% 미만의 것으로 농축과즙을 희석하고 당, 산, 유화제, 향료를 첨가하여 조합한다. 이 과즙혼입 청량음료에는 탄산가스(CO_2)를 주입한 과즙혼입 탄산음료 및 당근, 셀러리 등의 채소즙을 혼합한 과즙혼입 혼합음료도 있다.

⑦ 과립과실음료 : 과즙 등에 과실의 과육을 세절한 과립을 넣은 것으로 과립 함유율이 30%이하인 것이다.

표 4-2　음료용 과즙에 대한 규격

음료 / 성분	천연과즙	과즙음료	과즙들이 청량음료[과즙(%)]
당 도	기준 당도 이상	12°Bx 이상	
아미노태 질소	기준 함유량 이상	기준량에 4.5/10를 곱한 수치 이상	기준량에 1/10를 곱한 수치 이상
회 분	기준 함유량 이상	기준량에 4.5/10 를 곱한 수치에 0.01g을 가한 수치 이상	기준량에 1/10를 곱한 수치에 0.01g을 가한 수치 이상
환원형 Vit. C	기준 함유량 이상		
성 상	특유한 색이 있고 향미가 양호하며 이상한 맛·냄새·잡물이 없을 것	왼쪽과 같음	특유한 색을 가지고 단맛, 기타 향미가 좋고 이상한 맛·냄새가 없을 것
본종성	양호하며 발효 또는 부패하지 않을 것	왼쪽과 같음	

2) 과실음료 제조법

일반적인 과실음료 제조공정은 (그림 4-2)에 나타냈다. 온주밀감 및 여름밀감은 박피하지 않고 IN-Line착즙기라 불리는 착즙기로 착즙한다. 사과는 파쇄한 후 압착 또는 원심분리로 착즙한다. 포도는 씨를 제거한 후 압착하여 착즙한다. 포도는 주석을 함유하기 때문에 저온에서 주석을 침전시킨 후 여과하여 제거하는 방법이 있다.

살균은 과즙의 미생물 오염, 효소작용에 의한 변패을 막기 위하여 93℃, 30초 정도 가열살균을 행한다. 농축은 과실 수확기에 착즙하여 보존하여 놓고 그 외의 시기에 출하하는 것이 행하여진다. 이 사이의 보관공간를 축소시키기 위하여 착즙을 농축한다. 또 농축과정에서 공기를 제거하여 산소에 의한 과즙의 변패도 막는다. 농축법에는 수분을 증기로 제거하여 농축하는 진공증발 방식이 주로 사용되고 있다. 최근에는 향, 비타민의 손실을 막기 위하여 수분을 얼음으로 제거하는 동결농축법과 수분만을 제거하는 역삼투막 농축법도 사용되고 있다.

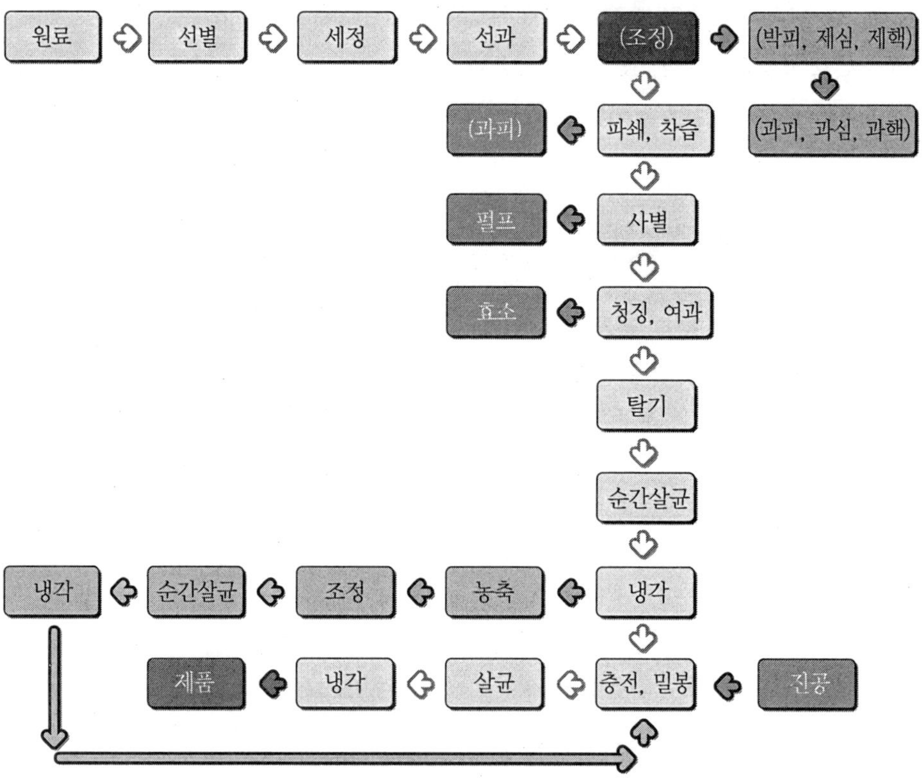

그림 4-2 과실음료(천연과즙, 농축과즙)의 제조공정

(3) 과실통조림

과실통조림의 원료에는 밀감, 복숭아, 파인애플, 서양배, 사과, 살구, 버찌 등이 이용된다. 일반적인 제조공정을 (그림 4-3)에 나타냈다.

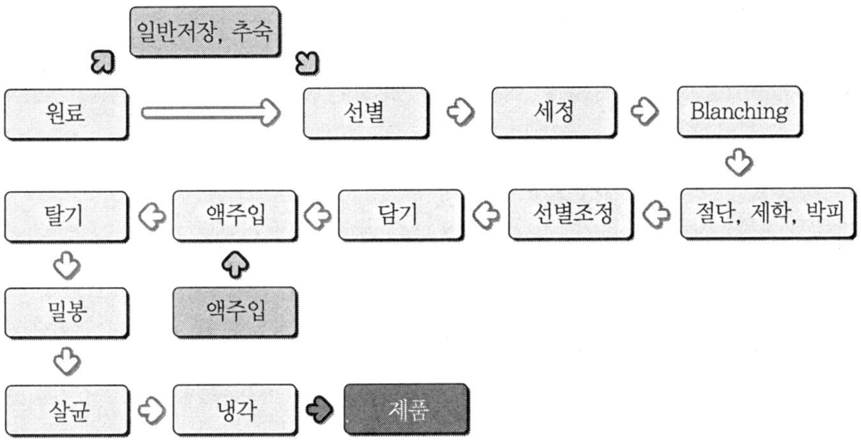

그림 4-3 과실통조림의 일반적 제조공정

데치기(blanching)은 효소작용을 억제하기 위하여 열탕 또는 증기로 처리한다. 밀감에서는 동시에 외피를 부드럽게 하여 박피하기 쉽게 한다. 박피는 과실통조림의 경우 대부분 박피하여 제조한다. 박피법은 원료에 따라 다르고 손박피 외에 밤, 사과 등은 기계로 밀감, 복숭아 등은 산, 알칼리, 효소로 처리하여 박피한다. 통조림에서 백탁현상은 밀감통조림 제조 후 백탁이 있다. 이것은 과육에 함유된 헤스페리딘(hesperidin)이라고 하는 배당체가 당액에 이행하여 불용화하기 때문이다. 방지법으로서 methylcellulose를 첨가하기도 하고 분해효소로 헤스페리딘(hesperidin)을 분해한다.

(4) 건조과실

건조과실의 원료로는 감, 사과, 포도, 살구, 바나나 등이 있으며, 우리나라에서는 예로부터 감을 원료로 사용하여 건조 및 반건조 형태로 제품화하고 있다. 건조과실의 대표적인 곶감의 제조공정, 감의 떫은맛 성분, 떫은감의 탈삽방법 등에 관하여 알아보면 다음과 같다.

감(persimmon)은 전국적으로 많이 재배되는 감나무의 열매로 가을철에 잎이 붉게 물들고 감의 꼭지부분이 황색으로 변할 때가 수확하기 좋은 시기이다. 감은 단감과 떫은감으로 분류할 수 있으며, 단감은 맛이 달아 생식용으로 이용되고, 떫은감은 탈삽(떫은맛 제거)하기 위하여 건조하여 곶감으로 먹거나 저장하여 홍시로 먹기도 한다. 그 외 탈삽처리하여 떫은맛을 제거하여 먹기도 한다.

곶감의 제조공정은 원료감을 박피한 후 유황훈증이나 아황산염(sulfite)용액으로 처리하여 자연건조나 인공건조를 한다. 제조공정 중 유황훈증 처리의 목적으로는 충해방지, 어느정도의 살균효과 및 효소적 갈변반응의 방지효과가 있다. 곶감표면에 하얀가루는 건조공정 중 당결정이 생성된 것으로, 그 주성분은 포도당, 과당, 만난(mannan) 성분이다.

감의 떫은맛 성분의 원인물질은 탄닌(tannin)이다. 떫은맛 성분을 제거하는 탈삽공정의 원리는 가용성 탄닌을 분자간 호흡을 유도하여 불용성 탄닌으로 변화시키는 것이다. 분자간 호흡이란 감의 정상적인 호흡작용을 억제하여 분자간 호흡을 유도하는 것으로, 감자체 성분이 분해되어 발생하는 산소를 호흡에 이용하는 것이다. 이때 생성되는 아세트알데히드(acetaldehyde), 아세톤(acetone) 등이 탄닌과 결합하여 불용성 탄닌으로 변화하여 더 이상 떫은맛이 입안에서 감지되지 않는다.

탈삽방법으로는 탄산가스(CO_2)법, 온탕법, 알코올(alcohool)법, 드라이아이스(dry ice)법, 동결탈삽법 및 나무탈삽법 등이 있다. 특히 풍미가 좋은 탈삽방법은 소주, 청주, 주정을 사용하는 알코올(alcohool)법이고 탄산가스(CO_2)법은 저장성이 높은 편이다.

4-2-4. 과실 종류에 따른 가공 방법

과실의 즙액과 과실의 퓨레(puree)를 원료로 한 음료를 과실음료라고 한다. 종류에는 과즙, 과실퓨레, 농축과즙, 과즙음료, 과즙을 넣은 청량음료, 과육음료 등이 있다.

(1) 과실주스(Fruit juice)

과실주스(fruit juice)는 과실을 압착하여 착즙한 것으로 생과에 가까운 향미와 영양가를 가지고 있다. 과실주스는 과실의 수확기에 착즙한 후 살균하여 장기 저장할 수 있어서 과실이 생산되지 않는 시기에 응용할 수 있는 장점이 있어 구미 각국에서 소비량이 매년 증가하고 있다. 우리나라에서 생산되는 과실주스로는 오렌지주스, 사과주스, 포도주스, 엘더베리주스 등이 있는데, 그 중에서 오렌지주스가 제일 많이 소비되고 있다.

과실주스의 종류는 원료 과실의 종류에 따라 분류될 수도 있고, 과실주스의 상태에 따라 분류할 수도 있다. 과실에서 착즙한 그대로의 농도를 갖는 천연과실주스, 천연 과실주스를 여러 가지 방법으로 농축한 농축과실주스, 농축 과 과실주스를 건조하여 분말상태로 만든 분말과실주스, 농축과실주스를 냉동하여 포장한 냉동과실주스, 과실주스에 당분이나 과실 향료 등의 첨가물을 섞어서 만든 과실음료가 있다.

과즙(과실주스)는 원래 완숙된 양질의 과실을 착즙하여 액즙으로 만든 것이다. 착즙한 그대로의 것을 천연과즙(natural juice), 농축과즙을 희석한 것은 환원과즙(reconstituted juice)이라고 한다. 과즙에는 펙틴질을 함유한 혼탁한 과즙과 펙틴분해효소처리 등으로 혼탁을 제거하여 만든 투명과즙이 있다.

또한 보존방법으로 분류하면 가열·살균된 살균과즙, 효소가 불활성화되도록 가열처리한 것, 냉동보존한 냉동과즙(frozen juice), 보존을 −1℃ 전후에서 행한 냉각과즙(chilled juice), 보존료를 첨가한 과즙(juice with preservation) 등이 있다.

1) 주스의 일반 제조공정

과실의 종류에 따라 조금씩 다를 수는 있으나 과실주스의 제조공정은 (그림 4-4)와 같다.

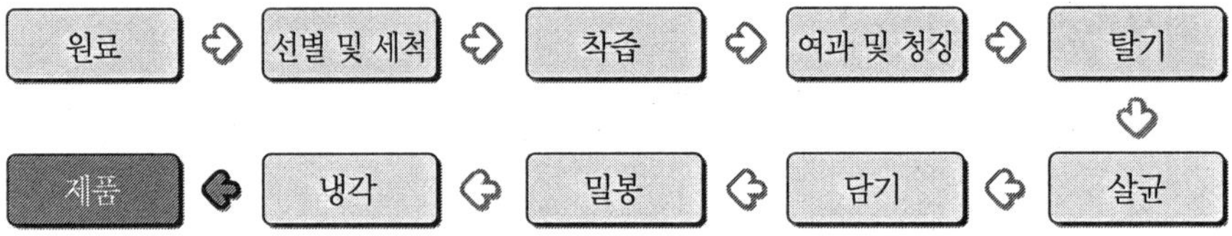

그림 4-4 주스의 제조공정

① 선별 및 세척

과실 통조림이나 냉동에서 설명한 바와 같은 요령으로 원료 과실을 선별한다. 대부분의 과실에 먼지 등의 협잡물이 묻어 있기 때문에 분쇄하기 전에 철저히 세척해야 한다. 특히 과실의 일부에 곰팡이가 자랐을 경우 세척에 세심한 주의를 기울여야 한다.

② 착즙

과실을 분쇄하고 착즙하는데 사용되는 기계는 스테인리스강(stainless steel)로 만든 것을 사용해야 하는데, 과실의 탄닌이나 기타 착색성분이 기계의 철분과 작용하면 검은색 내지 암적색을 나타내기 때문이다.

살구, 복숭아, 감귤류를 제외하고, 과실에서 착즙하려면 분쇄와 압착공정이 필요하다. 그러나 각 원료 과실별 착즙방법은 과실의 모양과 주스를 함유하는 조직의 위치 등에 따라 조금씩 다르다. 예를 들면, 사과나 포도의 주스는 과실 조직 전체에 분포되어 있어서 분쇄와 압착에 의하여 착즙할 수 있으나, 감귤류와 같은 과실은 주스를 함유하는 조직이 원하지 않는 향미나 색깔을 띄는 용질을 함유하는 두꺼운 과괴에 쌓여 있어 주스를 짜낼 때 과피에서 원하지 않는 물질들이 동시에 추출되지 않도록 해야 한다. 그리고 살구, 복숭아, 토마토와 같은 과실에서는 펄프질이 많이 함유된 주스를 추출하므로 생과실이나 가열한 과실을 pulper에 통과시켜 미세한 입자가 분산되어 puree와 같은 액체를 얻는다. 특히 주스를 추출하는 과정에서 다량의 공기가 혼입되는 것을 피해야 하는데, 이는 효소의 작용에 의하여 비타민 C나 향미성분의 산화가 촉진되기 때문이다. 그리고 미량의 철분이나 구리가 이런 산화 반응에 촉매로 작용한다.

사과를 분쇄하는 데는 hammer-mill형의 분쇄기가 흔히 사용된다. 햄머는 수직도는 수평의 다공판 cylinder 내부에서 회전하면서 과육을 미세하게 분쇄한다. 토마토는 분쇄공정 없이 직접 압착하거나, 회전하는 metal finger로 과육을 거칠게 파쇄한다. 포도를 분쇄하는 분쇄기는 홈이 파인 두 개의 roller로 되어 있는데, 두 roller의 사이는 포도는 분쇄되지만 씨는 분쇄되지 않도록 조정되어 있고, roller는 서로 반대 방향으로 회전하면서 공급되는 포도알을 분쇄한다.

대부분의 과실조직에서 주스를 추출할 때 여러 가지 압착방법을 사용하는데 대표적인 압착방법을 소개하면 다음과 같다.

ⓐ rack-and-cloth 압착 : 분쇄된 과실을 두꺼운 목면으로 된 천에 5~8 ㎝의 두께로 놓은 뒤 가의 천을 중앙으로 접은 다음 나무로 된 rack을 올려놓고 그 위에 다시 천으로 싼 분쇄 과실을 올려 놓는다. 이와 같이 하여 압착기가 채워지면 수압 또는 유압으로 압력을 가해 주스를 추출한다.

ⓑ 연속식 압착 : 압착기는 다공 cylinder와 cylinder의 내부에서 회전하는 screw, 그리고 hopper로 구성되어 있다. hopper로부터 원료가 압착기에 공급되면 회전하는 screw에 의하여 원료가 cylinder 내부를 이동하면서 screw와 cylinder 사이를 채워 압력이 증가하면 주스가 구멍을 통하여 밖으로 빠져 나가고 일정한 압력에 도달한 추출된 과실박은 다른 한쪽의 끝부분으로 제거된다. 그러나 이 방법은 대부분의 과실주스 추출에는 적합하지 않고, 구연산(citric acid)를 생산하기 위하여 레몬을 착즙하든지 발효된 포도를 착즙하는 데만 사용된다.

③ 과실주스의 여과

어떤 과실주스는 여과에 의하여 외관이 좋아지거나 맑게 되어 품질이 향상되는데, 감귤류, 복숭아, 살구, 파인애플, 토마토주스 등은 혼탁한 상태로 음용되는 것이 보통이다. 과실주스를 여과하는데 사용되는 방법으로 다음과 같은 것들이 있다.

ⓐ bag 여과기 : 여과 장치 중에 가장 간단한 것으로 두꺼운 천으로 bag을 만들어 과실주스를 여과하는데, 이 방법으로 맑은 주스를 생산할 수는 없다. bag 여과기는 다른 여과방법의 전처리로 사용되거나 가정에서 주스를 만들 때 쓰인다.

ⓑ 압려기(filter press) : 이 여과기는 여러 개의 금속이나 나무판이 연결되어 있고 판과 판 사이에 여과포를 삽입하여 2개의 판이 별개의 여과기처럼 작용한다. 여과 초기에 과실주스와 여과보조제(filter aid)를 섞어 펌핑하면 여과포에 여과보조제가 코팅되어 과실주스에 분산되어 있는 물질을 효과적으로 제거할 수 있다.

ⓒ screen-filter : 스테인리스강(stainless steel)로 된 철망으로 구성된 여과기로, 먼저 과실주스에 여과보조제를 섞어서 펌핑하여 철망을 코팅 한 다음, 과실주스를 여과한다. 이 여과기는 포도주 공장에서 흔히 사용되기도 한다.

④ 과실주스의 청징

대부분의 주스에는 펙틴이나 그 밖의 점진물을 함유하고 있어 여과가 어려울 뿐만 아니라 여과만으로 투명한 과실주스를 얻기 어려운 경우가 있다. 과실주스의 부유물을 제거하기 위하여 침전 보조제를 첨가하거나 또는 혼탁의 원인이 되는 물질을 분해하는 방법으로 청징한다.

ⓐ 침전 : 과실주스를 저온살균하여 저장하면 저장 중에 부유물질이 침전하여 맑은 주스가 된다. 그러난 부유물질의 침전에 필요한 저장기간은 주스의 종류나 기타 조건에 의하여 결정된다. 공업적으로 과실주스 중의 부유물 침전을 촉진시키기 위해 침전보조제를 사용하는데, 보조제는 주스에 혼탁을 일으키는 물질과 결합하여 침전물을 형성한다. 이런 목적으로 사용되는 침전보조제로 egg albumin, 카제인(casein), 규조토 등이 있다.

Egg albumin은 분말 형태로 구입하여 따뜻한 물에 용해할 수 있다. 예를 들면, 포도주스 100리터에 알부민(albumin) 200 g을 섞어서 71~79℃로 가열하여 알부민(albumin)을 응고시키면 저장 중에 신속하게 침전이 이루어진다.

카제인(casein)은 알칼리 용액에서 용해되고 산에 의하여 침전되는 유단백질이다. 수용성 카제인(casein)을 사용할 경우 알부민(albumin)과 같이 과실주스에 용해하여 카제인 농도가 2%되게 한 다음, 71~79℃로 가열하여 응고시킨 다음 저장하면 24~48시간 내에 침전된다. 카제인은 적색 과실주스의 색깔을 현저히 탈색시키기도 한다.

규조토는 분말상태인 것을 구입하여 5% 수용액을 만든 다음 5~6일간 정치한 다음 사용한다. 과실주스 1 ℓ 당 2~3 g의 규조토에 해당하는 규조토 용액을 첨가한 후 60℃로 가열한 다음 저장하면 침전 형성이 촉진된다.

침전보조제를 사용하여 부유 물질이 침전되면 여과하여 맑은 과실주스를 얻을 수 있다.

ⓑ 효소처리 : 과실주스에 펙틴질의 분해하는 효소(peatinase)를 첨가한 다음 8~16시간 정치하면 펙틴질이 가수분해 되어 주스를 쉽게 여과할 수 있다. 펙틴 분해효소는 과실주스의 청징에 널리 사용되고 있는데, 효소처리 후 주스를 가열처리하여 효소를 파괴하지 않으면 주스를 병에 포장하여 저장하는 중에 침전물이 형성되기도 한다.

⑤ 조합 및 탈기

천연과실주스는 탈기한 다음 순간 살균하여 용기에 담아 제품으로 하나 그 밖을 과실주스음료로 제품화할 때는 필요에 따라 희석하거나 또는 다른 과즙을 섞어 향기와 맛을 조정하는 조합을 하는 수가 있다.

과실주스를 착즙하면 과즙에는 상당량의 공기가 혼입되어 있다. 공장에서 착즙한 오렌지주스 1 ℓ중에는 33~35 ㎖의 공기가 들어 있는데, 이 중에 과실주스에 나쁜 영향을 주는 산소는 2.4~4.7 ㎖ 정도가 된다. 리이머(reamer)나 펄퍼(pulper), 피니셔(finisher)로 짠 과즙 속에는 부피로 약 0.5%의 산소가 들어 있다.

과실주스에 혼입된 산소는 다음과 같은 반응을 촉진 시킨다.

ⓐ 비타민 C의 산화

ⓑ 휘발성 향 및 주스 중의 지질 성분의 산화에 의한 이미, 이취의 발생

ⓒ 과실주스 색소의 파괴

ⓓ 호기성균의 번식

ⓔ 제품 중의 펄프(pulp) 등의 현탁 물질이 위쪽으로 떠올라 병 입구를 막거나 외관을 나쁘게 한다.

탈기방법으로 과실주스를 엷은 막상으로 하여 진공관 속을 흘러 내리게 하여 탈기를 하는 박막식과 주스를 안개 모양으로 진공관 속으로 불어 넣어 탈기하는 분무식이 있다.

⑥ 살균

신선하고 건전한 과실의 내부 조직에는 미생물이 없으나 착즙한 과실주스에는 많은 미생물이 있다. 이들 미생물은 주스 제조공정에서 오염된 것이 대부분이다. 과실주스를 짠 그대로 놓아 두면 미생물이 생육하여 부패 또는 발효가 일어나고 또한 효소작용이 진행되어 품질이 현저하게 떨어진다. 이런 변화를 방지하기 위하여 가열처리하는 공정을 살균이라 한다. 살균은 과실주스의 향미나 빛깔에 손상을 주지 않고 미생물만을 죽여야 하므로 그 활동을 정지시킬 정도의 온도로 가열살균한다.

과실주스의 가열살균 방법에느는 비교적 저온 즉 70~75℃에서 15~20분 동안 가열하는 저온살균법과 90~95℃의 고온에서 20~60초간 살균처리하는 순간가열살균법(flash pasteurization)이 있다. 전자는 살균 효과는 좋으나 주스의 향미나 색깔의 파손이 심하여 신선미를 손상시키는 결점이 있다. 순간가열살균법은 주스의 향미와 비타민의 손실이 적어 일반적으로 많이 쓰인다.

⑦ 포장

살균이 끝난 과실주스를 곧 병조림 또는 통조림으로 하는 경우도 있고, 일단 저장해 두었다가 산 및 당을 조절한 다음에 포장하기도 한다. 과실주스를 순간 살균하여 품온이 60℃ 정도로 되었을 때 무균적으로 살균한 용기에 넣고 밀봉한다. 이런 작업을 위하여 자동 또는 반자동 bottle filler나 can filler를 사용한다.

2) 농축과실주스

농축과즙은 과즙을 약 50% 이상 농축한 것으로, 각종 과실 음료의 원료로 사용되기도 하고 농축제품을 소비자들 기호에 따라 정제수로 희석하여 음용하기도 한다. 천연과실주스는 수분 함량이 80~90%인데, 이 수분의 일부를 제거하여 농축과실주스를 만들어 저장하여 두었다가 필요에 따라 물을 타서 천연과실주스로 희석할 수 있다. 구미 지역에서는 농축 기술과 냉동 설비가 발달되어 농축과실주스의 생산량이 급속히 증가되고 있으며, 특히 오렌지주스는 천연주스보다 농축주스의 형태로 생산되는 양이 더 많은 실정이다.

과실주스를 농축할 때는 향미나 색깔 또는 비타민의 품질에 크게 영향이 없도록 해야 하므로 진공농축법 및 동결농축법이 사용된다.

① 진공농축법

과실주스에 함유된 향미성분, 색소, 비타민 등은 열에 의하여 쉽게 파괴된다. 따라서 과실주스를 가열 · 농축할 때 될 수 있는대로 낮은 온도에서 농축하기 위하여 진공농축방법이 사용된다.

진공농축에 사용되는 시설은 진공증발기(vacuum evaporator)인데, 이것은 가열부위, 액체와 증기를 분리시키는 장치, 진공을 유지하는 장치, 수증기를 응축시키는 장치로 구성되어 있다. 가열 표면은 여러 개의 금속 tube로 되어 있으며, 증발된 증기는 진공 line에 의하여 제거된다.

오늘 날 과실주스의 농축에 사용되는 증발기는 다중효용증발기(multiple effect evaporator)로 비교적 높은 온도에서 단시간에 농축을 완료한다. 예를 들면, 13° Brix의 오렌지주스가 제 1단계 증발기로 들어가면 1.3분 후에 20° Brix로 농축되어 제 2단계 증발기로 넘어가고, 다시 1.3분 후에 40° Brix로 농축되어 제 3단계 증발기로 넘어간다. 이와 같은 방법으로 주스의 농도가 약 60° Brix에 도달하면 증발기에서 냉각기로 펌핑되어 농축이 완료된다.

과실주스를 증발기로 농축하면 주스에 함유된 향미성분의 상당한 부분이 열에 의하여 파손된다. 과실 향미성분은 물과 함께 농축 초기에 증발되므로, 농축하려는 과실주스를 진공 stripper에 펌핑하여 전체 중량의 일정한 부분이 증기로 증발되도록 하여 얻은 증기를 응축시켜 과실 향미성분이 많이 들어 있는 소위 에센스(essence)를 얻는다. 사과주스는 10%, 딸기주스는 20%, blackberry juice는 30%에 해당하는 수분을 증발시키면 그 과실이 갖는 향미성분의 대부분을 회수할 수 있다. 천연과실주스를 향미 stripper에 통과시켜 에센스(essence)를 회수한 다음, 주스를 다중효용 증발기를 이용하여 비교적 높은 온도에서 단시간에 농축한 다음, 다시 에센스(essence)를 농축 주스에 혼합하여 과실주스의 향미 손실을 줄일 수 있는데, 이 방법이 공업적으로 사용되고 있다.

② 동결농축법

과즙을 빙점 이하로 서서히 냉각하면 주스 중의 순수한 물이 얼음 입자로 변하면서 주스의 용질은 비동결수에 점점 농축되게 되는데, 이런 원리를 이용한 농축방법을 동결농축이라 한다.

동결농축장치는

ⓐ 얼음 입자를 형성하게 하는 얼음입자 형성장치

ⓑ 얼음 입자를 액체로부터 원심분리 또는 여과방법으로 분리시키는 장치

ⓒ 주스 중의 수분을 얼게 하는데 필요한 냉각장치가 있다.

오늘날 사용할 수 있는 동결농축기계로 과실주스를 약 50° Brix까지 농축할 수 있으며, 이 방법에 의하여 농축된 주스는 전혀 가열되지 않았으므로 그 품질이 우수하며, 착즙 당시의 농도로 희석하면 신선한 과즙과 거의 같은 풍미를 갖는다. 동결농축법의 심각한 단점은 기계 설비의 값이 비싸고 농축 비용이 비싸다는데 있다.

③ 역삼투압법(reverse osmosis)

묽은 용액과 진한 용액이 반투막을 경계로 분리되면, 물분자가 묽은 용액에서 진한 용액으로 반투막을 통하여 이동하며, 이런 현상을 삼투현상(osmosis)이라고 한다. 그러나 진한 용액 쪽에 압력을 가해주면 물분자를 삼투현상과 반대방향으로 흐르게 할 수 있는데, 이런 현상을 역삼투현상(reverse osmosis)이라고 한다. 역삼투현상이 일어날 때 물분자만 이동하고 당, 산, 향미성분 등이 그대로 유지되면 용액을 농축시키는데 사용할 수 있다. 시험공장 규모의 시설로 사과주스나 오렌지주스를 40° Brix까지 농축시키는데 성공하였으며, 이 때 사용한 압력은 2,500 psi이다. 이 방법은 주스 농축이 열을 가하지 않는 장점이 있으나, 적당한 반투막의 개발과 유지비 등의 문제점이 해결되면 가까운 장래에 공업적으로 활용될 수 있을 것으로 생각된다.

3) 분말과실주스

분말과실주스는 농축 주스를 건조하여 분말상태로 만든 것을 말하며, 이를 위한 농축주스의 농도는 오렌지나 파인애플의 경우 50~60%, 사과 40~50%, 토마토 25~30%가 표준이다.

농축주스를 건조하는 방법은 여러 가지가 있으나 분무건조법과 냉동 건조법이 많이 사용되고 있다. 농축주스를 분무건조하려면 고압 펌핑(pump)로 농축압을 분무장치에 보내어 미세한 입자로 분무시킨다. 높은 원형의 건조기 상부에 분무된 입자는 중력에 의하여 건조기 하부로 떨어지며, 이 때 가열된 공기에 의하여 수분이 단시간에 증발된다. 건조된 분말은 3% 정도의 수분을 함유

하며 물에 잘 용해되는 장점이 있으나 열에 의하여 향미성분이 파괴되어 신선한 맛이 없는 것이 단점이다.

이런 단점을 보완할 수 있는 건조방법이 냉동건조방법이다. 농축주스를 -40℃ 이하로 냉동하여 판상의 냉동주스를 얻은 다음, 분쇄기에 통과시켜 얼음을 적당한 크기로 분쇄한다. 분쇄한 얼음 입자를 tray에 담아 11/600기압 이하의 진공과 20~60%의 표면 온도에서 진공건조하면 얼음 입자가 수증기로 승화되어 다공성 건조과실주스를 얻을 수 있다. 냉동건조된 분말주스는 용해성이 좋고 향미 손실이 적어 품질이 우수하나 건조 비용이 많아 제품 가격이 비싼 단점이 있다.

분말과실주스는 그대로 물에 타서 음용하거나, 설탕, 향료, 색소 등의 첨가물을 섞어서 분말과실음료를 만드는데 사용할 수 있다.

4) 사과주스와 포도주스의 문제점

4-1) 사과주스

사과주스의 제조 시 문제점은 제조공정 중 효소적인 갈변현상이 일어나 제품의 품질을 저하시켜 상업적으로 제품화할 수 없다는 것이다. 갈변을 일으키는 원인효소는 폴리페놀산화효소(polyphenoloxidase; PPO)이다. 제조공정 중 효소적인 갈변을 방지하기 위한 해결책으로 1~2% 소금용액(brine)과 아스코르빈산(ascorbic acid)으로 처리하여 제품의 갈변을 막을 수 있다.

사과주스는 혼탁유무에 따라 청징주스(clear juice)와 혼탁주스(cloudy juice)로 분류할 수 있다. 혼탁주스는 섬유질이 청징주스보다 많이 함유되어 있어 소비자들이 기호와 건강 등을 고려하여 제품을 선택할 수 있다. 또한 혼탁주스는 혼탁물의 원인 물질인 펙틴을 분해하는 효소인 펙티나아제(pectinase)로 청징처리하여 투명한 사과주스로 제조할 수 있다.

대표적인 혼탁주스의 원료과실은 청징주스를 상품화 할 수 없는 파인애플, 오렌지 및 토마토 등이다. 그러나 사과는 청징주스(clear juice)와 혼탁주스(cloudy juice)가 상품화되어 있어, 소비자들이 기호에 따라 선택할 수 있다.

여과는 투명한 사과주스를 생산하려면 여과 전에 펙틴 분해효소를 처리하는 것이 보통이다. 효소처리가 끝난 주스에 여과 보조제를 섞은 다음 filter press나 적당한 여과장치로 여과하면 투명한 사과주스를 얻을 수 있다. 또한 과즙에 달걀 흰자위를 넣어 교반하고 75℃ 정도로 데웠다가 식혀서 놓아두면 침전이 생긴다. 맑아지면 걸러서 과즙을 맑게 한다.

그러나 이 방법은 며칠이 걸리므로 효소제가 있으면 효소법을 쓰는 것이 좋다. 즉 과즙을 75℃ 정도로 데웠다가 45℃ 정도로 식히고 여기에 0.1% 정도의 펙틴 분해효소제(pectinase)를 넣고 잘 저어 몇 시간 온도를 유지시키면 윗액이 맑게 되는데 이때 윗액을 기울여서 따라낸 다음 75℃로 가열하여 흐리게 되면 다시 거른다.

4-2) 포도주스

포도주스의 문제점은 저장 중 주석이 석출 침전되어 상품가치를 저하시킨다.

포도주스에는 주석이 많이 들어 있는데, 이것은 저장 중에 석출되어 침전되며 상품 가치를 저하시키는 동시에 주스의 산도를 저하시키고 색소를 침착시킨다. 주스에서 주석을 제거하는 방법에는 다음과 같은 것이 있다. 순간살균한 주스를 큰 병에 담아 0~3℃에서 약 3개월(실온에서 6개월) 저장하여 주석을 석출시켜 제거하는 자연침전법이 있고, 또는 살균한 주스를 급냉하여 병에 담아 −20℃에서 4~7일간 정치시킨 다음 7℃의 냉장고에 옮겨 2~4일간 정치하여 주석을 석출 제거하는 동결법이 있다. 즉 포도과즙을 85℃까지 가열하여 2 ℓ 들이 병에 담고 마개를 막아, 차고 어두운 곳에 3~6개월 정도 놓아두면 병의 밑바닥에 주석의 결정이 생기는 동시에 기타의 침전물이 생긴다. 위쪽 액의 맑은 부분을 분리하여 제품화한다. 또한 포도주스의 여과를 쉽게 하기 위하여 카제인(casein)이나 egg albumin과 같은 여과보조제를 사용하는 것이 좋다. 그리고 주스에 펙틴 함량이 많을 경우 펙틴 분해효소를 처리하는 것이 효과적이다.

(2) 과실젤리(Fruit jelly)

젤리(jelly)는 과즙에 설탕을 첨가한 다음 가열 농축하여 냉각시키면서 젤라틴화(gelatinization)가 일어나도록 가공한 것이다. 이와 같이 하여 만들어진 젤리는 투명하고 좋은 색깔을 가지며, 젤리 glass에서 옮겨 놓았을 때 형태를 유지하고, 원료 과실 고유의 향미를 가져야 한다. 젤리와 육사한 제품으로 마멀레이드

(marmalade)가 있는데, 이것은 투명한 젤리에 과육이나 과피 슬라이스(slices)를 분산시킨 것이다.

1) 젤리 응고의 이론

젤리나 잼은 과실 중의 펙틴, 산 및 설탕의 세 가지 성분이 각각 일정한 농도와 비율로 들어 있을 때 응고가 일어난다.

펙틴을 물에 용해시키면 콜로이드 용액을 형성하는데, 이 때 펙틴은 음전하를 띄게 된다. 여기에 설탕을 첨가하면 설탕이 syrup으로 용해되면서 펙틴 콜로이드를 탈수시켜, 펙틴과 물간의 평형이 깨어져 펙틴은 수화된 상태로 침전되면서 망상구조를 형성한다. 이 때 산에서 형성되는 수소이온은 펙틴의 음전하를 감소시켜 펙틴의 침전을 촉진시키며, 당액은 망상구조에 둘러싸여 젤리가 형성된다. 젤리의 조직은 펙틴 함량이 증가할수록 단단하고, 설탕의 농도가 높을수록 단단하다. 젤리 중의 산은 망상구조를 단단하게 하는 역할을 하는데, 산도가 너무 낮으면 망상구조가 약해 연한 젤리가 된다.

펙틴의 젤리 형성능력은 분자량에 의하여 결정되므로 펙틴의 분자량을 감소시키는 처리는 젤리 형성 능력을 감소시킨다. 정제된 펙틴의 methoxyl(OCH_3)기 함량은 11%인데 여기에 산, 알칼리 또는 펙틴 분해효소를 처리하면 methoxyl기의 함량이 감소하여 능력이 감소한다.

① 산

젤리 형성에 효과적인 산은 능금산, 구연산, 주석산, 젖산 등의 유기산이다. 따라서 과실 중에 산함량이 부족할 경우에는 이와 같은 유기산을 넣어 주어 일정한 양이 되도록 해야 한다. 젤리 형성이 가능한 pH 범위는 2.9~3.5이며, 산의 양이 다른 성분에 비하여 너무 많으면 생성된 젤리의 수분이 분리되고 조직이 너무 단단해진다.

② 펙틴질

과실 중에 펙틴질로는 프로토펙틴(protopectin), 펙틴(pectin), 펙틴산(pectic acid)가 있는데 덜 익은 과실에는 프로토펙틴의 형태로 많이 들어 있다. 프로토펙틴은 물에 용해되지 않는데 과실이 익어감에 따라 protopectinase의 작용에 의하여 수용성인 펙틴(pectin)이 된다. 과실이 너무 익으면 펙틴(pectin)

이 다시 분해되어 펙틴산으로 변한다.

이와 같은 변화는 가열하여도 일어나며 산이 있으면 특히 잘 일어난다. 젤리 형성에 유용한 펙틴질은 과실을 가열하면 펙틴이 되는 프로토펙틴과 처음부터 들어 있는 펙틴이며 펙틴산은 응고성이 없어서 젤리 형성 능력이 없다. 따라서 과숙한 과실은 젤리의 원료로 적당치 못하며 또한 젤리를 만들 때 지나치게 가열하면 펙틴이 분해되어 좋지 않다. 펙틴은 보통 0.6~1.0이면 젤리화에 충분하며, 만약 펙틴 함량이 부족한 과실로 젤리를 만들 때에는 펙틴을 첨가해 주어야 한다.

③ 당분

설탕, 포도당, 맥아당 등의 당분이 젤리를 형성하는데 그 중 설탕이 가장 좋으며 제리 응고에 필요한 당의 농도는 60~65%이다.

④ 펙틴, 산 및 당분의 상호 관계

젤리 형성에는 펙틴, 당분, 산이 각각 적당한 양이 들어 있어야 하는데, 이들 세 가지 성분은 각기 일정하게 정해진 것이 아니고 이들 성분간에는 (표 4-8)과 같은 상호 관계가 있다. 즉, 펙틴이 0.75% 이하일 때에는 설탕을 아무리 넣어도 젤리 형성이 이루어지지 않으며, 펙틴이 1.5%의 경우에는 산이 3.55% 들어있을 때 설탕이 50%만 있으면 젤리가 형성된다. 그러나 산이 0.3%일 때에는 설탕이 61.5% 들어가야 젤리가 형성된다.

이와 같이 펙틴량이 어느 정도의 양으로 일정할 때 산이 많으면 당량은 어느 정도 적어도 되고, 산이 적으면 당량이 많아야 젤리 형성이 이루어진다. 또 산이 일정할 때 펙틴이 많으면 설탕이 적어도 젤리 형성이 되나 펙틴이 적으면 당이 많아야 한다. 이 이론에 따르면 제조비용을 줄이기 위하여 산 또는 펙틴의 농도를 높게 하고 설탕량을 적게 하여 젤리를 형성하는 것이 유리할 것으로 생각되나 실제로는 제품의 품질에 문제가 있어 곤란하다. 표준 젤리의 성분비율은 펙틴 1.0~1.5%, 산 0.3%(pH 3.4) 내외, 당분 60~65%이다.

표 4-7 산도가 일정할 때 젤리점에서 펙틴과 당 농도와의 관계

제품 중의 펙틴(%)	0.50	0.75	0.90	1.00	1.25	1.50	1.75	2.00	2.75	4.20	5.50
젤리화에 필요한 최소 당량(%)	당분을 많이 넣어도 젤리화가 안됨		65.0	62.0	54.0	52.0	51.0	49.5	48.0	45.0	43.0

표 4-8 펙틴 함량이 1.5%일 때 젤리점에서 산과 당 농도와의 관계

구연산 첨가량 (%)	전체 산량 (%)	젤리화에 필요한 당량(g)	젤리의 전체량 (g)	구연산 첨가량 (%)	전체 산량 (%)	젤리화에 필요한 당량(g)	젤리의 전체량 (g)
0.00	0.05	75.0	100	1.50	1.55	52.0	100
0.12	0.17	64.0	100	1.70	1.75	52.0	100
0.25	0.30	61.5	100	2.00	2.05	50.5	100
0.50	0.55	56.5	100	2.50	2.55	50.5	100
0.70	0.75	56.5	100	3.00	3.00	50.0	100
1.00	1.05	53.5	100	3.50	3.50	50.0	100
1.25	1.30	53.5	100	4.00	4.00	50.0	100

2) 과실의 젤리 제조 적합성 판정

젤리 생산에 사용되는 과실은 충분한 산과 펙틴을 함유하여 이들 성분을 첨가하지 않아도 양질의 젤리를 형성할 수 있어야 한다. 그러나 이와 같은 이상적인 과실은 공업적 생산원료로 얻기 힘들고, 산이나 펙틴 중의 어느 한 성분이 부족하든지 아니면 둘 다 부족한 경우가 많다. 각종 과실을 산과 펙틴 함량에 따라 분류하면 (표 4-9)와 같다.

공업적으로 젤리를 생산할 때 산이나 펙틴 함량이 많은 과실과 적은 과실을 섞어서 사용하는 것이 보통이며, 주스의 펙틴 함량이 부족할 경우 상업적으로 제조된 펙틴을 첨가해 준다.

표 4-9 원료 과실의 산 및 펙틴 함량

펙틴 및 산 함량	과실의 종류
펙틴과 산이 많은 것	사과, 포도, 오렌지, 자두 등
펙틴은 많고 산이 적은 것	복숭아, 무화과, 앵두 등
산은 많고 펙틴이 적은 것	살구 딸기 등
펙틴 및 산이 적은 것	완전히 익은 복숭아, 너무 익은 여러 가지 과실

3) 젤리의 제조공정

젤리의 제조공정은 (그림 4-5)와 같다

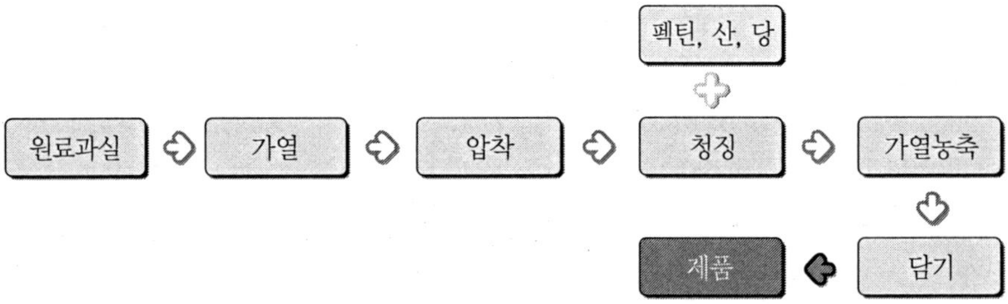

그림 4-5 젤리의 제조공정

① 가열

과실로부터 주스를 추출하기 전에 대부분의 과실을 가열하여 주스와 펙틴의 추출 수율을 높인다. 절단한 과실을 솥에 넣고 포도는 0.5배, 사과는 1~1.5배, 감귤류는 2~3배량의 물을 넣고 수분이 많은 딸기와 같은 과실에는 물을 넣지 않고 끓인다. 물은 원료 중의 성분을 추출하기 위하여 넣으나 너무 많이 넣으면 즙액을 조리는데 너무 시간이 오래 걸리고, 물이 너무 적으면 성분의 추출이 불충분해진다.

가열은 원료 중의 프로토펙틴(protopectin)을 분해하여 펙틴을 추출하고 그 밖의 여러 성분을 얻는 것이 목적이므로 각 원료에 따라 적당한 시간 가열해야 하며, 너무 오래 가열하면 펙틴 자체가 분해될 뿐 아니라 과즙의 향미나 색깔이 나빠지고 청징 조작이 어렵게 된다. 사과는 20분 정도, 오렌지는 30~60분, 딸기는 2~3분 가열하는 것이 적당하다.

가열용 솥은 스테인네스강(stainless steel)이나 알루미늄으로 만든 것이 적당하며 용기 중의 구리 또는 주석 성분은 과실의 색깔을 손상시킨다. 상업적으로 젤리를 생산할 경우 steam kettle을 압착기보다 높은 위치에 설치하여 가열이 끝난 다음 과실이 압착기로 중력에 의하여 이동될 수 있도록 하는 것이 편리하다.

② 압착

가정에서 젤리를 만들 때는 가열한 과실을 자루에 넣어 과즙과 찌꺼기를 분리하는 것이 편리하다. 공업적으로 주스를 추출할 때는 수율을 높이기 위해 압착기를 사용하는데 rack-and-cloth 압착기가 이 목적에 적합하다.

③ 청징

착즙액이 흐리면 젤리가 투명하지 못하므로 청징공정을 거쳐 투명한 즙액으로 만든다. 주스의 청징에는 압려기(filter press)를 이용한 여과방법이 널리 사용되는데 0.1~1%의 규조토를 주스와 섞어서 여과하면 맑은 주스를 얻을 수 있다.

만약 주스를 농축해야 할 경우에는 여과 전에 농축해야 하는데, 그 이유는 유기질이 가열에 의하여 침전되기 때문이다. 그리고 어떤 주스는 여과하기 전에 침전보조제를 사용하여 침전시킨 후 여과하는 것이 효과적이다.

이 외에도 고속원심분리기를 이용하여 주스를 청징하기도 하는데, 이 방법을 사용하려면 원심분리 전에 큰 입자들을 미리 제거하는 것이 좋다. 원심분리 방법은 신속하고 경비가 적게 드는 장점이 있다.

④ 산, 당, 펙틴 첨가

주스에 산이 부족할 경우 유기산을 더 첨가하거나 산이 많은 다른 주스를 섞어서 조절한다. 주스의 산은 pH 미터로 측정하여 3.2~3.4가 적당하다. 일반적으로 감귤류, 사과, 딸기 등과 같은 과실은 젤리 형성에 필요한 정도의 유기산을 함유하고 있어 산의 조절을 생략할 수 있으나, 레몬과 같은 산이 많은 원료는 pH가 너무 낮아 젤리의 품질이 좋지 못하므로 산이 적은 다른 과실 원료를 섞어서 pH를 올린다.

주스에 당을 첨가하는 양은 주스 중의 펙틴 함량에 의하여 영향을 받는다. 일반적으로 주스에 설탕의 비율을 45:55의 중량비로 섞을 수 있는데, 설탕 비율이 55 이상은 허용되지 않는다(미국 FDA 규격). 이 때 설탕 대신에 물엿이나 포도당을 일부 사용할 수 있다.

젤리나 잼을 제조할 때 주스에 펙틴 함량이 부족하면 제품의 조직과 외관을 향상시키기 위해 펙틴을 첨가한다. 주스 중의 펙틴 함량을 시험하는 방법으로 알코올시험법(alcohol test)를 많이 사용한다.

표 4-10 알코올 시험에 의한 펙틴의 함량 판별 및 가당량 결정

알코올에 의한 변화	펙틴 함량	가당량
젤리 모양으로 응고하거나 또는 큰 덩어리로 된다.	많이 들어 있다.	과즙(부피)의 1/2~2/3
여러 개의 젤리 모양의 덩어리를 만든다.	보통 정도 들어 있다.	과즙과 같은 양
작은 덩어리가 생기거나 또는 전혀 덩어리가 생기지 않는다.	조금 들어 있다.	농축시키거나 펙틴을 넣는다

알코올시험법에 의한 펙틴량 측정은 시험관에 소량의 과즙(10 cc 정도)을 넣고, 이와 동량의 95% 알코올을 넣은 다음 잘 흔들어 두면 펙틴 함량에 따라 여러 가지 변화가 일어나는데, 이것에 의하여 펙틴량을 결정하고, 나아가서 첨가할 당분량도 계산할 수 있다. 펙틴을 첨가할 때 주스를 70~75℃로 가열하여 펙틴량의 10배에 해당하는 설탕과 함께 용해한 후 섞어 준다.

⑤ 가열농축

젤리용 주스에 설탕과 기타 필요한 성분을 넣고 가열하면 펙틴, 산, 설탕이 용해되어 젤리를 형성하게 되므로 가열농축이 젤리 제조에서 가장 중요한 공정이다. 가열 농축에는 보통 2중솥을 사용하여 강하게 가열하여 짧은 시간에 완성시킨다. 농축하는 시간이 길면 설탕의 캐러멜화(caramelization) 및 갈변 현상이 일어나서 젤리의 향미와 빛깔이 나쁘게 될 뿐만 아니라 펙틴이 산에 의하여 분해되어 젤리화 하는 힘이 적어지므로 15~20분간에 완성되도록 한다. 가열하는 동안에 응고된 물질들이 액면으로 떠오르므로 이것을 건져내야 한다. 가열하는 정도 즉 젤리점(jelly point)을 결정하는 것은 가장 중요한 일인데, 다음과 같은 여러 가지 방법을 조합하여 결정한다.

ⓐ 컵법(cup test) : 농축된 액을 찬물이 들어있는 컵 속에 소량 떨어뜨려 밑바닥까지 굳은 채로 떨어지면 되고 도중에 흩어지면 아직 덜 된 것이다.

ⓑ 숟가락법(spoon test) : 나무 주걱으로 농축액을 떠서 흘러 내리게 하고 그 상태를 보아 결정하는 방법이다. 액이 묽은 시럽 상태가 되어 떨어지는 것은 불충분한 것이고, 주걱에 일부가 붙어서 얇게 펴지고 끝이 젤리 모양으로 굳은 정도로 떨어지면 적당하다.

ⓒ 당도계법 : 굴절 당도계를 이용하여 농축액의 당도를 측정하여 65% 정도가 되면 좋다. 뜨거울 때 측정하는 것은 상온에서 측정하는 것보다 2~3% 낮은 값을 나타내므로 온도 보정을 고려해야 한다.

ⓓ 온도계법 : 103~105℃

⑥ 담기 및 살균

젤리점에 이른 농축액은 깨끗이 씻어 살균한 용기에 식기 전에 거품이 안 나도록 주의하여 담아 밀봉하면 가열살균하지 않아도 된다. 그러나 안전을 위하여 80~90℃에서 7~8분간 살균하면 더욱 좋다.

젤리의 포장용기로는 여러 가지 모양이나 크기의 유리병이 많이 사용된다. 공업적으로 젤리를 용기에 담는 작업은 자동충진기(automaic filling machine)를 사용하는데, 일정한 부피로 측정된 뜨거운 젤리를 유리병에 자동적으로 채운 다음 뚜껑을 덮는다. 살균이 끝난 젤리는 찬물을 살수하여 실온으로 냉각한 후 보관한다.

(3) 마멀레이드(marmalade)의 제조

마멀레이드는 젤리에 과육이나 과피의 박편을 넣어서 만든 것이므로 젤리의 제조 원리가 그대로 적용된다. 영국식 마멀레이드는 시공 쓴 맛이 있는 오렌지를 원료로 하여 만들기 때문에 산이나 펙틴 함량이 높아 비교적 조직이 단단하다. 미국식 마멀레이드는 단맛이 많은 오렌지 품종으로 만드는데, 이런 품종은 산이나 펙틴 함량이 부족하므로 레몬이나 grape fruit 같은 과실을 섞는 것이 좋다.

1) 마멀레이드용 주스 제조

오렌지와 레몬으로 마멀레이드를 만들 경우 레몬 1에 오렌지 4~10의 비율(중량대비)로 섞어서 사용하는 것이 좋다. 익은 과실을 5 ㎜ 정도의 두께로 썰어서 과실의 2~3배 되는 물과 함께 솥에서 약 1시간 삶아 과육이 연해지도록 한다. 삶은 과실을 rack-and-cloth 압착기로 압착하여 과즙을 추출한다.

과즙을 24시간 침전시키거나 여과보조제를 사용하여 압려기(filter press)로 여과하여 청징한다. 이와 같이 하여 얻은 주스는 적어도 1%의 총산을 함유하고 적당량의 펙틴을 가져야 한다.

2) 과피의 처리

신선한 오렌지의 껍질을 +자형으로 끊어 4개의 과피를 만들고 이것을 장방형으로 절단한 다음 2~3매를 겹쳐서 1 ㎜ 정도의 너비로 잘게 썬다. 잘게 썬 과피는 약 15분간 끓여 쓴맛을 없애는 동시에 조직이 연하도록 한다. 공장에 따라서는 과일 전체를 얇게 썰어서 물에 끓여 조직이 연해지도록 하여 마멀레이드 제조에 사용하기도 한다.

3) 농축 및 포장

주스와 과피의 비율은 주스의 펙틴 함량과 과피의 두께에 의하여 결정되는데, 주스의 펙틴 함량이 충분하고 과피의 두께가 엷으면 주스의 5~7%에 해당하는 과피절편을 섞을 수 있다. 만약 과피절편이 두꺼우면 이보다 많은 양의 과피를 첨가할 수도 있다.

주스와 설탕의 비율은 주스의 산도와 펙틴 함량에 따라 다르다. 보통 주스와 설탕의 비율이 1:1이나, 산과 펙틴 함량이 많으면 보다 많은 양의 설탕을 첨가할 수 있다.

주스, 설탕, 과피절편을 함께 넣고 가열농축하여 젤리점에 이르도록 한다. 좋은 품질의 마멀레이드는 투명하고 젤리와 같은 조직을 갖는다.

마멀레이드는 약간 냉각되도록 정치하여 용기에 넣기 전에 과피절편이 설탕을 흡수하도록 한다. 만약 끓는 마멀레이드를 직접 용기에 담으면 과피 절편이 용기의 표면으로 떠오르는 경향이 생겨, 과피의 균일한 분산이 어려워진다. 담기와 밀봉이 85℃ 이상에서 이루어지면 별도의 살균이 필요치 않으나 65~85℃에서 담은 제품은 82℃의 뜨거운 물에 살균해야 한다.

(4) 잼(Jam)

잼(jam)은 과실과 설탕을 45 : 55의 비율로 섞은 다음 가열 농축한 것으로 과실 고유의 형태는 없어지고 냉각했을 때 젤리과 같은 조직을 갖는다.

1) 잼의 제조

과실에 설탕을 넣고 가열한 후 냉각시키면 미숙과실에 들어 있는 프로토펙틴(protopectin)이 분해되어 잘 익은 완숙과에 많이 함유되어 있는 수용성의 펙틴이 생성되고 이것은 과실 중의 유기산과 설탕의 상호작용으로 응고하여 젤리화 된다. 잼에는 딸기잼, 사과잼, 복숭아잼, 밀감잼, 살구잼 등이 흔하다. 같은 젤리상의 마멀레이드나 젤리와 다른 점은 과즙을 짜서 맑게 하는 조작이 없고 과피, 씨 등을 제거한 펄프를 사용해 당(설탕)을 첨가하여 가열농축시킨 것이라고 할 수 있다.

또한 과실펄프와 설탕을 가열농축하여 잼을 만들 수 있는데, 미국의 식품규격에 의하면 설탕 55 ㎏당 적어도 45 ㎏의 과실을 사용해야 한다. 잼과 유사한 제품으로 preserves가 있는데, 설탕 55 ㎏당 적어도 45 ㎏의 과실을 사용하여 가열농축한 것으로 당 함량이 55~70%이고 과실은 원형을 유지하는 제품이다.

잼 제조에 사용할 과실은 완숙하여 고유의 풍미와 조직을 가져야 한다. 딸기는 꼭지를 따서 잘 세척해야 하며, 배, 사과, 복숭아 등과 같이 두꺼운 과피를 갖는 과실은 껍질을 벗겨야 하고, 살구나 자두 같은 껍질이 엷은 과실은 박피할 필요가 없다. 그리고 복숭아, 살구, 자두, 체리 등의 핵과류는 제핵과정을 거친 다음 펄프를 제조한다. 과육이 단단한 과실은 소량의 물과 함께 가열하여 펄프 제조가 용이하도록 한다. 냉동과실을 원료로 사용할 경우 솥에 넣고 가열하여 단시간에 해동하여 펄핑(pulping)한다. 잼 제조에 당과 과실의 비율은 1:1이 보통이나 과실의 종류나 성숙도에 따라 다를 수 있다. 딸기, 자두, 살구, 파인애플 등의 과실은 과실 대 당의 비율이 1:1이면 적당하나 산 함량이 적은 복숭아나 포도 등은 당 첨가량이 적어야 한다.

과실펄프에 설탕을 넣은 다음 가열하여 설탕을 용해시키고 수분을 증발시켜 농축한다. 잼 농축의 종결점은 굴절계로 당도를 측정하여 65~68%에 이를 때로 결정하거나, 젤리 제조의 젤리점 결정방법을 사용할 수 있다. 공업적으로 잼을 생산할 때 펙틴을 첨가하는 것이 보통인데, 이는 균일한 조직을 갖는 제품을 생산하는데 도움이 되기 때문이다.

과실펄프와 설탕을 섞은 다음 가열농축할 때 대기압에서 가열하면 과실의 향미나 색깔이 심하게 손상되어 제품의 품질이 저하된다. 이를 방지하기 위하여 진공농축기(vacuum conventrator)를 사용한다.

잼은 유리병에 포장하는 것이 보통이다. 대규모 생산공장에서 잼의 담기와 밀봉은 젤리 제조에서 설명한 바와 같이 자동충진기 및 밀봉장치에 의하여 이루어진다. 살균한 유리병에 88~93℃의 농축한 잼을 포장할 경우 별도로 살균할 필요가 없으나, 이보다 낮은 온도에서 포장한 것은 82℃에서 30분 또는 그 외의 조건에서 살균하여 저장 중 곰팡이의 발육이나 효소의 작용을 방지해야 한다.

① 잼의 종류

ⓐ 가정용 : 과실원료를 사용해서 잼을 만들어 소형 캔에 제품으로 일반소비자들이 직접 사용한다.

ⓑ 일반용 : 과실원료를 끓여 잼을 만들어 대형 캔(18 ℓ)에 넣어 밀봉하고 다시 끓여 살균하여 저장했다가 그 자체로 직접 사용하기보다 원료로서 연중 사용하는데 주로 제빵, 제과점에서 원료로 사용한다.

이상 두 가지를 품질 면에서 비교하면 과실원료로 만들어 소형 캔에 넣은 가정용이 우수한 제품이다.

② 원 료

잼의 원료로서는 살구, 딸기, 무화과, 사과 등이 사용된다. 과실 고유의 성질이 잼 제품에 커다란 영향을 주므로 성숙과실이 좋다. 미숙과실은 잼 제품에 일반적으로 펙틴함량이 많지만 향미가 부족하고, 반면 과숙과일은 잼 농축 시 가열에 의해 잘 파괴되고 산의 함량이 적어 좋지 않다.

잼을 만들 때는 가열을 많이 하게 되므로 이러한 조건 하에서도 변색, 변향 및 육질파괴가 적게 도는 것이 적당하다.

펙틴은 젤리화에 필요한 물질인데 이 펙틴함량이 많은 원료를 사용하면 제품의 수율이 올라간다. 당분의 함량이 많으면 배합상 설탕량을 줄일 수 있어서 원가절감을 기할 수 있다.

산도 젤리화에 필요한 인자로서 산의 함량이 많으면 잼가공 중 펙틴이 분해되어 젤리화를 약화시키는 원인이 되므로 산함량이 적당해야 한다.

③ 원료배합

원료의 배합비율은 원료과실의 질(펙틴함량과 젤리화의 강약, 산과 당분함량)과 제품의 소요 당도 젤리화의 정도에 의해 가당률과 농축률이 달라진다. 농축률(수율/원료총량×100)은 제품의 pH, 산, 당도 등 규격에 따라 일정기준을 정한다면 일정한 조건이 설정된다. 반면 가당률(설탕사용량/원료총량×100)은 젤리강도에 영향을 주므로 사전에 소규모의 시험배합으로 젤리강도를 측정해둘 필요가 있다. 사과를 예를 들면 다음과 같다.

사과(당분함량 12%), 설탕(당분 99%)으로 제품의 다도를 65°, 농축률을 80%로 하고 제품량을 100 ㎏으로 할 때 사용된 사과량(A), 설탕량(S)은 아래와 같다.

$$\underset{\text{(원료총량)}}{A + B} = \underset{\text{(제품량)}}{100/0.8} = \underset{\text{(농축률)}}{125}$$

$$\underset{\text{(사과에 함유된 당분량)}}{(125\text{-}S) \times 0.12} + \underset{\text{(사용설탕 중의 당분)}}{S \times 0.99} = \underset{\text{(제품의 당분)}}{100 \times 0.65}$$

위의 식에 따라 S≒57.5, A≒67.5가 된다. 즉 사과 67.5 ㎏, 설탕 57.5 ㎏을 사용해서 100 ㎏의 잼이 만들어진 것이다. 또한 산은 풍미와 젤리화에 영향을 주는데 산이 부족하면 배합할 때 산을 첨가해야 한다.

만약 위의 배합으로 만든 제품의 젤리강도를 낮추려면 농축을 80% 이하로 하면 된다.

예를 들어, 농축률 75%로 하면 이에 따라 사과를 76.7 ㎏, 설탕을 56.3 ㎏ 사용해서 제품 100 ㎏(당도 65°)을 얻게 된다. 그러나 이렇게 하면 농축시간이 길어져서 여러 가지 좋지 않은 변화가 일어나기 때문에 분말펙틴을 첨가하여 젤리화를 보완하든가, 또는 농축률을 원래의 80%로 하여 가당률을 결정하는 방법을 택하게 된다.

④ 첨가제의 사용

잼이 품질을 향상시키기 위하여 산, 염기, 향료, 색소, 비타민 등을 첨가하는 경우가 있는데 이때는 농축 최종단계 혹은 농축 후 냉각공정에서 첨가하는 것이 좋다. 처음부터 첨가하면 가열 중에 이들 성분의 분해, 변질되고 갈변, 변향, 변색 등으로 품질을 저하시키게 된다.

산은 젤리강도의 강화와 풍미 향상에 사용되는데, 산미재료로서는 구연산, 주석산, 인산 등이 있다.

증점제로서는 CMC, 알긴산, 카라기난 등이 있지만 일반적으로 산성에는 약하고 가열에 점도가 떨어지는 것이 많다.

젤리강도의 강화제로서는 펙틴이 있고 이외의 증점제는 젤리강도와 탄성강화에 효과가 없으나 신장성, 색상의 개선에는 다소 유용하다.

향료첨가는 천연과일의 풍미를 보강해 주거나 좋지 않은 향을 없애주는데 유용하나 질이 떨어진다. 첨가하는 향료는 내열성이 강하고 될 수 있는 한 과일 원래의 향과 유사한 신선한 맛을 내는 것을 사용한다.

색소사용은 사과의 경우처럼 가열하면 쉽게 퇴색이 되는 경우에 많이 사용되지만 착색료는 광선, 산 등에 내성의 차이가 있으므로 이와 같은 여러 가지 특성을 충분히 파악한 후 사용해야 한다.

2) 가공 잼의 종류

2-1) 살구잼

살구는 당분이 7~8% 함유되어 있고 산미는 강하나(1.2~2.3%), 펙틴은 비교적 적게 들어 있어(수용성 펙틴 0.2~0.4%, 펙틴 총량 0.8% 정도) 사과펄프를 섞어서 만드는데 식용색소를 넣어 착색하는 수도 있다.

① 재료 및 기구

살구, 설탕, 냄비 또는 솥, 칼, 병 또는 통조림용 통, 제핵기구, 숟가락, 온도계(200℃)

② 제조공정 및 방법

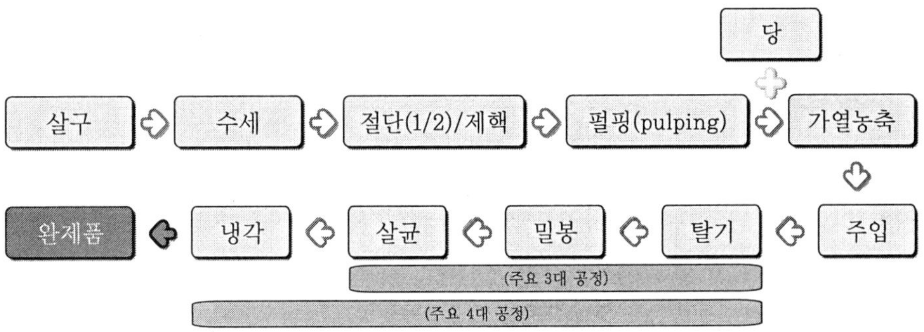

ⓐ 원료 : 원료로서는 산미가 너무 강하지 않고 진한 황색의 잘 익은 살구가 좋다. 덜 익은 살구는 색도 나쁘고 떫은맛이 나서 좋지 않다. 흠이 있어 좋지 못한 살구를 원료로 할 때에는 알칼리처리로 박피하고 핵을 빼서 사용한다. 즉 90℃ 정도의 3% 가성소다액에 담갔다가 꺼내어 물로 잘 씻고 핵을 뺀 다음에 다음의 순서에 따라 제조한다.

ⓑ 수세 : 원료 과일의 수세공정은 침지, 교반세척, 살수(spray) 3단계로 이뤄진다.

ⓒ 1/2절단(Halfing) 및 제핵(destoning)

ⓓ 펄핑(pulping) : 살구과육을 믹서(mixer)나 펄퍼(pulper)을 사용하여 입자가 고른 과육펄프를 만든다.

ⓔ 가열농축 : 살구의 과육펄프를 냄비에 넣고 원료과육의 100 ~ 120%에 해당하는 설탕을 첨가하여 가열농축시킨다. 원료에 함유된 산이나 펙틴(pectin)이 잼의 젤리화에 부족할 경우, 시판되는 구연산(citric acid)이나 식용 펙틴을 가열농축공정에 첨가하여 잼을 제조하기도 한다. 산으로는 구연산(citric acid)이나 레몬즙을 사용하고 산이나 설탕은 2 ~ 3번에 나누어 첨가한다. 펙틴은 과육펄프에 직접 첨가할 경우, 쉽게 뭉쳐질 수 있어 설탕과 섞어 첨가하며, 과일잼 제조에 사용하는 펙틴은 고메톡실(high methoxyl; HM)펙틴을 사용한다.

잼의 젤리화를 이루는 구성요소는 산, 당, 펙틴이다. 산은 산도로 0.3%, pH는 3.0이고, 당은 60 ~ 65%이며, 펙틴은 1 ~ 1.5%가 젤리화를 이루는 적합한 조건이다.

ⓕ 담기 · 밀봉 : 졸이는 동안 생기는 거품을 한 곳으로 모아 떠내고, 식기 전에 병이나 통에 담아 밀봉하고 식힌다.

2-2) 딸기잼

딸기는 산, 당분, 품종, 성숙도에 따라 상당한 차이가 있고(산은 0.5~1.0%, 당분은 5~11%), 펙틴도 수용성이 비교적 많으며(수용성 펙틴 0.3%, 펙틴 총량 0.6%) 비타민C 함량(50~80 ㎎%)도 많다.

① 재료 및 기구

냄비, 온도계(20℃), 컵, 용기 10개, 소쿠리, 당도계, 딸기 2~3 ㎏, 설탕 2~2.5 ㎏

② 제조공정 및 방법

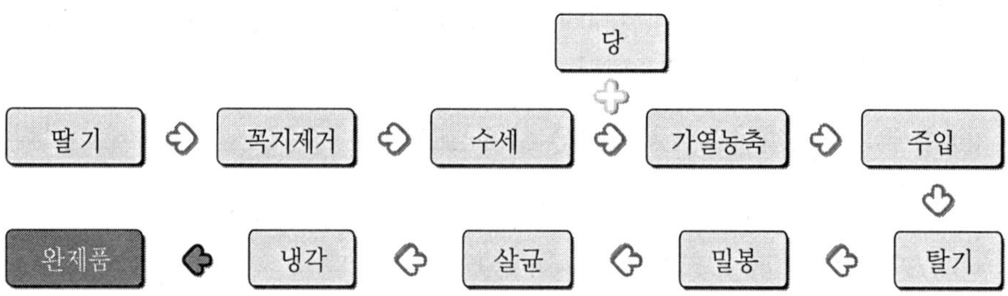

ⓐ 원료 : 원료로는 형태가 일정하고 중간 정도 크기의 것, 과육이 상하지 않고 단단하며 과육 내부에 구멍이 없는 것, 착색이 과육 내까지 된 것, 가열 후에도 색상이 밝은 것, 꼭지가 나와 있고 꼭지따기가 편리하며 향기가 우수한 것 등이 좋으며, 산, 감미, 펙틴함량이 높은 것이 좋다.

ⓑ 꼭지제거 및 수세 : 딸기를 물 속에 넣어 천천히 흔들어서 흙이나 모래를 제거하여 소쿠리에 담아서 물을 뺀다. 딸기의 꼭지를 제거한 후 다시 물로 씻어 소쿠리에 건져 물을 뺀다.

ⓒ 가당 · 농축 : 딸기의 70~80%의 설탕을 계량하여 둔다. 냄비에 딸기와 계량한 설탕의 1/2을 가하여 약한 불로 가열한다. 설탕이 용해되면 나머지 설탕을 넣어 용해시켜 약간 센 불에서 끓이면서 계속 주걱으로 저어 15~20분에 끝나도록 한다. 단시간에 끝나지 않으면 향기가 없어지고 빛깔이 나빠진다.

ⓓ 가열농축완성점 확인 : 컵법에 의하든지 온도를 104℃ 가량으로 상승시켜 완성점으로 하거나, 당도계로 당도를 검사하여 65% 정도 되었으면 완성점으로 한다. 농축완료점 결정에서 당도를 높이면 수율이 적어지고 당도를 낮추면 규격에 미달되는 제품이 죄며 동시에 젤리상태도 불량해진다. 농축완료 결정은 교반봉에 잼을 찍어 올려 보아 흐르는 상태를 보고 경험적으로 결정하는 방법이 있으나 당도계를 사용하는 것이 좋다.

ⓔ 담기 · 밀봉 : 완성된 잼을 80~90℃까지 냉각시키고 그 동안에 잼 표면에 기포를 한 곳으로 모아 떠낸다. 광구병 또는 통에 기포가 들어가지 않도록 잼을 넣어 곧 밀봉한다. 밀봉 후에는 즉시 냉각하여 품질저하를 방지할 필요가 있다.

ⓕ 살균 : 잼이 뜨거울 때 밀봉하면 살균하지 않아도 되지만 오래 보존하려면 100℃에서 5~6분 살균한 후 빨리 냉각시킨다.

ⓖ 수율 : 원료 딸기에서 120~130%의 제품이 얻어진다.

2-3) 사과잼

사과는 산이 0.5~1.0%, 당분이 10~15%, 펙틴은 수용성이 0.1% 정도이나 펙틴이 약 0.6%나 된다. 낙과, 적과, 미숙가 등은 프로토펙틴을 많이 함유하여 아린 맛과 색상, 향기가 불량하고 제조시간이 길게 걸린다.

① 재료 및 기구

냄비, 온도계(20℃), 컵, 용기 10개, 소쿠리, 당도계, 사과

② 제조공정 및 방법

ⓐ 원료 : 주로 국광, 홍옥을 사용하는데 국광은 과피색상이 불량하고 육질이 딱딱하며 향기도 나쁘고 산화효소의 활성이 강해 갈변이 쉽게 일어난다. 반면 홍옥은 육질이 치밀해서 끓여도 덜 허물어지고 육질도 선명한 황색을 띠며 향기가 좋고 가열해도 갈변이 덜 일어난다.

ⓑ 씻기 : 사과의 병충해 부위를 잘라내고 물통에 넣고 깨끗이 씻는다.

ⓒ 껍질벗기기 : 스테인리스스틸 칼로 껍질을 벗기기도 하나 보통 2% 식염용액에 담근 후 물에 넣고 끓여 과육을 부드럽게 하여 펄프 피니셔(pulp finisher)로 껍질을 제거한다.

ⓓ 제심 · 절단 : 사과를 4쪽으로 잘라서 심을 제거한 다음 절단한다(1 ㎜두께).

ⓔ 농축 · 가당 : 소량의 물을 가하고 사과의 변형이 없어질 때까지 찐다. 원료의 70~80%에 해당하는 설탕을 3회로 나누어 가하며 조리 중에 생기는 거품은 한데 모아서 떠낸다. 완성 직전에 색소를 가하기도 한다.

ⓕ 밀봉 · 살균 : 졸인 것은 식기 전에 거품이 들어가지 않도록 하여 병 또는 통에 담은 후 곧 밀봉하여 살균한 다음 식힌다.

(5) 과실중의 펙틴 함유량 판정

1) 간이법

① 재료 및 기구

거즈, 시험관, 비커, 강판, 95%, 에틸알코올, 과즙

② 실험방법

ⓐ 과즙을 짜서 거르고 맑게 한다.

ⓑ 과즙 10 ㎖를 시험관에 넣은 다음 이것과 같은 양의 에틸알코올을 부어 잘 섞는다.

ⓒ 과즙 중의 펙틴이 알코올에 의하여 침전되는 상태를 잘 관찰하여 표 4-10에 의해 판정한 후 가당량 기준을 결정하게 된다.

2) 펙틴의 정량

펙틴의 정량법에는 알코올 침전법, 아세톤 침전법, 펙틴산 칼슘염법 등이 있다. 알코올 침전법을 설명하면 다음과 같다.

① 재료 및 기구

사료, 유발, 비커, 시계접시, 메스플라스크, 여지, 95% 에틸알코올, 백금접시(또는 사기접시), 항온건조기

② 실험방법

ⓐ 시료를 유발해서 잘 마쇄하여 150g을 1 ℓ의 비커에 취한다. 물 50 ㎖를 가하여 시계접시로 덮고 1시간 정도 중간 세기의 불로 끓인다.

ⓑ 메스플라스크에 옮기고 물을 가하여 다시 1 ℓ로 해서 잘 흔들어 여과한다.

ⓒ 이것을 냉각하고 95% 에틸알코올을 200 ㎖를 잘 흔들면서 조용히 가하여 펙틴을 침전시킨다.

펙틴은 에틸알코올에 녹지 않고 흰색 솜모양의 침전을 만들게 되므로 이 침전이 생기는 상태를 보아 판정한다.

ⓓ 충분히 침전시킨 후 미리 건조하여 무게를 잰 여과지(지름 10 ㎝가량)로 그 침전물을 95% 에탄올(ethanol)로 씻고 온수로 침전을 완전히 씻어 백금접시에 옮긴다.

ⓔ 수욕(water bath) 위에서 완전히 증발 건조하고 100℃의 항온건조기에서 건조하고 무게를 잰다. 이것이 조(crude)펙틴량이다.

ⓕ 이 조펙틴을 태워서 회분의 양을 구하고 조펙틴량에서 회분량을 빼면 펙틴량이 된다.

(6) 과일의 총산도(Total acidity%; TA%)

과일의 신맛 주성분은 과일에 함유된 유기산으로, 대표적인 유기산에는 구연산(citric acid), 사과산(malic acid), 주석산(tartaric acid)이 있다. 구연산(citric acid)은 레몬, 오렌지, 감귤과 같은 과일의 대표적인 유기산이며, 사과산(malic acid)은 사과의 대표적인 유기산이고 주석산(tartaric acid)은 포도의 대표적인 신맛을 나타내는 유기산이다.

과일의 총산도(total acidity%)는 구하는 방법은 원료과일(시료) 10 g(s)에 증류수를 가하여 100 ㎖(Vt)로 정용한 후 여과하여 얻은 여액 20 ㎖(Va)에 지시약으로 0.1% 농도의 페놀프탈레인(phenolphtalein)용액을 사용하여, 역가(factor; a)를 아는 0.1N-NaOH 표준용액으로 적정(V; 적정치)하여 계산한다. 총산도(TA%) 계산식은 다음과 같다.

총산도 계산식

$$TA(\%)=\left(\frac{V \times f \times \frac{Vt}{Va} \times a}{S}\right)\times 100$$

TA : 총산도(total acidity%)

s : 시료의 채취량(g)

V : 적정에 사용한 ***0.1N-NaOH*** 표준용액의 적정치

f : ***0.1N-NaOH*** 표준용액의 역가

Vt : 희석 시료액 전량

Va : 적정에 사용한 희석시료

a : ***0.1N-NaOH*** 표준용액 1㎖에 해당하는 유기산량(g)

표 4-11은 0.1N-NaOH 표준용액 1 ㎖에 해당하는 유기산량(g), a를 나타낸 것이다.

표 4-11 0.1N-NaOH 표준용액 1 ㎖에 해당하는 유기산량(g)

과일의 유기산	분자식	분자량	0.1N-NaOH 표준용액 1 ㎖에 해당하는 유기산량(g)
Citric acid(구연산)	$C_6H_8O_7$	192.1	0.0064
Malic acid(사과산)	$C_4H_6O_5$	134.1	0.0067
Tartaric acid(주석산)	$C_4H_6O_6$	150.1	0.0075

(7) 젤리강도 측정시험

젤리강도 측정시험법은 젤리의 강도를 시간과 흐르는 거리 관계를 기준으로 하여 판정하는 것이다. 펙틴, 산 및 당의 세 가지 성분의 배합이 적당할 때 강도가 좋으나 그 중 한 가지 성분이 부족하면 젤리응고가 덜 일어나게 하여 그 퍼지는 면적에서 젤리의 강도를 측정한다.

① 재료 및 기구

젤리강도 측정기구, 유리판(지름 40 ㎝의 원형판), 그래프용지, 캔 오프너(can opener), 스톱워치(stop watch), 젤리통조림

② 실험방법

ⓐ 수평으로 된 실험대 위에 그래프용지를 펴놓은 후 그 위에 유리판을 올려놓는다.

ⓑ 통조림뚜껑을 따서 유리판 위에 관을 숙이고 중심점을 합친다. 관 밑바닥에 2~3개의 공기구멍을 내고 관의 내용물을 쏟음과 동시에 젤리가 퍼져가는 눈금을 스톱워치로 재기 시작한다.

ⓒ 젤리제품이 유리판 위에 퍼진 것을 네 방향(A, B, C, D)에서 읽고 평균치를 계산한다.

ⓓ 그 평균치에서 거리를 세로(y축)로, 시간을 가로(x축)로 하여 도표를 그린다. 덜 퍼진 것일수록 젤리강도가 강한 것이다.

③ 고찰

ⓐ 당과 산, 펙틴을 달리하여 젤리를 만들고 강도를 관찰하여 본다.

ⓑ 젤리의 완성점을 아는 판정방법을 조사하여 본다.

4-3. 채소가공

4-3-1. 정의 및 분류

채소는 식용되는 초본성 식물의 총칭으로 과거에는 재배된 것을 소채, 야성인 것을 채소라고 하였으나 현재는 모두 채소로서 사용되며 식용되는 부분에 따라 엽채류, 경채류, 근채류, 과채류, 화채류 등으로 분류하고 있다.

또 영양적 특성에 따라 유색채소 즉 녹황색채소와 담색채소로 분류된다. 유색채소는 가식부 100 g 중 600 ㎍ 이상의 카로틴(carotene)을 함유하는 채소로 정의하고 있다.

채소류는 채소라고 부르며, 국민소득 향상으로 소비가 증대되고 있으며, 주로 부식 및 건강식으로 사용된다.

이는 수분이 많아 90% 정도를 함유하고, 칼로리는 매우 적은 편이다. 대부분의 채소류는 비타민 A, B_1, B_2, C, niacin 등이 풍부하며, 특히 비타민 A와 C가 많다.

표 4-12 채소의 비타민 C 함량(㎎%)

채소 종류	함량	채소 종류	함량
파슬리, 브로컬리	151~200	마늘	16~20
양배추	101~150	양배추, 쪽파, 겨자무우	41~50
물 갓	91~100	냉이, 과잎, 서양, 리크	31~40
고추 잎	81~90	풋콩, 부추, 배추, 쑥, 리크	21~30
우엉잎, 피만	71~80	우엉뿌리, 동부, 미나리, 토마토,	16~20
갓잎, 무잎	61~70	아스파라거스, 동양호박, 오이	11~15
완두꼬투리, 가지	51~60	셀러리	6~10

또한 채소류는 K, Ca 등이 가장 풍부한 알칼리성 식품으로 육류식품의 산성을 중화시키는데 중요한 역할을 하며, Ca 및 Fe의 부족을 보충해 주기도 한다. 그 밖에 식이섬유를 함유하고 있어 소화기관을 자극하여 정장작용을 한다. 녹색의 잎은 영양가가 풍부하고 라이신(lysine), 트레오닌(threonine) 등과 같은 필수아미노산을 함유하고 있다.

(1) 채소류의 분류

채소류는 이용 부위에 따라 근채류, 경엽채류, 과채류 등으로 분류된다(표 4-13).

표 4-13 채소의 분류

분 류	정 의	식 품
근채류(Root vegetable)	지하에 양분을 저장한 뿌리 부분을 식용	무, 당근, 토란, 양파, 파, 연근, 우엉, 생강, 마늘
경엽채류(Leafty & stalk vegetable)	지상의 줄기, 잎, 싹을 식용	배추, 양배추, 상추, 시금치, 부추, 쑥갓, 미나리
과채류(Fruit vegeatable)	열매를 식용	오이, 호박, 가지, 고추, 토마토, 딸기, 수박, 참외

(2) 채소류의 저장

채소류의 저장은 종류에 따라 적당한 온도와 습도를 유지시켜 주는 것이 중요하다. 채소류는 저장 중에 왕성한 호흡작용과 증산작용으로 중량이 감소되며 내부조직의 충실도가 감소되고 비타민 C 등의 성분도 감소된다. (표 4-14)는 채소류의 저장조건을 나타낸 것이다.

표 4-14 채소류의 저장조건

채소류	온도(℃)	상대습도(%)
아스파라거스	0~5	90~95
당근	0~5	80~90
상추	0~5	90~95
시금치	0~5	90~95
호박	10~13	70~75
고구마	13~15	90~95
양파	9~5	70~75
셀러리	0~7	85~90
토마토	7~10	85~90

(3) 채소류의 생리작용

채소류는 수확 후 생리작용으로는 저장물질을 분해시켜 탄산가스와 열을 발산하는 호흡작용, 중량감소를 일으키는 증산작용, 발아, 발근 등의 생장 등과 관계되는 후숙작용 등이 있다. 수확 후 생산으로부터 소비자에 이르는 유통과정에서 호흡 및 증산작용과 같은 생리적인 변화현상으로 손실이 발생된다.

1) 호흡작용

수확 후 대표적인 생리현상 중 온도와 밀접한 관계가 있는 호흡작용은 산소를 흡수해 저장한 영양분을 효소분해시켜 탄산가스, 물과 열을 방출하는 것이다($C_6H_{12}O_6 + 6O_2 \rightarrow 6CO_2 + 6H_2O$ + 에너지). 호흡은 생명현상을 유지하는데 필수불가결하지만 수확 후 채소류에서 품질을 저하시키는 요인이다.

호흡작용은 0℃부근에서 가장 느리고 온도가 증가함에 따라 높아지고, 30~40℃에서 가장 높다. 시금치 · 상치와 같은 엽채류와 아스파라거스 · 브로콜리 · 단옥수수와 같이 미숙된 채소조직에서는 호흡속도가 높고 양파 · 감자 · 마늘 등은 호흡속도가 낮다.

2) 증산작용

증산작용은 수확 후 채소의 수분이 증발하는 현상으로 저장 채소작물의 생체중이 저장 전보다 5~10%의 수분을 손실하게 되면 상품가치를 상실하게 된다. 표 4-15는 온도에 따른 채소의 호흡속도를 나타낸 것으로, 저장온도가 높을수록 호흡속도가 증가함을 알 수 있다.

시금치나 배추와 같은 엽채류 부피에 비하여 표면적이 크므로 증산작용이 잘 일어난다. 채소류 표면에 덮여 있는 천연 왁스질 외에 인위적으로 왁스를 더 처리하여 수분증발로 인한 중량감소를 줄일 수 있다.

표 4-15 표 4-15 온도에 따른 채소의 호흡속도

채 소	온 도(℃)				
	0	5	10	15	20
시금치	50	70	80	120	150
상치	17	22	26	50	85
양배추	11	26	30	37	40
꽃양배추	20	34	45	67	126
아스파라거스	28	44	63	105	127
브로콜리	77	120	170	275	425
셀러리	7	9	12	23	33

4-3-2. 특징

(1) 일반성분

수분이 90%이상 함유하고 단백질, 지질이 적다. 그러나 무기질 및 비타민이 풍부하다. 단백질은 엽채류, 경채류가 평균 1%, 근채류가 1.5%, 과채류가 1.2%, 화채류가 3.1%이다. 지질은 0.1~0.2% 정도이며 당질은 종류가 다양하며 2~5% 정도이지만 서양호박처럼 전분을 주체로 한 당질을 18% 함유하는 것도 있으며 우엉처럼 이눌린(inulin)을 15% 함유하는 것도 있다. 무기질은 K가 특히 많고

387±189 ㎎/100g이며 Ca 및 Fe도 비교적 많이 함유되어 있지만 흡수율은 나쁘다. 식품에 함유된 Fe의 형태는 육류에 함유된 heme철과 곡류 및 채소에 함유된 비heme철의 2 종류가 있다.

Heme철의 흡수율은 15~20%이고 비heme철은 1~5%이다. 비타민은 카로틴(carotene)과 비타민 C가 풍부하다.

비타민 함량은 품종 부위 재배방법 및 저장조건에 따라 다르지만 일반적으로 색이 짙은 채소 및 진한 부위가 많다.

(2) 채소의 색

채소의 색소 성분은 지용성 클로로필(chlorophyll) 색소, 카로티노이드(carotenoid)계 색소와 수용성 안토시아닌(anthocyanin)계 색소, 플라보노이드(flavonoid)계 색소가 있다. 이들 색소 중 플라보노이드(flavonoid)계 색소는 담황색에서 황색의 채소에 거의 관여하지 않는다.

클로로필(chlorophyll)색소는 채소의 지용성 녹색색소로 황록체(chlorolplast) 중에 카로티노이드(carotenoid)계 색소와 같이 존재한다.

클로로필(chlorophyll)에는 청녹색의 클로로필(chlorophyll) a와 황록색의 클로로필(chlorophyll) b가 있다. 식물 중에 존재하는 비는 3:1이다. 구조식은 (그림 4-6)에 나타난 바와 같다.

클로로필(chlorophyll)은 조직 중에서 단백질과 결합하고 있어 안정하지만 조리 및 가공공정 중 열 및 산에 의하여 변화한다. (그림 4-7)에 클로로필(chlorophyll)의 변화를 나타냈다. 채소를 장시간 가열하면 클로로필(chlorophyll)의 Mg이 이탈하여 클로로필(chlorophyll)은 페오피틴(pheophytin)으로 변화하고 갈색으로 변화한다. 채소를 절임한 경우 절임중 생성된 유기산에 의하여 앞서와 마찬가지로 변화를 일으켜 채소는 갈색으로 변색된다. 장기간 절임하면 페오피틴(pheophytin)은 pheophobide로 변화하여 갈색이 된다. 황산동을 가하여 가열하든지 구리망으로 가열한 경우 클로로필(chlorophyll)의 Mg이 Cu와 치환하여 Cu-클로로필(chlorophyll)로 변화한다. Cu-클로로필(chlorophyll)은 안정한 녹색색소이다. $NaHCO_3$와 같이 알카리로 처리한 경우 클로로필(chlorophyll)의

phyrole이 이탈하여 클로로필(chlorophyll)은 클로로필리드(chlorophyllide)로 변화한다. 클로로필리드(chlorophyllide)는 비교적 안정한 녹색색소이다.

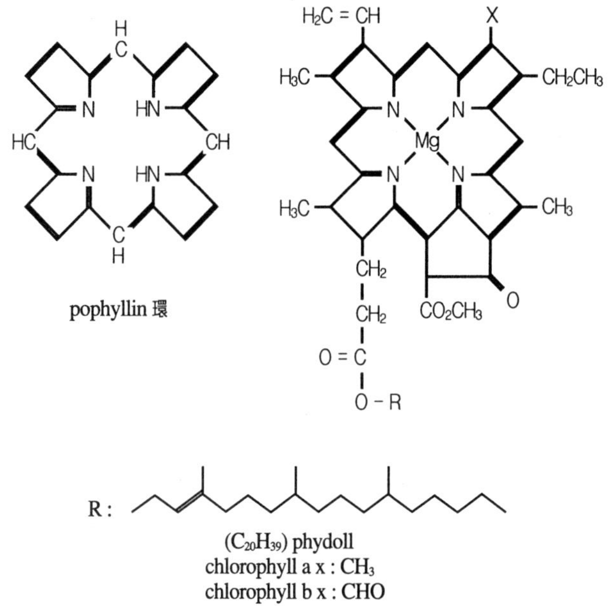

그림 4-6 클로로필(chlorophyll)의 구조

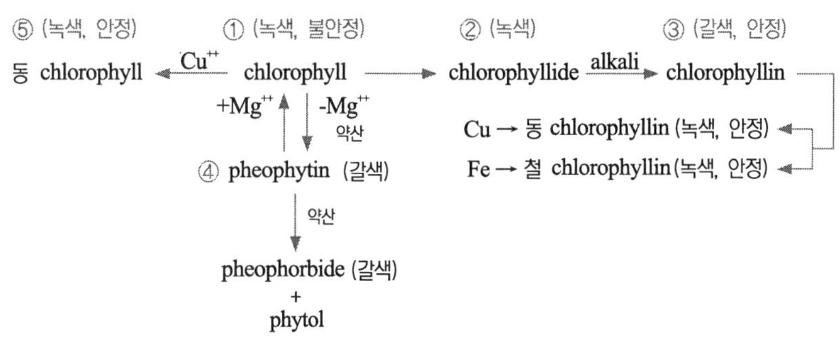

그림 4-7 클로로필(chlorophyll) 색소의 변화

클로로필라아제(chlorophyllase)가 작용한 경우 알칼리 처리한 경우와 마찬가지의 변화가 일어난다.

안토시아닌(anthocyanin)계 색소는 선홍색부터 자색에 이르기까지 선명한 색조의 색소이다. 식물조직중에는 아글리콘(aglycone, 배당체를 구성하는 비당 부분)인 안토시아니딘(anthocyanidin)에 당이 결합한 배당체로서 존재한다. 또 안토시아닌(anthocyanin)계 색소는 붉은 순무의 시아닌(cyanin), 가지의 나수닌(nasunin), 적자소의 cyzonin 등에 함유되어 있다. 이 색소의 특징은 수용성이며 가열하면 쉽게 분해되어 퇴색한다. pH에 따라 색이 변한다. 즉 산성에서는 안정한 적색, 중성에서는 불안정한 자색, 알카리(alkali)성에서는 불안정한 청자색으로 변한다, 적자소에서 착색된 매실장아찌의 적색이 안정한 것은 적자소의 안토시아닌(anthocyanin)계 색소의 oxsazonium ion이 매실의 구연산과 염을 형성하고 안정화하기 때문이다. 가지의 절임에 쇠못 및 명반을 넣으면 안정한 자색이 되는 것은 가지의 나수닌(nasunin)이 철 및 알루미늄과 chelate결합하기 때문이다.

카로티노이드(carotenoid)계 색소는 황색 내지 적색의 선명한 지용성 색소로 카로티노이드(carotenoid)는 isopyrene의 중합체로 양단 isopyrenoide의 하나에 ionene환으로 되는 것이 많다.

카로티노이드(carotenoid)계 색소에는 카로틴(carotene)류와 잔토필(xanthophyll)류가 있다. 카로틴(carotene)류는 분자중에 수산기 등 극성기가 없지만 잔토필(xanthophyll)류에는 극성기가 있다. 카로틴(carotene)류의 베타카로틴(β-carotene)은 비타민 A(retinol)가 2분자 결합한 이량체이다. 또 α-, 베타카로틴(β-carotene)은 분자 중에 1분자의 비타민 A를 가진다. 마찬가지로 잔토필(xanthophyll)류의 크립토잔틴(cryptoxanthin)도 분자 중에 1분자의 비타민 A를 갖는다. 이들은 생체내에서 비타민 A를 생성하므로 프로비타민 A(provitamin A)라고 한다. 카로티노이드(carotenoid)계 색소에는 당근의 알파카로틴(α-carotene), 베타카로틴(β-carotene), 감마카로틴(γ-carotene), 크립토잔틴(cryptoxanthin), 그리고 토마토의 잔토필(xanthophyll)류로 리코펜(lycopene), 수박의 리코펜(lycopene), 고추 과피의 붉은색 캡잔틴(capxanthin)과 노란색 베타카로틴(β-carotene)과 제아잔틴(zeaxanthin) 등이 있다. 카로티노이드(carotenoid)계 색소는 열에 안정하므로 장시간 가열해도 퇴색되지 않고 산 및 알칼리에도 비교적 안정하다. 자외선 등 광 및 산소로 산화되므로 건조식품처럼 수분이 적은 식품은 공기와 접촉을 피하고 암소에 저장할 필요가 있다.

(3) 채소의 향

채소에는 셀러리(celery), 양파, 마늘, 고추냉이, 파슬리(parsley)처럼 특징적인 향이 있다. 셀러리는 aldehyde류, 탄화수소류, ketone류, ester류, 알코올류, 페놀류 등 향기성분이 있다. 그러나 향의 본체는 diacetyl과 sedanolide이다.

양파 냄새는 황화allyl이 대표되는 함황화합물로 황화수소, n- propylmercap-tan, 황화methyl, 황화methylpropyl, 이황화methylpropyl, 3황화methyl등이다. 양파 최루물질은 propylcysteine sulfide에 효소 allyniase가 작용하여 생성한다. 함황화합물인 propyl sulfinic acid와 thiopropanal-s-oxide이다.

마늘의 냄새는 알킨(alkine)을 주체로 한 함황화물의 냄새다. 알킨(alkine)은 알리인(alliin)이 마늘 중의 알리나아제(allinase) 효소에 의하여 분해되어 생성된다. 알리인(alliin)의 마늘중의 함량은 2.4 g/kg이며, 알리신(allicin)의 생성 경로는 (그림 4-8)에 나타냈다.

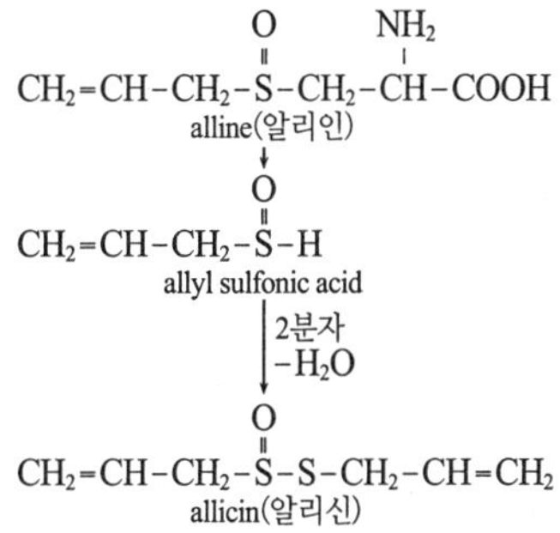

그림 4-8 알리신(allicin)의 생성경로

알리신(allicin)은 신미성분의 diallyldisulfide로 변화한다. 또 알리신(allicin)과 비타민 B_1이 결합하면 지용성 알리티아민(allithiamine)이 된다. 알리티아민(allithiamine)은 비타민 B_1과 마찬가지로 생리작용을 가져 혈액 중에서 체류시간이 길어지며 더구나 aneurinase에 대해서도 안정하다. 또한 알리신(allicin)은 강한 항균성이 있다.

고추냉이, 겨자, 무와 같은 유채류 식물의 향기 성분은 매운맛도 수반한다. 고추냉이, 흑겨자의 향기성분은 sinigrin, 백겨자는 sinarubin이다. 이들 향기성분에 myrosinase가 작용하면 매운맛의 향기물질인 isothiocyanate류가 생성된다. Sinigrin 및 sinarubin으로부터 생성한 isothiocyanate를 각각 allylcaracine oil, sinrubin caracine oil이라고 한다.

그외 생강의 향기성분은 terpene류의 pinene, limonene, geraniol 등이다. 이들은 매운맛도 있다. parsley의 향기성분은 apiol, 미나리는 pinene, caffeine류, mristine 등이다. 오이 및 수박 등의 박과식물 특유의 냄새성분는 불포화알코올류 및 알데하이드류(aldehydes)이고, 표고버섯의 특유의 향기성분 렌티오닌(lenthionine)이다. 렌티오닌(lenthionine)은 표고버섯에서 추출된 고리형 황화합물의 일종으로 분자식은 $C_2H_4S_5$이다.

(4) 채소의 맛

채소의 맛은 일반적으로 담백하지만 고추냉이 및 후추, 마늘 등은 특징적인 매운맛을 나타내며 특징적으로 감미와 고미를 나타내는 것도 있다.

매운맛 성분은 두 가지로 나눈다. 하나는 고추의 캡사이신(capsaicin) 및 후추의 peperine과 같이 매운맛 성분이 그대로 식품에 함유된 것이며 다른 하나는 본래 매운맛을 가지지 않지만 자르거나 마쇄 등의 조작으로 향기성분이 작용해서 매운맛을 갖게 되는 화합물이다. 이들 매운맛 성분은 향기성분에서 설명한 바와 같이 향기성분에도 있다. (표 4-16)에 식물의 매운맛 성분과 함유식품을 나타냈다.

표 4-16 식물의 매운맛 성분

매운맛 성분	구조식	함유식물
Phyphelline	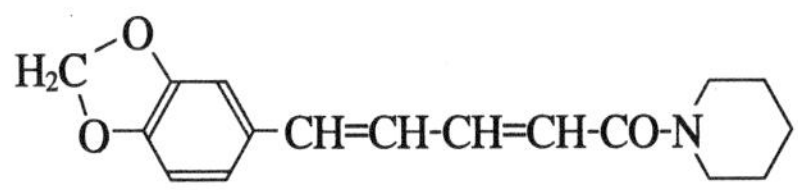	후 추
Capsaicin		고 추
Shogaol	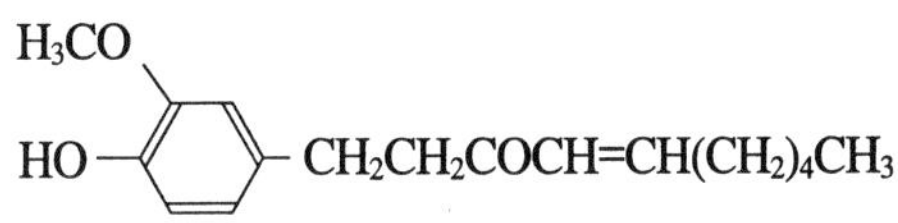	생 강
Allylisothiocyanate Diallyldisulfide	$CH_2=CHCH_2NCS$ $CH=CHCH_2SSCH_2CH=CH_2$	와사비, 무 마늘, 파

양파를 가열했을 때 감미는 양파에 함유된 이황화물 즉 이황화 methyl, propyl이 환원되어 생성하는 methylmercaptane 및 propylmercaptane이며 이는 설탕의 약 50배 감미를 가지고 있다. 또 자소잎의 정유성분인 perillarchine은 자소당으로 설탕의 2,000배 감미를 나타내는 것으로 syn-oxime-pereladehyde이다.

쓴맛 성분은 오이의 curcurbitacin처럼 일반적으로 식미를 나쁘게 하지만 coffee의 caffeine 및 cocoa의 theobromine, 맥주의 원료인 hop의 humulone은 가열하면 isohumulone으로 고미를 나타내는 것으로 적당히 함유되면 그 식품의 특징이 되는 것도 있다.

떫은맛은 혀의 맛 신경을 마비시키는 맛으로 차(茶)처럼 적당한 경우는 좋지만 일반적으로는 식미를 나쁘게 한다.

아린맛은 떫은맛과 쓴맛을 혼합한 불쾌한 맛으로 좋은 것은 없다. 무기염, 유기염, 유기산, 사포닌(saponin), 알카로이드(alkaloid), 탄닌(tannin)계 화합물, 배당체, terpene등은 떫은맛 성분이라고 생각된다. 떫은 맛이 강한 채소는 시금치, 우엉, 죽순, 두릅등이다. 또 죽순, 토란의 아린맛은 타이로신(tyrosine)으로부터 생성한 homogentisic acid, 시금치의 쓴 맛은 수산(oxalic acid)이다.

(5) 채소의 갈변

신선한 채소의 갈변은 과실 및 서류와 마찬가지로 효소적인 갈변이다. 즉 자르거나 껍질을 벗기는 조작으로 조직이 파괴되면 갈변효소인 폴리페놀산화효소(polyphenoloxidase)가 폴리페놀(polyphenol) 화합물을 산화하여 착색물질을 생성한다.

4-3-3. 채소의 가공

(1) 절임

1) 절임의 종류

채소의 절임류(침채류)는 채소를 식염만 또는 식염과 혼합한 쌀겨, 술지게미, 간장, 식초 등의 조미액에 담근 것도 있다. 식염은 용액의 삼투압을 높이기 때문에 채소를 염지시키면 세포의 수분이 분리하여 조직이 유연하게 된다. 절임은 (표 4-17)에 나타난 바와 같이 많은 종류가 있지만 크게 나누어 채소의 맛을 남긴 절임, 발효를 주체로 한 절임, 조미액으로 맛을 들인 절임으로 나눈다. 절임하는데 초기단계에서는 채소에 함유된 효소의 작용으로 풍미가 생기고 서서히 발효작용이 일어나고 성분변화와 함께 육질도 변화하여 특유의 풍미를 가진 절임이 된다. 이와같이 절임류(침채류)의 숙성작용은 다음과 같은 3가지 작용, 즉 삼투작용, 효소작용, 발효작용이 있어 절임류 특유의 독특한 맛을 나타낸다.

표 4-17 절임류의 종류

분 류	종 류
소금절임	배추, 오이, 매실, 무, 갓 등 각종 야채를 소금 절임
식초절임	락교, 생강, 순무, 오이 등을 원료로 초 절임
소금쌀겨절임	단무지
간장절임	양파, 무, 오이 등을 원료로 간장소스 절임
주박절임	무 등을 주박(술지게미)에 절임
기타	된장 절임, 겨자 절임 등

2) 단무지

단무지(takuan)는 일본식 채소절임인 쯔게모노 중 우리나라에서 대중적으로 알려진 것으로 무를 소금에 절인 후 쌀겨에 파묻어 발효시킨 것이다. 원료 무를 약 8% 식염 농도로 침지한다. 무거운 돌을 얹고 눌러 절임액이 위로 올라 오는 다음 날에 무거운 돌을 반으로 가볍게 하여 3~4일 후에는 1~2%의 식염액으로 중간절임을 한다. 다시 한번 절임액이 올라올 때 무거운 돌을 또 반으로 줄여 누른 다음 절임액이 올라올 정도인 10~15일 후에 본 절임을 한다. 본절임에는 겨등(식염, 쌀겨, 감미료 등의 혼합품)에 담가 행한다. 일찍 절임한 단무지는 수세한 무를 7~8% 식염농도로 1~5일 침지 후 1~2% 식염에 절이고 4~5일 후에 겨등 혹은 밀기울 등으로 본절임을 한다. 절임의 식염 농도는 일찍이 단무지 절임에는 15%였지만 최근에는 낮은 저식염 함량이 되고 있다. 식염만으로 절인 것을 재료로 한 것은 2~3%, 조미액에 절인 것으로 4~6%이다. 그 때문에 변패하기 쉬워 소르빈산 등의 합성보존료 및 알코올이 첨가된다. 또 플라스틱 필름에 소포장하여 80℃ 이하에서 10~20분간 가열살균 후 저온보존하는 방법도 있다.

3) 김치(Kimchi)

김치는 우리나라에서 채소의 절임류 중 가장 대표적이고 일반적인 발효식품으로 오랫동안 우리 식탁에 오른 세계 5대 건강식품으로 선정(Health Magazine, 2019.10)되었을 뿐만 아니라, 한류열풍으로 'K-김치'라는 용어가 생길 정도로 이제는 세계적인 식품으로 인정받고 있다. 특히 미국에서 김치의 날이 기념일로 제정된 것은 2021년 11월 22일 캘리포니아주에서 시작되어 미국의 일부 주와 영국의 특정 구에서 제정될 정도로 우리 김치는 세계적인 식품으로 그 인기는 대단하다 할 수 있다.

김치는 우리나라의 고유의 발효식품 중 하나로 2002년 국제식품규격위원회(Joint FAO/WHO Codex Alimentarius Commision)는 우리나라 김치를 세계 표준식품규격으로 승인하였다. 김치의 종주국은 대한민국이고, 우리나라에서 전라남도 광주은 김치의 종주도시로 '광주 세계 김치축제'(2024년, 제31회)가 매년 개최되고 있다.

김치는 주원료인 배추를 소금에 절임하여 고춧가루, 마늘, 파, 생강 등을 넣어 젖산발효 작용으로 젖산, 초산, CO_2 등의 생성에 의한 숙성작용을 이용하여 만든 발효제품이다.

김치의 종류는 배추김치류, 무김치류, 오이김치류, 기타 채소김치류, 해조김치류 등 주재료별로 분류할 수 있다.

여기서는 김채의 재료 및 효능, 김치 숙성 중 미생물의 변화과정, 숙성김치의 조건과 상품화김치의 문제점 등을 살펴보면 다음과 같다.

① 김치의 재료 및 효능

김치 제조의 재료는 배추, 무, 소금, 마늘, 파, 고추, 젓갈류, 해산물 등이 있다. 김치의 주재료인 배추와 무에는 섬유소가 많이 함유되어 있고, 소금이 2 ~ 2.5% 정도 함유되어 있다. 또한 마늘에는 알리신(allicin)이라는 생리활성 물질이 있으며, 파에는 비타민 C가 풍부하고 우리나라 김치는 고춧가루를 사용한 대부분 빨간 김치의 형태로 가장 많이 소비되고 있다. 고추에는 비타민 C, 베타카로틴(β-carotene), 캡사이신(capsacin)이 함유되어 있다. 풍부한 맛의 김치에는 젓갈류(젓갈, 액젓)와 굴과 같은 해산물 등이 첨가되고 있다. 또한 상품화 김치에는 유산균배양액, 배퓨레, 결정과당 등이 첨가되기도 한다.

김치의 효능으로는 김치의 발효작용으로 생성된 젓산균의 작용으로 정장작용을 갖고 있으며, 잘 숙성된 김치에 함유된 신맛성분의 원인인 젓산 등의 유기산으로 소화작용이 촉진된다. 김치의 주원료인 채소류에는 식이섬유가 풍부하고, 마늘에 함유된 유황화합물인 알리인(alliin)은 마늘을 썰거나 다지게 되면, 알리인분해효소(allinase)의 작용으로 마늘 특유의 강한 맛과 냄새 성분인 알리신(allicin)을 생성한다. 알리신(allicin)은 티아민(thiamine)이라고 불리는 비타민 B_1과 결합하여 알리티아민(allithiamine) 형태로 체내에서 비타민 B_1의 흡수율을 높이는 효과를 나타낸다. 그 외 알리신(allicin)의 생리활성으로는 항균 및 항암 효과 등이 보고된 바 있다. 이와같이 김치의 재료로 사용되는 마늘에는 알리신이 함유되어 있어 우리몸에 유익하며, 젓갈에는 아미노산이 풍부하여 맛뿐만 아니라 영양적으로도 좋은 이점을 갖고 있다.

② 김치숙성 중 미생물의 변화과정

김치숙성 중 미생물의 변화과정을 살펴보면, 김치를 담근 후 초기에는 *Flavobacterium, Achromobacter, Pseudomonase*와 같은 호기성균이 발육한다.

숙성이 진행됨에 따라 발효초기에 *Leuonostoc mesenteroides*인 이상젖산발효균이 나타나서 발육하여 발효적숙기에는 이균이 많이 생성되며, 젖산(lactic acid)과 초산(acetic acid) 등의 유기산과 이산화탄소(CO_2) 등이 생성되어 잘익은 김치의 맛과 냄새에 좋은 효과를 준다. 또한 혐기적인 상태를 조성한다.

이러한 혐기적인 상태에서 *Lactobacillus plantarium*과 같은 정상젖산발효균이 발육하여 이상젖산발효균의 발효와는 다르게 주로 젖산을 생성한다. 이균은 발효 말기까지 잘 번식하는 내산성균으로 완전히 시어진 김치에 가장 많이 존재하는 균이며, 김치의 산패에 관여한다.

발효가 계속적으로 진행되어 김치의 숙성 말기에는 산막효모가 번식하여 김치의 조직이 연해지는 연부현상(softening)이 일어나고, 젖산을 소모하여 산도가 낮아짐에 따라 부패균 등과 같은 잡균이 번식하여 김치에서 이상한 냄새(off-flavor)가 나서 먹을 수 없는 상태에 이른다.

③ 숙성김치의 조건

잘 익은 숙성김치의 조건은 pH 4.2 부근이고 산도는 0.5 ~ 0.6%이다. 김치의 특유의 잘익은 맛과 냄새는 김치재료의 성분들이 효소 및 미생물의 작용으로 생성된 저분자물질들이다. 이는 잘익은 김치의 독특한 신맛, 감칠맛 및 특유의 냄새에 관여한다. 이는 김치의 발효과정에서 이상젖산발효균과 정상젖산발효균이 발육, 증식하여 유기산류와 풍미성분이 생성되기 때문이다.

④ 상품화 포장김치의 문제점

상품화된 포장김치는 살균처리를 하지 않아 유통과정에서 발효가 계속적으로 진행된다. 따라서 김치포장과 관련된 주요 문제점은 발효숙성 초기에 발생하는 이산화탄소(CO_2)로 인하여 김치의 포장용기가 팽창하여 제품이 파손되기도 하고 상업적인 제품의 품질가치를 저하시키는 요인이 된다. 이러한 상업적인 포장김치의 포장을 팽창시키는 원인물질은 이산화탄소(CO_2)이고, 그 원인이 되는 미생물은 *Leuonostoc mesenteroides*인 이상젖산발효균이다. 이균은 발효 중 젖산(lactic acid) 외 초산(acetic acid) 등의 유기산과 이산화탄소(CO_2) 등을 생성하기 때문이다.

따라서 상업적인 포장김치의 문제 해결방안으로 가스흡수제를 삽입하여 포장한다. 그러나 가스흡수제가 포장 김치의 즙액(국물)에 잔존하는 이산화탄소

(CO_2)도 일부 흡수하여 맛있는 김치 특유의 상쾌한 맛에 관여하는 탄산미를 저하시켜 관능적인 품질저하 현상이 발생하기도 한다. 그러나, 품질저하 수준은 미미한 수준이라 할 수 있다. 아직까지 완벽하게 해결가능한 포장재질이 없어 향후 김치포장재 관련 연구가 더 필요한 부분이라 할 수 있다.

(2) 토마토 가공

1) 토마토 가공품의 종류

토마토의 가공에는 토마토주스, 토마토케첩(tomato ketchup), 토마토 솔리드팩(tomato solid pack), 토마토퓨레(tomato puree), 토마토페이스트(tomato paste) 등이 있다.

토마토주스는 토마토를 파쇄하고 압착하여 껍질과 종자를 제거한 것이다. 농축토마토는 착즙토마토를 농축한 것으로 고형분이 많은 것을 토마토퓨레(고형분이 8~24%미만), 더 농축한 것을 토마토 페이스트(tomato paste, 고형분 24%이상)라고 한다. 토마토 케찹은 농축토마토에 식염, 향신료, 식초, 당류 등의 조미료, 그것에 양파 또는 마늘을 넣어 조리한 것이다.

① 토마토 솔리드 팩

완숙한 토마토의 껍질을 벗겨 꼭지부분을 제거하고 그대로 또는 소량의 토마토퓨레와 함께 통조림한 것이다.

② 토마토주스

토마토의 씨앗과 과피를 제거한 과육을 곱게 갈아서 소금으로 조미한 과즙으로 비타민과 무기성분이 많은 영양식품이다.

③ 토마토퓨레

토마토를 파쇄하고 체로 바쳐서 만든 펄프를 조미하지 않고 농축시킨 것으로 토마토 소스라고도 한다. 미국에서는 농축 정도에 따라 다음과 같이 나누고 있다.

ⓐ Light tomato puree : 전체 고형물을 6.3% 이상으로 만든 것

ⓑ Medium tomato puree : 전체 고형물을 8.37% 이상으로 한 것

ⓒ Heavy tomato puree : 전체 고형물을 12.0% 이상으로 한 것

이 중 ⓑ, ⓒ은 케첩용과 조리용에 많이 쓰인다.

④ 토마토페이스트

토마토퓨레를 더 농축해서 전체 고형물을 25% 이상으로 한 것이다.

⑤ 토마토케첩

토마토의 과육을 즙액과 함께 농축한 것으로 독특한 풍미가 있어 조미료로서 용도가 많다. 토마토는 비타민 A, B, C를 많이 가지고 있는 것이 특색이다.

토마토의 붉은색은 리코펜(lycopene), 노란색은 카로틴(carotene), 잔토필(xanthophyll), 플라본(flavone)계 색소가 주성분이다. 토마토를 30℃ 정도에서 숙성시키면 노란색이 되고 20℃ 부근에서 토마토의 색이 붉은색으로 잘 발현된다. 가공용 토마토의 붉은색 주체성분인 리코펜(lycopene) 색소의 생성은 20℃ 부근이므로, 가공용 원료 토마토의 숙성온도로 적합하다. 30℃ 이상의 숙성온도에서는 리코펜(lycopene)이 잘 만들어지지 않고 카로틴(carotene), 잔토필(xanthophyll), 플라본(flavone)계 색소가 생성되어 노란색을 띠게 된다.

토마토케첩은 토마토퓨레에 설탕, 소금, 식초, 향신료, 조미료 등을 첨가하여 농축 제조한 것으로 고형분 함량은 25%이상 함유되어 있고 비중은 1.12 ~ 1.13이다.

퓌레는 완숙한 토마토의 빨간색 부분만을 철제 아닌 알루미늄 냄비 등에 넣고 삶거나 수증기로 익혀서 마쇄하여 체로 바쳐서 만든다. 익혀서 농축하는 정도는 대체로 워료 3.75 ㎏에서 1.5 ℓ가 만들어지는 정도로 한다. 이 처리는 되도록 낮은 온도에서 빨리 끝마치도록 하고 철분과의 접촉을 피해야 하는데, 이는 토마토 색소인 리코펜이 가열에 의해 변화되며 철과 접촉하여 갈색으로 변하기 때문이다. 그래서 생것을 그대로 처리하는 일도 있으나 수량이 떨어진다. 이렇게 만든 퓌레에 조미료와 향신료를 넣고 물로 우려낸 용액을 쓰고 있다.

표 4-18 토마토케첩의 배합 예

A			B		
토마토퓨레			토마토퓨레(S.G. 1.022)		
백설탕			양파		
양파			설탕		
소금			소금		
빙초산			식초(5% 식초산)		
향신료			향신료		
향신료	a	b	향신료	a	b
고추	19 g	19 g	육계	18	–
후추	15	15	정향	6	6
계피	28	28	올스파이스	–	3
로럴	14	14	메이스	–	6
셀러리 시드	6	6			

표 4-19 토마토의 일반성분

	수 분	조단백질	조지방	가용성 무질소물	조섬유	회분
1	95.60	0.80	0.40	1.50	0.80	0.62
2	94.30	0.90	0.40	3.90	0.60	0.50
3	92.37	1.25	0.33	1.54	8.84	0.63

2) 토마토 가공품의 제조방법

토마토 가공품의 제조방법은 (그림4-9)에 나타냈다.

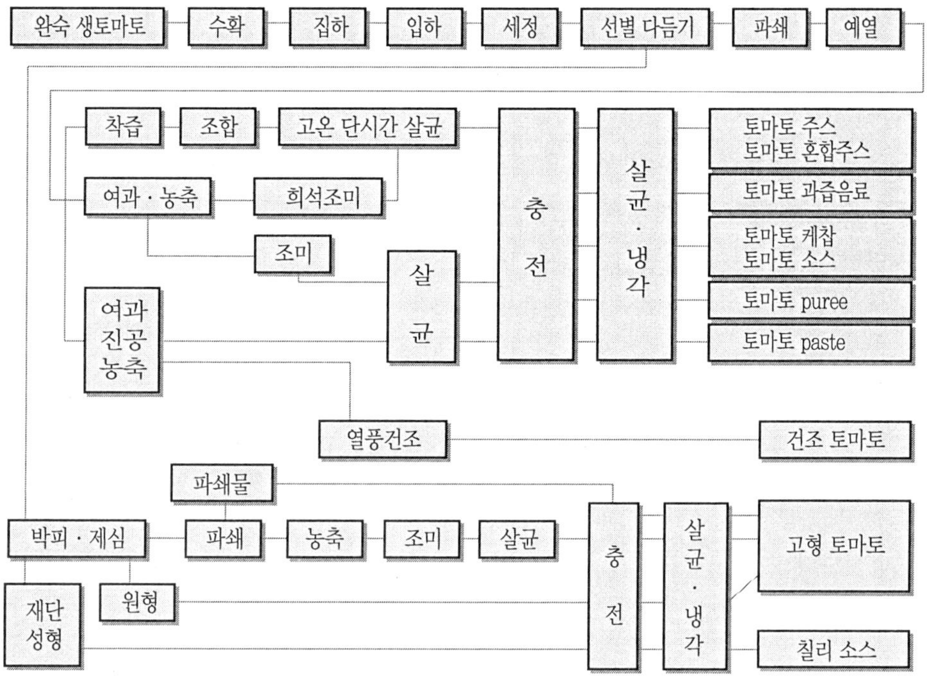

그림 4-9 토마토 가공품 제조공정

파쇄, 예열 : puree 등의 농축품은 당도가 높은 쪽이 좋다. 이를 위해 hot pulping(break)법이라고 말하는 80~90℃로 가열하여 pectin분해효소를 실활시킨다. 반대로 juice에서는 파쇄후 효소를 실활시키지 않고 효소작용으로 조직이 부드럽게 하여 착즙율을 높이는 정도로 예열하는 cold break(pulping)법이라고 하는 방법이 행하여진다. 착즙, 농축이 완료된 tomato는 살균한다. 원료 토마토에 내열성의 토양세균이 부착하기 쉽기 때문에 일반 과즙보다 높은 온도 121℃에서 40초 동안 고온 단시간 살균을 행한다.

(3) 버섯 가공

버섯가공품에는 버섯분말, 표고버섯의 건조, 양송이버섯 통조림 및 팽이버섯 병조림 등이 있다.

1) 건표고버섯

표고는 송이버섯, 능이버섯과 함께 주요 식용버섯 중 하나로, 맛이 좋아 식탁에 많이 오르고 있다. 특히 에르고스테린(ergosterin)과 렌티난(lentinan)을 함유하고 있어, 표고버섯은 주목받고 있는 버섯류 중 하나이다. 에르고스테린(ergosterin)은 자외선 조사에 의해 비타민 D로 변하는 프로비타민D(provitamin D)이고, 렌티난(lentinan)은 항종양작용 물질로 알려져 있다.

원료 표고버섯은 갓과 줄기 부분을 분리한 후 자연건조하고 건조기에서 건조를 추가적으로 한다. 이는 자연건조로 건조가 균일하게 잘 되지 않을 경우 벌레가 생기는 경우가 있어, 건조기에서 건조를 마무리하게 된다. 건표고버섯은 생표고버섯보다 수분이 제거되어 섬유질함량이 상대적으로 높아져서 조직감과 씹히는 맛이 좋아진다.

2) 양송이버섯

양송이버섯의 형상에 따라 whole, button, slice, piece과 stem이 있다. 원료로 수세후 증자, 선별 후 관에 넣고 2~3.5% 식염수와 0.1% 아스코르빈산 용액을 주입, 70~75℃로 가열 · 권체한 후 살균 · 냉각한다.

3) 팽이버섯 병조림 제품

뿌리부분을 제거, 세정, 선별, 증자한 후 병에 충진 밀봉하여 90~ 95℃로 25분 정도 살균한다.

(4) 건조 채소

건물로 불리우는 건조 채소는 박고지 및 무말랭이가 대표적인 것으로 독특한 풍미와 식감을 부여하고 우리나라 조리제품의 소재로서 의의가 크다. 이들의 건조 채소는 풍미를 생기게 하기 위하여 천일건조시킨다. 한편 인공 건조된 채소는 주로 즉석면, 즉석 된장국, 즉석 수프 등의 가공식품소재로서 이용된다. 채소를 건조하기 전에는 효소를 실활시키고 변색을 방지하기 위하여 데치기(blanching)처리를 행한다. 건조채소 중 엽채류 건조는 거의 없다.

1) 무말랭이

무를 썰어서 자연건조시키는데 되도록 빨리 말리지 않으면 제품이 갈색화한다. 건조 정도는 수분이 10~12%로 약간 탄력이 있게 하는 것이 좋다.

2) 절간고구마

생고구마를 말리는 경우와 익힌 고구마를 건조시키는 경우가 있다. 생절간고구마는 알코올 원료, 물엿, 녹말의 원료 등에 쓰인다.

건조할 때 시간이 길게 되면 제품이 착색되며 익힌 고구마의 경우에는 흑갈색으로 된다. 이것을 방지하기 위해서는 고구마를 압착해서 효소나 당류 등을 갖는 즙액을 제거하고 건조하거나 2%의 구연산용액에 3~5분간 담근 후 건조시킨다.

탈색을 하기 위해 SO_2가스를 사용하면 고구마의 비타민 A가 파괴된다. 고구마의 착색은 산화효소 뿐 아니라 압력솥에서 고온처리한 후에도 착색하는 것으로 보아 자기산화의 일종이라고도 볼 수 있다.

3) 건조시금치

뿌리를 자르고 2~3분간 뜨거운 물로 처리한 후 냉수에 바로 식혀서 건져내고 건조 상자에 넣어 건조시킨다. 열풍건조에서 75℃ 이하로 3~4시간 처리하여 12~13%의 수분을 갖게 하는데, 10% 이하의 수분함량이면 시금치가 갈라지기 쉬워진다. 분말로 하려면 수분을 5% 정도로 한다. 열탕처리를 끓는 2%의 NaCl 용액에서 하게 되면 비타민 C의 파괴가 적고 제품의 색깔과 향미와 수율이 좋아진다.

건조채소를 제조할 때 미리 가열처리를 해서 효소를 불활성으로 하는 동시에 조직 중의 공기를 빼고 건조하는데, 그 처리방법에는 다음의 두가지가 있다.

① 스캘딩(scalding) : 열탕 중에서 단시간 처리하는 것.

② 증기 블랜칭(steam blanching) : 증기 중에서 단시간 처리하는 것.

Revised Edition Agricultural Food Processing

개정판 농산식품가공학

제5장

전분제조 및 전분가공

Agricultural Food Processing

5-1. 전분제조

5-1-1. 전분제조 원료

(1) 서류

서류는 단일과에 속하는 식물로서 분류하지 않고 식용작물로서 분류하여 근채류로서 다루고 있다. 즉 지하경 및 근의 일부가 비대해져 괴경(감자, 돼지감자, 곤약, 토란) 또는 괴근(고구마, 참마, 카사바)을 만들고 이 부분에 다량의 탄수화물을 저장하는 작물을 총칭하고 있다. 세계적으로 감자와 고구마가 가장 많이 생산되고 있지만 고구마는 감자의 약 1/3밖에 생산되고 있지 않다.

특징적으로 서류는 비교적 생산이 용이하고 단위 면적당 에너지 생산력이 곡류보다 높다. 서류의 수분은 60%~80% 정도이고 곡류 및 두류에 비해서 저장성이 낮다. 서류의 특징적인 성분은 전분이 약 20%로 주성분을 이루고 그 외 다당류인 글루코만난(glucomannan), 이눌린(inulin) 등을 주성분으로 한다. 서류는 비타민 C 및 무기질이 많다.

최근 서류는 식이섬유로서 가치가 인정되고 있다. 서류 1회 섭취량에 식이섬유로서 고구마는 2.32 g, 토란 1.76 g, 참마 1.14 g, 감자 1.08 g, 곤약 0.8 g으로 고구마가 가장 많다.

1) 고구마(Sweet potato)

남미, 페루 해안으로부터 기원전 1만년의 탄화된 고구마가 출토되었다. 고구마는 근채농경 문화의 중앙인 안데스에서 작물로 발달되었고 기원전 1,000년 경에는 폴리네시아 섬으로 전해졌다.

품종 및 이용에서 청과용은 피부가 적자색이고 육질은 황색이며 방추형이다. 전분가는 높고 찌거나 굽거나, 튀겨서 이용된다.

원료용으로는 전분 및 알코올을 제조하는 것이 목적으로 전분가가 높은 것이 좋다. 가공용은 카로틴(carotene)함량이 많기 때문에 스낵 과자로서 이용되고 있다. 사료용은 중국에서 가축사료로 이용되며 경엽 부분은 돼지의 사료로 이용된다. 채소용은 고구마의 잎과 줄기를 중국, 동남아시아에서 일상 채소로서 이용하고 있다.

주성분은 당질로 17~24%의 전분을 함유하고 있다. 전분 중 아밀로스(amylose)와 아밀로펙틴(amylopectin)의 비는 품종에 따라 다르며 아밀로펙틴(amylopectin)이 많은 만큼 증자시키면 점성이 강하게 된다. 그외 덱스트린(dextrin), 설탕, 포도당(glucose)를 함유하고 있다. 식이섬유는 물에 불용성인 것과 수용성인 것 두 가지를 다 가지고 있으며 전분 함량과 식이섬유는 정의 상관관계로 나타났다. 또 강력한 β-amylase가 함유되어 증자 또는 저장에 따라 감미가 증가하는 것은 맥아당(maltose)가 생성되었기 때문이다.

고구마의 괴근을 절단하면 백색의 유액이 흘러나오고 이것은 얄라핀(jalapin)이라는 일종의 수지 배당체이다.

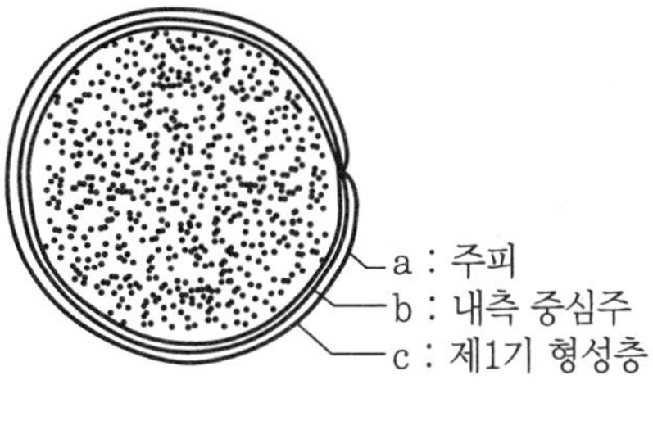

그림 5-1 고구마 괴근 횡단면

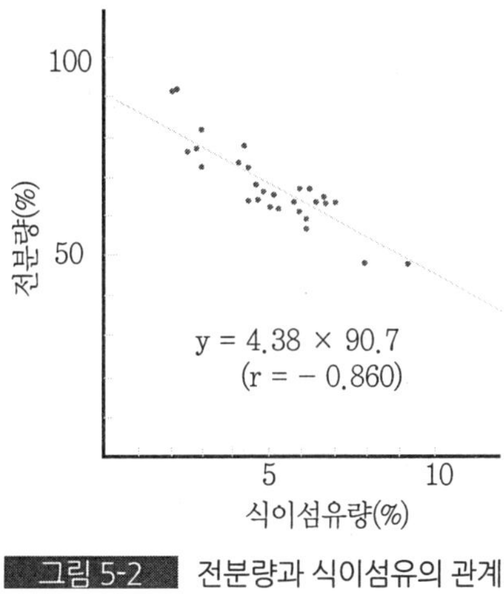

그림 5-2 전분량과 식이섬유의 관계

2) 감자(Potato)

남 안데스 산맥이 원산이며 페루, 칠레의 고원지대에서 오래전부터 재배되어 왔지만 16세기말에 스페인 사람 Pisaro에 의하여 아일랜드에 전해져 세계로 널리 퍼졌다. 품종 및 성상으로 감자는 일년생 초본이며 품종은 2,000종 이상이지만 우리나라는 10종 정도가 재배되고 있다. 감자 가식부의 내부구조를 그림 5-3에 나타냈다.

감자 표면은 여러 개의 눈이 들어가 있고 발아한다. 최외부의 주피는 백색, 담홍색, 담자색을 나타내고 그 내측에 피층이 있어 내외 이층의 수를 가지고 있다. 피층과 수는 유관속환으로 나누어져 있다. 수는 전분을 다량 함유하고 일반으로 전분량이 높은 품종은 분질이 된다. 분질의 감자는 증자시키면 잘 익지만 점질 감자는 증자해도 잘 익지 않는다.

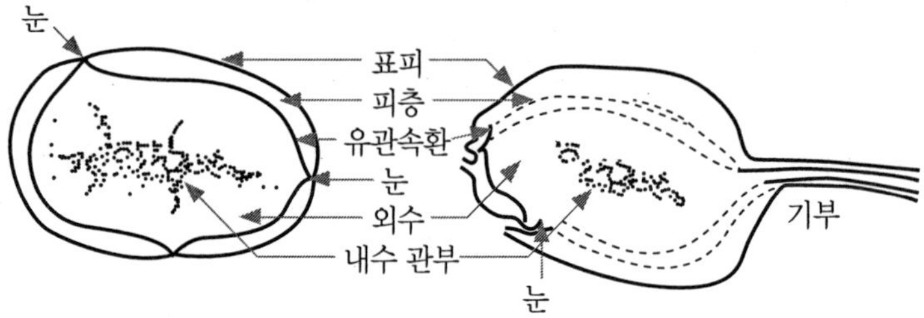

그림 5-3 감자 괴경의 단면

주성분은 당질로 12~22%가 전분이다. 단백질은 약 2%이다. 또 비타민 C가 10~18 ㎎/100g이며 감자를 박피하거나 절단하면 착색이 일어난다. 이것은 polyphenol 성분인 타이로신(tyrosine)이 티로시나이제(tyrosinase)에 의하여 산화되어 갈색의 멜라닌(melanine)으로 변화하기 때문이다. 괴경의 녹색부에 0.03~0.05%, 푸른 싹에는 0.5%의 유독한 배당체의 하나인 솔라닌(solanine)의 특수성분이 함유되어 있다.

주된 이용은 전분원료용이 37%로 가장 많고 물엿, 포도당, 수산연제품, 가공전분에 이용되고 다음으로 시장판매용, 가공용이다. 최근 potato chip 및 french potato, 박피한 괴경에 열을 통하여 탈수시켜 만든 박편상의 flake, 과립상(granule) 및 분상(flour) 등의 제품이 급속도로 신장되고 있다.

3) 그 외 서류

① 토란(Taro)

인도 및 중국남부지방이 원산이다. 고온다습한 열대, 아열대에 널리 재배되고 파푸가뉴기니아에서는 상식하고 있다.

주성분은 전분이고 이 전분은 micell구조가 약하여 가열에 따라 용이하게 호화되어 소화, 흡수가 좋다. 토란의 떫은맛 성분은 homogentisic acid이며, 점성은 소량의 galactan에 의한다.

② 참마(Yam)

열대지역 원산의 다년생 초본으로 중남미, 서인도제도, 적도 아프리카에 많고 특히 탄자니아에는 yam belt라 불리는 산지가 분포하여 세계 생산량의 2/3을 생산한다. 온대에서는 한국, 중국, 일본에 많다. 가식부는 괴근으로 전분을 주성분으로 하며 amylase가 많기 때문에 생식하여도 전분이 잘 소화된다. 점질물은 mucin이며 globulin상의 단백질에 mannan이 약하게 결합한 것이다.

③ 곤약

인도 지나반도 원산의 다년생 초본이다. 지나종은 질이 좋아 통상 3~4년 수확한다. 식용 곤약은 보통 정분에 물을 가하여 팽윤, 호화시키고 이것에 알카리(alkali)를 가하면 gel화 하여 응고시킨 것이다. 주성분은 글루코만난(glucomannan, glucose 잔기:mannose 잔기=1:1)으로 난소화성 다당류이다.

④ 돼지감자

캐나다 동부 또는 아메리카 북동부가 원산으로 초장 2~3 m에 달하는 다년생 초본이다. 가축의 사료용으로 보급되었고 주성분은 이눌린(inulin)이며 난소화성 다당류이다. Aspergillus속의 국균에 존재하는 inulase가 과당(fructose)로 분해한다.

⑤ 카사바(Cassava)

브라질 원산의 초장 2~3 m의 다년생 초본이다. 1주에 약 5~10개가 달리고 종류는 고미종, 감미종으로 나눈다. 고미종은 대형으로 전분 함량이 많고 전분 제조원료로 이용된다. 이 전분을 타피오카(tapioca)라고 하며 고미종에는 청산배당체 linamarin이 함유되어 있다. 청산함량은 ‘50~370 ㎎/개당'이다. 감미종은 삶거나 구워서 먹는다. 우리나라는 주정용 전분원료로 외국에서 수입한다. 타피오카 녹말은 남미원산의 식물인 카사바(cassava)의 뿌리줄기에서 제조한 녹말이다. 별명이 타피오카(tapioca)이기 때문에 tapioca flour 또는 manioca starch라고도 한다. 카사바의 주산지는 인도네시아, 브라질, 마다가스카르, 필리핀, 말레이시아, 태국, 아프리카 등지인데 우리나라에는 주정원료로서 자주 수입되고 있다. 현재 재배되고 있는 카사바에는 두 품종이 있는데, 고미종인 Manihot utilissima와 감미종인 Manihot palmtata이다. 고미종의 성질은 생활력이 강하고 뿌리줄기도 굵어 녹말 함량이 많아 녹말원료로 이용되다. 감미종은 섬세하며 뿌리줄기도 잘고 쓴맛이 없어 식용으로 재배되고 있다. 이 두 가지는 모두 시안화수소(HCN)을 가지고 있기 때문에 독성이 강하다. 시안화수소(HCN)함량은 품종과 생육조건에 따라 다른데 고미종이 더 많아 0.01~0.03% 가량으로 껍질에 특히 많다. 이 HCN은 식물체 중에서 주로 파세오루나틴(phaseolunatin)이라는 글루코시드(glucoside)형으로 존재한다. 식물조직에 손상을 받으면 효소에 의해 곧 유리하는데, 이것은 물에 담그거나 압착, 가열, 건조 등의 작업으로 쉽게 제거된다. 카사바는 수분이 70.25%, 녹말 21.45%, 당류 5.13%, 단백질 1.12%, 지방 0.41%, 섬유 1.11%, 회분 0.54%로 구성되어 있다. 타피오카(tapioca) 녹말의 제조공정은 고구마 전분이나 감자전분 채취와 유사하다. 즉 원료 → 수세 → 절단 → 마쇄 → 추출 → 사별 → 분리 → 탈수 → 건조의 공정을 거친다.

(2) 곡류

전분제조 원료로서 중요한 것은 곡류이다. 서류에 비하여 수분함량이 적어 저장성도 좋고 세계적으로 생산량이 많기 때문에 가격안정성이 높다. 종류로는 쌀, 밀, 옥수수 등을 들 수 있으며 이는 제 2장 곡류가공에서 자세히 다루었으므로 여기서는 더 이상 설명을 하지 않는다.

5-1-2. 서류의 가공

(1) 곤 약

곤약의 주성분은 만난(manan)으로 다당류의 일종이며 물을 함유하여 현저히 팽윤하고 알카리를 가하면 다량의 물을 포함한 대로 응고하여 불용성이 된 것을 이용한다. 곤약을 세정하고 얇게 자른 후 건조하여(황분), 잘 분쇄시켜 곤약가루(정분)로 한다. 곤약은 정분 또는 생서류을 갈아서 으깬 것에 다량의 물을 첨가하여 팽윤시킨다. 그리고 석회(수산화칼슘)을 가하여 가열하여 냉수 중에 담가 틀에 성형하여 응고시키고 이것을 절단하여 만든다. 아주 작은 곤약은 가열, 냉각한 후 알카리열수 중에 가느다란 상태로 눌러서 응고시켜 만든다.

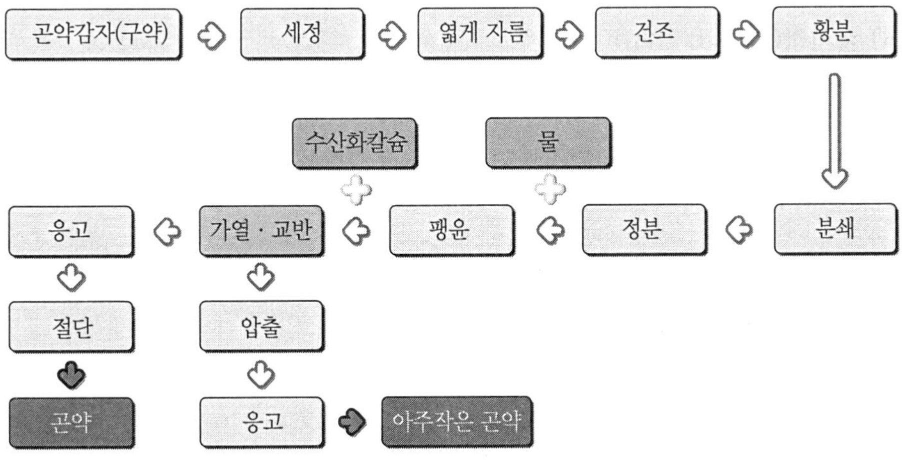

그림 5-4 곤약의 제조법

(2) 건조서류

고구마를 저장하여 놓고 전분이 일부 당으로 되어 있는 것을 사용한다. 서류를 찌고 껍질을 벗기고 얇게 세절하여 건조하면 육질이 부드럽고 조청색이 된다. 더 냉암소에 10일 정도 방치하여 놓으면 표면에 흰 가루가 생겨 제품이 된다.

그림 5-5 건조서류의 제조법

(3) 매시포테이토(Mashed potato)

감자를 세정, 선별, 정형 후 얇게 자른다. 예비가열을 하여 일부 전분을 호화시키고 냉각한다. 그 후 증자하고 가는 체질하고 건조시켜 제품으로 한다. 형상은 입상의 것과 flake상의 것이 있다. 건조품에 뜨거운 물을 가하여 이기면 가는 체질한 단계와 같은 상태로 복원한다.

(4) 감자칩(Potato chip)

감자의 껍질을 벗기고 얇게 윤절시켜 기름에 튀겨 제조한다. 또 매시포테이토(mashed potato)를 성형시켜 기름에 튀긴 것도 있다.

5-1-3. 전분 제조법

전분은 가열하면 풀이 되는 즉 호화라는 성질을 가지고 있다. 하지만 이 성질은 원료 전분립의 모양, 크기에 따라 영향을 받는다.

1) 감자전분 제조

전분 제조법은 원료에 따라 다르지만 어느 것이나 원료에 물과 함께 마쇄시켜 정치면 침전하는 성질을 이용한다. 감자전분의 제조법은 (그림 5-6)과 같으며, 많이 이용되는 전분의 원료, 특징과 용도는 (표 5-1)과 같다.

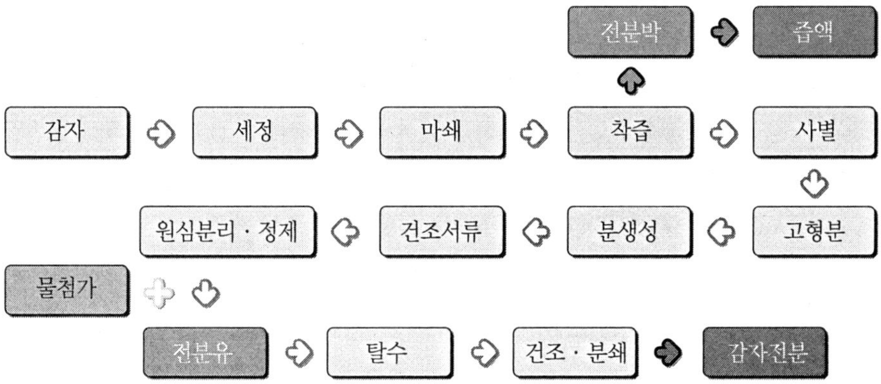

그림 5-6 감자전분의 제조법

표 5-1 전분의 종류와 특성

종 류	원 료	특 징	용 도
옥수수 전분	옥수수	흡습성 적음. 회분함량 적음. 입경이 고르다(20~30 ㎛). 흰색풀의 점도가 높다.	물엿, 포도당, 이성화당, 화공전분제조, 식용, 섬유, 제지용
찰옥수수 전분	찰옥수수	흡수력 큼. 팽화력 큼. 노화성 적음. 보호콜로이드로서 우수. 풀의 내열성, 내산성이 약함.	쌀과자용, 소스, 스프, 베이커리용 크림, 통조림 등의 유화제, 접착제
감자전분	감자	전분 입경이 크다(2~100 ㎛). 호화 탁도가 낮다.	수 · 축산 연제품용, 의약용, 화공전분제조.
고구마전분	고구마	풀의 점성, 내열성이 높다.	물엿, 포도당제조
소맥전분	소맥	전분 알갱이의 입경이 큰 것과 작은 것으로 나뉨(작은 입자의 풀은 냉각시 점도가 낮다. 겔화력도 약하다).	연제품(탄성개선), 쌀과자용. 소스, 베이킹 파우더, 비스켓용, 섬유, 제지용.
쌀전분	쌀	호화온도가 높다. 전분입자가 작고 각형 (2~8 ㎛)	가열하지 않고 그대로 이용 가능. 초콜릿, 사탕의 식감개선. 사진의 광택을 없앰. 날염품.
타피오카 전분	캇사바	보수력, 팽윤력 강함. 용해성 높음. 호화액의 투명성이 높음.	센베이용, 가공선분제조, 섬유용, 접착용.

2) 옥수수전분 제조

① 원료

옥수수는 마치종(dent), 경질(flint), 단옥수수(sweet corn), pop 옥수수, 연질(soft) 등이 있으나 마치종이 널리 쓰인다. 마치종의 색깔은 노란색이다. 옥수수의 구조와 성질 및 특성에 대하여는 곡류에서 설명하였다.

옥수수는 일반 옥수수(아밀로오스 함량 약 27%), 찰옥수수, 고아밀로오스 옥수수(아밀로오스 함량 60%) 이상)가 있어 용도에 따라 다양한 전분을 얻을 수 있으며, 가격도 다른 곡류보다 비교적 안정하므로 전분원료로서 가장 적당한 곡류이다.

② 제조법

옥수수 전분은 습식도정법에 따라 제조한다. 앞에서 설명한 것과 같이 습식도정의 목적은 곡류의 각 화학적 구성성분을 분리하는 데 있다. 옥수수 100에서 얻을 수 있는 각 구성성분의 비율을 보면 전분이 63%이고 유지가 4%이며 수분이 15%, 그리고 나머지 사료로서 글루텐과 기타가 18% 정도 된다. 옥수수전분의 조 공정은 원료 → 정선 → 침지 → 조분쇄 → 배아분리 → 파쇄 → 사별 → 원심분리 → 세척 → 여과 → 건조 → 전분 순으로 되어 있다.

ⓐ 원료의 정선

원료의 정선은 앞에서 설명한 것과 유사하다. 정선된 원료는 물로 씻고 침지공정으로 보낸다.

ⓑ 침지

침지 공정(steeping)은 옥수수 전분 제조에서 가장 중요한 공정으로서 옥수수를 조절된 온도, 시간, 아황산(SO_2)농도 조건하에서 물에 침지하는 공정이다. 물은 tip cap을 통하여 배아, 배유 등으로 확산되어 입자를 연하게 하여 성분 분리를 용이하게 한다.

옥수수를 용량 50~330톤의 침지 탱크에 넣고 침지수로 채운 다음 52℃로 가열하고 22~50시간 침지시킨다. 일반적으로 침지는 여러 개의 탱크를 사용하여 향류식(countercurrent system)으로 행한다. 침지수의 아황산 농도는 0.12~0.20%이다. 아황산은 물의 확산속도를 촉진시킴과 동시에 단백질과 전분의 matrix를 파괴시켜 전분의 수율과 품질을 높이는 역할을 한다. 침지 중 젖산균의 생육에 의하여 젖산이 생성되는 데 젖산과 젖산균이 분비하는 protease에 의하여 단백질의 분해가 더욱 촉진된다. 따라서 침지에서는 아황산 농도를 조절하여 젖산발효가 잘 일어나도록 하여야 한다.

침지 후 옥수수의 수분 함량은 45% 정도이다. 침지수는 옥수수로부터 용출된 가용성 성분을 가지고 있으므로 진공농축(고형분 40~50%)하여 외피와 혼합, 건조하여 gluten feed로 판매하거나, 직접 corn steep liquor로 판매한다.

ⓒ 파쇄 및 배아분리

침지가 끝난 옥수수는 물로 옮겨 배아분리기(degerminator)로 파쇄하고 배아를 제거하게 된다. 배아분리기는 한 쪽은 정지되어 있고 다른 한 쪽이 회전하는 원반으로 되어 있다. 옥수수는 중심부로 투입한다. 이 때 주의할 점은 옥수수 입자는 가능한 한 모두 파쇄되어야 하며, 배아는 완전한 상태로 분리되어야 한다는 것이다.

파쇄물은 물로 희석하고 hydroclone으로 옮겨 비중 차이에 의하여 배아가 분리된다. 분리된 배아는 wedge-wire망으로 씻은 다음 screw press로 탈수, 건조한다.

ⓓ 마쇄 및 사별

배아를 분리한 파쇄물은 전분, 글루텐, 섬유(주로 과피)의 혼합물이다. 파쇄물은 다시 wedge-wire망(50 ㎛)에 넣어 씻어 섬유를 분리한다. 이 때 전체 전분의 30~40% 정도가 같이 분리된다.

섬유가 제거된 파쇄물은 충격분쇄기로 마쇄한다. 이 분쇄기는 고속으로 회전하는 pin에 의하여 전분이 유리되며 섬유의 손상은 최소로 유지된다. 마쇄에는 또한 attrition mill이 쓰이기도 한다. 이 장치는 1,500~1,800 rpm으로 역회전하는 원반으로 되어 있다.

이 공정에서 섬유와 결합되어 있던 전분(35%)은 5~15% 정도로 감소된다. 마쇄물은 다시 여러 단계의 wedge-wire망(50~70 ㎛)에 넣어 씻어 전분과 섬유를 분리한다. 섬유는 농축, 건조하여 최종 농도가 42~48% 정도로 한 다음 농축 침지수와 섞고 건조하여 gluten feed로 판매된다.

ⓔ 전분의 분리 및 정제

배아와 섬유를 제거한 액에는 글루텐, 수용성 물질과 전분이 들어 있다. 전분과 글루텐의 비중은 각각 1.6과 1.06이므로 이 차이를 이용하여 disk-nozzle형 원고 고형물 88% 정도로 건조하여 gluten meal(단백질 함량 68% 이상)로 만든다.

원심분리된 전분은 3~5% 정도의 단백질을 함유하고 있으므로 지름 10 ㎜의 hydroclone을 이용하여 물로 씻어 단백질을 제거한다. 수세된 전분의 단백질 함량은 보통 0.3~0.35%이다.

ⓕ 여과 및 건조

정제된 전분유는 nozzle형 원심 분리기 EH는 vacuum filter로 탈수하여 수분 35~45% 정도의 전분 케이크(starch cake)로 만든다. 이것을 플래시 건조기(flash dryer)로 220℃ 정도에서 수분 함량 13%까지 건조시킨다.

5-1-4. 변성전분(Modified starch)

실제 전분을 이용하는 데 있어서 목적에 따라 가장 적합한 전분을 선택하여 사용하게 된다. 그러나 사용목적에 있어서 전분성질이 충분하지 않을 경우에는 그 성질을 개량함으로써 용도에 알맞은 형태로 이용할 수가 있다.

전분이 식품에 첨가되면 그 점조성에 의해서 식품의 끈기, 굳기, 보형(body)성, 겔 특성, 유동성 등을 띠게 하는 수가 많은데, 이와 같은 전분의 특성을 이용하여 식품공업에 이용하는 분야는 다음과 같다.

① 소스, 수프 등에서 증점제 또는 점도안정제

② 샐러드 드레싱과 같은 오일 에멀젼(oil emulsion) 제품에서 콜로이드 안정제

③ 양과자 등에 있어서의 보수제

④ 아이스크림, 어육튀김제품 등에 있어서의 점결제(粘結劑)

⑤ 전분분말로서 찹쌀떡이나 사탕 등을 제조할 때 서로 달라붙는 성질을 방지하기 위해 더스팅 플라워(dusting flour)로서 사용

⑥ 햄, 소시지 제품에서 점결제 또는 보수제

⑦ 맥주, 소주 등의 발효원료

⑧ 츄잉검(chewing gum), 드롭스(drops) 등에서 겔 형성제

⑨ 크리밍(creaming)제 또는 팽화제

전분이 각각의 식품 중에서 하는 역할은 반드시 일치하지 않는다. 전분의 고분자 특성을 이용하는 경우, 전분의 기원에 따라서 그 성질이 특징적으로 나타나기 때문에 각각의 전분의 종류에 따라 이용해야 한다. 예를 들면 감자, 타피오카, 찰옥수수 등의 전분은 호화시켰을 때 전분풀이 투명하며 저온에 저장할 때도 내노화성이 비교적 높다. 옥수수전분은 저온 안전성이 좋지 않으나, 식염을 가해 주면 점도의 안정성이 비교적 높아지는 성질을 가지고 있다.

이와 같이 천연전분의 성질만을 이용해서 모든 용도에 맞는 전분을 찾아내기란 매우 어려우며, 천연전분의 물성을 개량함으로써 이용면에서 작업성을 개선할 수 있다. 따라서 응용적성의 향상을 목적으로 열, 알칼리, 산, 산화제, 효소 및 각종 반응기를 갖는 약품에 의해 전분의 성질을 개량한 것을 가공전분 또는 변성전분이라고 한다.

(1) 덱스트린(Dextrin)

덱스트린(dextrin)은 전분을 효소, 산 가수분해 또는 가열하여 얻을 수 있으며, 점도는 낮으나 안정성은 산처리 전분보다 높다. 시판되는 로스트 덱스트린(roast dextrin)의 성질은 다음과 같다.

① 호화액의 점성이 낮다.

② 호화액의 안정성이 분해도에 따라 매우 좋아진다.

③ 호화액의 침투성은 좋으나 피막은 약하다.

④ 접착력은 고농도에서 강하다.

⑤ 분해도가 큰 것은 냉수에 완전히 녹는다.

Roast soluble starch, white dextrin은 찬물에서 완전히 녹지 않으나, 뜨거운 물에서 쉽게 녹아 점성이 낮은 투명한 풀을 만든다. 섬유용 호료로 주로 이용되며 염료, 의약품 등의 희석제로도 쓰인다.

담황색과 황색 덱스트린은 찬물에 완전히 녹기 때문에 우표, 라벨용 종이, 석고, 회화용구 등의 접착제, 또는 의약, 염료, 효소 등의 희석제로 쓰인다.

British gum은 약품에 견디는 성질이 우수하여 나염제로 이용되었으나, 섬유공업의 제조방식 변천 등으로 CMC(carboxymethyl cellulose), 천연고무 유도체, 전분 유도체 등으로 대체되어 수요가 많이 감소되었다.

(2) 산화전분

산화전분(oxidized starch)은 표백전분(bleached starch)이라고도 한다. 산화전분의 제조에는 산화제로서 보통 차아염소산나트륨을 사용한다. 약 45%의 전분 현탁액을 만들어 NaOH로 pH를 8~10으로 조절하고, 6~8%의 산화제를 가하여 50℃ 이하에서 반응시킨다.

산화전분은 용해성과 안정성이 개선될 뿐만 아니라 전분백도가 향상되며, 전분 특유의 냄새가 없어진다. 주로 제지공업에 많이 이용되고, 식품산업에서는 스타치 젤리 제조에 이용된다.

(3) 에스테르 전분

에스테르 전분의 제조반응을 보면 다음과 같다. 즉, 에스테르화시키는 데는 pH 7.5 이상으로 조절한 전분 현탁액에 에스테르화제로서 무수아세트산, 무스말레익산(maleic acid) 등을 첨가하여 반응시키고 중화 · 수세 · 건조과정을 거쳐 제조한다.

아세테이트 전분은 용해도, 투명도, 냉동 · 해동에 대한 안정도가 높으며 파이, 샐러드 드레싱 등에 쓰인다. 인산전분은 점도가 높고, 노화에 대한 안정성이 높으며 투명도가 좋은 장점이 있어 주로 제지공업에 쓰인다.

(4) 에테르 전분

에테르 전분의 제조는 45% 전분 현탁액에 3.6% 정도의 식염을 첨가하여 전분의 팽윤을 억제하면서 0.6%의 NaOH를 가하여 알칼리성으로 조절한다. 40℃ 이하에서 에틸렌옥시드(ethyleneoxide) 또는 프로필렌옥시드(propyleneoxide)를 용해시켜 반응시킨다.

옥수수전분을 사용하여 제조한 에테르 전분은 전분의 물성을 크게 변화시켜 호화가 잘 일어난다. 투명한 전분을 만들고, 겔화 경향이 적으며 필름(film)성도 향상된다.

(5) 가교전분

가교전분(cross-linked starch)은 전분입자 내의 2개의 OH기와 반응할 수 있는 시약을 작용시켜 만든다. 가교전분은 호화가 크게 억제되고, 노화성이 거의 없으며 냉동 · 해동에 대한 안정성이 높다.

5-2. 전분당

전분을 산 또는 효소로 가수분해하면 그 구성성분으로 분해된데 이 분해물들은 물에 녹으며 단맛을 갖고 있으므로 전분당(starch sweetener)이라고 한다. 전분당은 크게 물엿(starch syrup), 포도당(dextrose)과 이성화당(high-fructose corn syrup)으로 나눈다. 물엿은 산으로 당화한 산당화엿, 맥아로 당화한 맥아엿으로 나누며, 이들을 분말화한 분말 물엿이 있다.

전분당의 당화율은 덱스트로오스 당량(dextrose equivalent, DE)으로 표시한다. 전분의 DE는 0이며, 덱스트로오스의 DE는 100이다. 전분당의 DE와 성질을 보면 (표 5-2)와 같다.

$$DE = \frac{\text{환원당(덱스트로오스로 표시)}}{\text{고형분}} \times 100$$

표 5-2 전분당의 DE와 성질

<table>
<tr><th colspan="2">종류</th><th>수분 (%)</th><th>DE</th><th>평균 분자량</th><th>단맛</th><th>점도</th><th>당의 결정성</th><th>당 결정의 억제 작용</th><th>흡수성</th><th>용액의 어는점</th><th>삼투압</th></tr>
<tr><td colspan="2">분말물엿</td><td>5이하</td><td>20~40</td><td>크다</td><td>낮다</td><td>높다</td><td>낮다</td><td>크다</td><td>크다</td><td>높다</td><td>낮다</td></tr>
<tr><td colspan="2">물엿</td><td>16</td><td>35~50</td><td rowspan="5">↑</td><td rowspan="5">↓</td><td rowspan="5">↑</td><td rowspan="5">↓</td><td rowspan="5">↑</td><td rowspan="5">↑</td><td rowspan="5">↑</td><td rowspan="5">↓</td></tr>
<tr><td rowspan="5">덱스트로오스</td><td>액상</td><td>23~30</td><td>55~56</td></tr>
<tr><td>고형</td><td>10~13</td><td>80~85</td></tr>
<tr><td>분말</td><td>8~10</td><td>92~94</td></tr>
<tr><td>정제</td><td>10이하</td><td>97~98</td></tr>
<tr><td>결정</td><td>8.5~10</td><td>100</td><td>작다</td><td>높다</td><td>낮다</td><td>높다</td><td>작다</td><td>작다</td><td>낮다</td><td>높다</td></tr>
</table>

5-2-1. 전분의 가수분해

전분당 생산에 있어서 전분의 가수분해는 산, 산-효소 및 효소에 의한 방법이 있다.

(1) 산 가수분해

전분의 산에 의한 가수분해는 α-1,4와 α-1,6 결합이 불규칙적으로 분해되며 시간이 지남에 따라 저분자량의 물질이 생산된다. 전분의 중합도(degree of polymerization, DP)와 DE와는 대략 다음과 같은 관계가 있다. 즉, DP-1(덱스트로오스)=100DE, DP-2(이당류)=62DE, DP-3(삼당류)=40DE, DP-4^{+}=약 18DE이다.

산 가수분해 중 덱스트로오스의 탈수에 의해 hydroxymethlfurfural(HMF)이 생성되며 이는 다시 분해되어 levulinic산과 formic산을 생성하거나 중합되어 착색물질이 생성된다. 또한 덱스트로오스의 역합성으로 isomaltose, gentiobiose 등이 생성된다. 따라서 산 가수분해의 한도는 42DE이다.

(2) 효소에 의한 가수분해

효소에 의한 가수분해는 산 가수분해보다 여러 가지 장점이 있다. 전분당의 생산에 쓰이는 효소로는 세균과 곰팡이 α-아밀라제, glucoamylase, β-아밀라제 및 pullulanase이다.

표 5-3 산 당화법과 효소 당화법의 비교

	산 당화법	효소 당화법
원료전분	정제를 완전히 해야한다.	정제할 필요가 없다.
당화전분농도	약 25%	50%
분해한도	약 90%	97% 이상
당화시간	약 60분	48시간
당화의 설비	내산, 내압의 재료를 써야한다.	내산, 내압의 재료 쓸 필요 없음
당화액 상태	쓴 맛이 강하며 착색물이 많이 생김	쓴 맛이 없고 이상한 생성물이 생기지 않음
당화액 정제	활성탄 0.2~0.3%	0.2~0.5%(효소와 순도에 따름)
	이온교환수지	조금 많이 필요하다.
관 리	분해율을 일정히 하기 위한 관리가 어렵고 중화가 필요	보온(55℃)만 하면 되며 중화할 필요 없음
효 율	결정포도당은 약 70% 분말액은 먹을 수 없다.	결정포도당으로서 80% 이상 분말포도당으로 100% 분말액은 먹을 수 있다.
기 타		산화법에 비하여 생산비가 적다.

5-2-2. 포도당(Glucose; Dextrose)의 생산

포도당는 주로 내열성 α-아밀라제로 전분을 DE 10~15 정도로 액화시키고 glucoamylase로 포도당 함량 95~96%(건량기준)로 당화시키는 방법으로 생산된다. 당액은 탈색, 정제 후 결정 또는 액체 포도당 또는 이성화당으로 가공된다.

칼슘(100~200 ppm)을 포함한 전분액(30~40%, w/w)을 pH 6.0~6.5에서 세균성 α-아밀라제로 103~107℃에서 5~10분간 가수분해하고, 95℃에서 1~2시간 유지하여 DE 10~15의 가수분해물을 얻는다. 액화된 전분은 고형물 28~30% 정도로 희석, 60℃로 냉각하고 pH를 4.0~4.5로 조절한 다음 24~96시간 동안에 최대한의 포도당를 얻을 수 있도록 glucoamylase를 첨가하여 당화시킨다. 당화액의 농도는 포도당의 생성량과 밀접한 관계를 갖는다.

당화가 끝난 액에는 불용성의 지방, 단백질, 전분 등이 남아 있으므로 원심분리 또는 여과하여 제거하고, 다시 탄소와 이온 교환수지에 처리하여 색소, 단백성 물질, 무기물 등을 제거한 다음 고형분 50~55%로 농축하여 포도당을 얻게 된다.

정제된 포도당액을 70~78%로 농축하고 결정조에서 46℃로 냉각 후 결정 seed와 함께 20~30℃로 서서히 냉각, 교반하면 포도당가 석출된다. 이를 원심 분리하여 상징액을 제거하고 회전식 건조기(rotary dryer)로 수분 8.5% 정도로 건조시켜 함수 결정 덱스트로오스를 얻는다.

무수 결정 포도당는 함수 결정 덱스트로오스를 녹인 다음 진공 농축기를 이용하여 60~65℃에서 결정화시켜 만든다.

5-2-3. 이성화당 생산

포도당 가수분해물(포도당 함량 93~96%)을 정제한 다음 고정화된 이성화효소로 과당(fructose)로 전환시켜 42%의 과당을 갖는 이성화당(42% high-fructose corn syrup; HFCS)을 만든다. 이를 pH 4~5로 조절하고 탄소로 처리하여 색소를 제거하고 이온 교환수지를 통과시켜 염과 잔류색소를 제거하고 고형분 71%로 농축한다. 42% HFCS을 흔히 제 1세대 제품이라고 한다.

42% HFCS은 크로마토그래프를 이용하여 포도당과 과당을 분리하여 90%의 과당을 갖는 이성화당을 만들고 이 두 가지를 배합하여 55% HFCS(제 2세대 제품)을 만든다. 근래에는 90% HFCS(제 3세대 제품)도 상품화되었다. 이들 제품은 가각 고형분 77%와 80%로 증발시켜 수송한다.

5-2-4. 물엿의 생산

물엿은 전분의 거대분자를 산 또는 효소로 절단하고 저분자화한 것이다. 전분은 맛이 없지만 저분자가 되면 감미가 만들어진다. 물엿제조법에는 산에 의해서 당화하는 방법과 맥아효소에 의해서 당화하는 방법이 있다. 산당화법은 전분유에 수산, 염산, 황산등을 가해서 당화한 후 탈색한 다음 농축한 것이다. 효소당화법에서는 α-amylase로 전분을 일부 분해하여 액화하고 β-amylase와 glucoamylase로 당화하여 제조한다. 효소반응 정도를 여러 가지로 바꾸어줌에 따라 분자의 길이가 다른 물엿을 제조할 수 있다. 물엿은 DE가 20~99.4인 제품을 말한다. 앞에서 설명한 것과 같이 물엿은 산, 산-효소 또는 효소-효소로 당화시켜 만들 수 있다. 산당화엿의 DE는 26~42이며, 산-효소 당화엿의 DE는 64~70이다. 또한 말토오스 시럽은 산-효소 또는 효소-효소 당화에 의하여 생산된다. 전분의 가수분해 정도가 낮은 제품(DE 20 이하)은 말토덱스트린이라고 한다.

산으로 가수분해한 DE 38~42 정도의 액을 glucoamylase 또는 곰팡이 α-아밀라제를 사용하여 55~60℃, pH 4.8~5.2 조건에서 24~48시간 당화시켜 DE가 높은 물엿을 만들 수 있다. 예를 들면 DE 63인 물엿의 조성은 건량 기준으로 덱스트로오스 36%, maltose 30%, DP-3 13%이다.

말토오스 시럽(맥아엿)은 산 또는 효소로 액화한 기질을 *Aspergillus oryzae*의 α-아밀라제 또는 맥아로부터 추출한 β-아밀라제로 당화시켜 생산한다. 반응조건은 온도 약 55℃, pH 5, 기질 농도 35~45%로서 반응 후 말토오스의 함량은 50~55%이다. 때로는 pullulanase를 사용하여 말토오스의 함량을 60~80%까지 높일 수 있다.

말토오스 시럽의 당 조성 및 우리나라의 산당화 물엿과 맥아 물엿의 규격은 (표 5-5)와 같다.

표 5-4 물엿의 규격

	산당화 물엿	맥아 물엿
성 상	고유의 향미 및 점조성이 있어야 한다.	
수분(%)	18.0 이하	18.0 이하
pH	5.5~6.5	-
환원당(%)	(포도당) 35~45	(맥아당) 45 이상
녹 말	불검출	불검출
회분(%)	0.1 이하	0.1 이하
SO2(ppm)	300 이하	-
Fe(ppm)	100 이하	-
산도(젖산)(%)	-	0.5 이하

표 5-5 말토오스 시럽의 당 조성

효 소	덱스트로오스(%)	말토오스(%)	DP-3	DP-4^{+}
곰팡이 α-아밀라제	4	52	23	21
맥아 β-아밀라제(A)	2	54	19	25
A+pullulanase	1	76	16	7

5-2-5. 전분당의 성질 및 용도

전분당은 향미의 향상, 텍스처의 개선, 식미 및 외관의 향상, 영양가 공급, 일부 식품의 몸체(body)의 향상, 저장성 향상 등의 기능을 가지고 있다. 또한 전분당의 중요한 성질의 하나는 단맛이며 경제성도 중요하다.

이성화당의 가장 중요한 성질은 단맛으로서 55% HFCS은 동일한 고형분에서 설탕과 같은 단맛을 가지고 있다. 이성화당은 또한 용해도가 높고, 보습성(humectancy)이 좋으며, 분자량이 작으므로 점도가 낮고, 삼투압이 높은 성질이 있다. 따라서 이성화당은 설탕 대용으로 사용될 수 있으며, 삼투압이 높으므로 미생물에 대한 안정성, 잼, 젤리 등의 저장성 향상 등의 목적으로 쓰일 수 있다. 또한 점도가 낮으므로 비교적 고농도에서도 작업성이 좋은 장점이 있다. 물엿도 이성화당과 비슷한 성질을 갖는다.

우리나라에서의 이성화당의 용도는 설탕과의 가격 경쟁에 따라 달라질 수 있으나 대략적인 용도는 음료가 주이고 다음이 유제품이다.

5-3. 당의 종류 및 특성

(1) 설탕

설탕은 사탕무우, 사탕수수 원료로부터 얻은 것으로 감서당, 감채당이라고 한다. 설탕의 순도를 높이면 얼음설탕, granulor당, 백설탕이 된다. 설탕의 구성당은 포도당과 과당으로 산성으로 하여 보존하면 일부가 전화당이 되고 감미가 증가된다. 설탕은 150℃정도부터 용해하기 시작하여 180℃정도가 되면 분해하여 갈색물질의 카라멜이 된다. 카라멜은 그 온도와 시간에 따라 적미가 강한 것부터 흑미가 강한 것까지 변화하고 식품(위스키, 간장 등)의 착색료 등으로서도 이용된다. 원료는 주로 사탕수수 또는 사탕무우이다. 이외에 단풍나무, 야자나무 등이 조금 이용되고 있다. 우리나라에서는 사탕무우가 생산되고 있지 않아 대부분 사탕수수 착즙액으로부터 제조한 조당을 원료 당으로 수입하여 국내에서 정제하여 정제당으로 한다. 정제 정도에 따라 여러 가지의 설탕이 된다(그림 5-7). 설탕의 제조는 사탕수수 또는 사탕무우 착즙액을 석회처리한 후 상등액을 농축하여 시럽으로 제조한다. 이 시럽을 진공하에서 농축하여 원심분리한 침전이 원료당이고, 상등액이 당밀이다. 원료당을 물로 씻고 석회유, 골탄처리, 이온교환수지 처리로 탈색하고 분당을 핵으로서 결정화한 것이 분밀당이다. 설탕은 제조법에 따라 분밀당과 함밀당으로 나누어 진다. 함밀당은 설탕 이외의 착즙액 성분을 많이 함유한 당이다. 정제가 불충분한 당이고 사탕수수로부터만 생산된다.

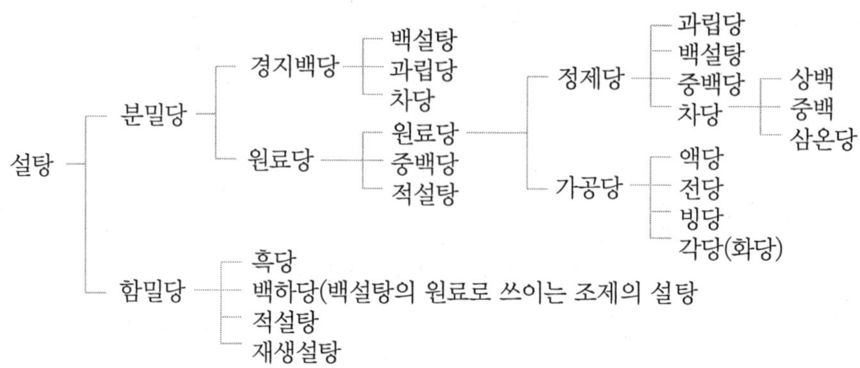

그림 5-7 설탕의 분류

(2) 이성화당

전분을 당화하여 얻은 포도당을 glucose isomerase로 일부 과당으로 한 것으로 최근 청량음료에 널리 이용된다. 즉 전분을 효소 또는 산으로 가수분해하고 얻어진 당액(주성분은 포도당)에 glucoamylase라고하는 효소를 작용시키면 화학적으로 이성화 반응이 일어나 포도당과 과당을 주성분으로 하는 액상의 당이 얻어진다. 과당의 함유율에 따라 다음의 2종으로 나누어진다.

과당 포도당 액당 : 과당이 50% 이상 함유한다.
포도당 과당 액당 : 과당이 50% 미만이고, 포도당이 많다.

(3) 글루코 올리고당

글루코 올리고당으로 불려지며 설탕의 포도당 부위에 1~수분자의 포도당이 결합한 것이다. 충치가 되기 어렵기 때문에 설탕 대용으로서 각종 candy, jam, cookie, jelly 등에 이용된다.

(4) 스테비오사이드(Stevioside)

스테비아로 말하여지는 천연감미료로 주성분은 스테비오 사이드이다. 감미도는 설탕의 200배이며 충치가 되기 어렵지만 너무 많이 사용하면 고미를 수반하는 결점이 있다. 열대원산의 국과식물인 stevia잎에 건조엽의 6%이상 함유되어 있다. 이들로부터 추출해서 이용한다.

(5) 아스파탐(Aspartame)

Aspartyl phenylalanine methylester의 일반명으로 아미노산계 합성감미료이다. 설탕에 가까운 감미질을 가지며 충치예방, 비만예방에 대하여 기대되지만 용액으로 했을 때 안정성, 잠재적 phenyl ketone증에의 영향 등이 우려된다. Aspartic acid와 phenylalanine이라는 2가지 아미노산으로부터 되는 peptide의 일종이다. 당이 아니므로 충치문제가 없다. 감미강도는 설탕의 100~200배이다.

(6) 사카린(Saccharin)

옛날부터 사용되어온 합성감미료이다. 사카린(Saccharin)은 물에 불용성이므로 saccharin natrium으로 이용된다. 감미의 강도는 설탕의 300~500배이다. 백색 무취의 합성결정성 분말이다. 설탕의 최고 500배 감미를 가지며 널리 사용되지만 쓴맛을 가지는 것이 결점이다. 이것에 대해서는 사용기준이 정해져 있다. 최근에는 안전성이 문제되어 일부 식품에만 사용되고 있다.

(7) 파라치로스(Parathynose)

파라치로스는 설탕으로부터 만들어진 새로운 식품소재로 양질의 감미를 가지며 구강내의 충치원인균, *Streptococcus mutans*에 의해서 산생성을 수반하지 않기 때문에 충치의 원인이 되지 않는 당이다.

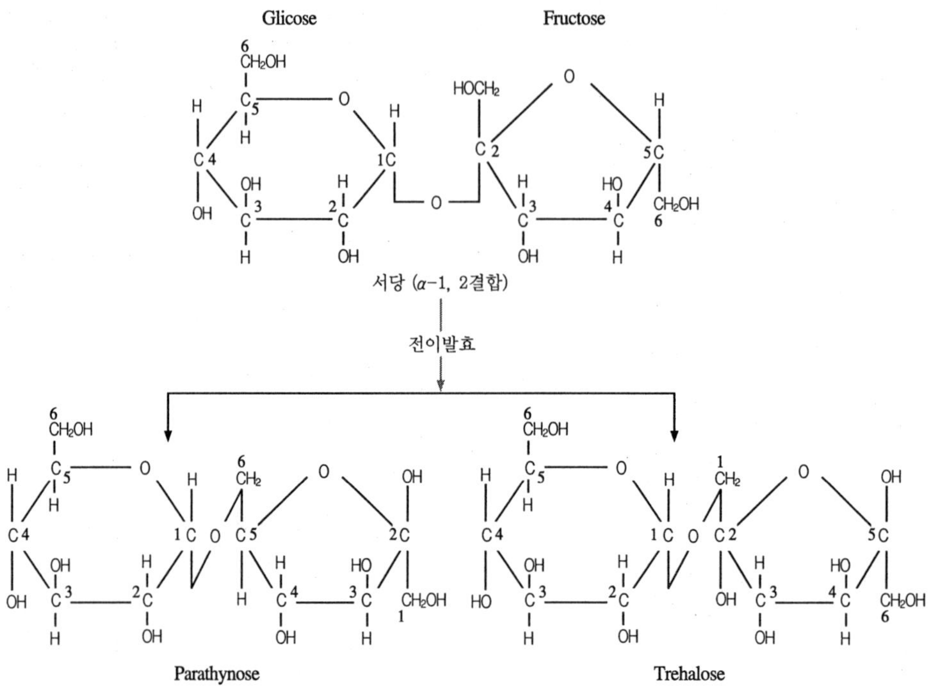

그림 5-8 설탕에서 전이반응에 의한 parathynose의 생성

(8) Glycyrehhzin

두과의 약용식물인 감초의 뿌리로부터 추출해서 이용한다. 감미성분은 glycyrehhizin이라는 물질이다. Glycyrehhizin의 감미의 강도는 설탕의 50~100배이다.

(9) Fructo 올리고당

특수한 효소반응에 따라 설탕의 과당(fructose)부에 과당(fructose)를 1~수개 결합한 것으로 oligo당의 일종이다. 이 oligo당은 구강내에 충치균의 분해를 받기 어려우며(저부식성이라고 한다), 대장에서 bifidus균의 영양원이 되는 좋은 성질을 갖고 있다.

(10) 기타

그 외에도 여러 가지 감미료가 있다. (표 5-6)은 감미료의 종류를 나타낸 것이다.

표 5-6 감미료의 종류

1. 천연당질 감미료 설탕(1.0) : 사탕수수당, 사탕무우, 벌꿀, 단풍나무당
2. 당알코올 Sorbitol(0.50 ~ 0.70), Maltitol(0.75 ~ 0.95), Mannitol(0.50), Erythritol(0.75 ~ 0.80), Xylitol(0.65 ~ 1.0)
3. 천연배당체 및 그 유도체 감초성분 = glycyrrhizin(Disodium glycyrrhizinate. Trisodiumglycyrrhizinate)(50 ~ 100) 스테비아성분 = 피로즈루신(600 ~ 1000)
4. 아미노산 · 펩티드 Aspartame(100 ~ 200), Glycine(0.90)
5. 단백질 감미료 Thaumatin(1600 ~ 3000)
6. 효소생산된 올리고당 및 올리고당 알코올 파라티노스(Isomaltulose)(0.24 ~ 0.55), Coupling sugar(0.60), Neo sugar(Fructo oligo sugar)(0.80 ~ 0.90), (Fructosyl transferase로 합성)

5-4. 전분의 가공실험

곡류인 쌀은 주성분이 전분이다. 쌀은 과피와 겨층으로 둘러싸여 있으므로 1차 가공인 도정으로 겨층을 제거하게 된다. 벼의 왕겨층을 제거한 것이 현미이고, 현미의 겨층을 제거한 것이 백미이다. 현미의 겨층은 섬유질이 많고 조직이 견고하여 조리 시 소화가 잘 안되므로 이 부분을 제거함으로써 소화율을 높이고 기호성을 좋게 하여 식품가치를 향상시키는 것이 도정의 목적이다.

쌀의 화학성분은 벼의 품종과 도정도에 따라 다르며 수분이 14%인 백미의 경우를 보면 단백질 5.9%, 지방 1.3%, 탄수화물 78.2%, 회분이 0.6%이고, 그 열량은 347 ㎈/100g이다. 또한 수분에 따라 그 성분이 달라짐을 알 수 있다.

표 5-7 수분에 따른 화학성분(%)

	수분	단백질	지방	탄수화물	회분
쌀	12	7	1	79	1
쌀겨	10	13	16	51	10

5-4-1. 감주

감주는 쌀밥 또는 쌀죽에다 엿기름이나 쌀코지를 넣어 코지 중에 아밀라아제 작용으로 전분을 당화시킨 감미음료이다.

쌀코오지를 이용한 감주의 원료 배합비는 (표 5-8)과 같다.

표 5-8 감주의 원료 배합

종류	쌀	코지	물
묽은 감주	2	1~1.5	6~7
진한 감주	2	1~1.1	1.5
속성 감주	-	2	2~4

① 재료 및 기구

밥솥, 항온기, 온도계(100℃), 유리병(1,2~3 ℓ), 찹쌀 200g(약 250 ㎖), 쌀코지 130g(약 250 ㎖), 물 500 ㎖

② 제조공정 및 방법

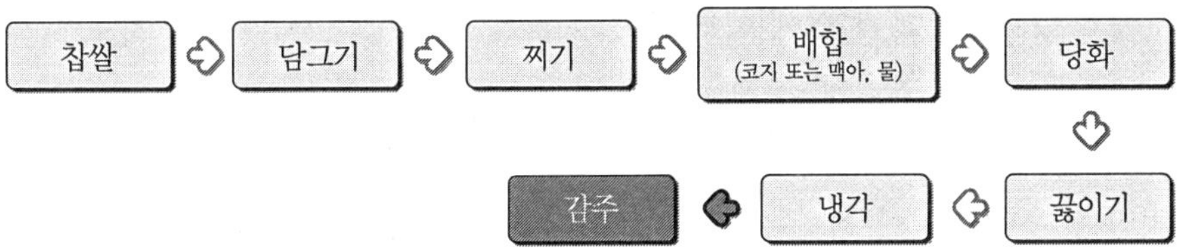

ⓐ 담그기와 찌기 : 찹살을 씻어 하룻밤 담근 후 건져서 밥을 짓는다.

ⓑ 배 합 : 2 ℓ 의 용기에 쌀코지를 넣고 온수(60℃ 정도) 500 ㎖를 가해서 잘 혼합한다. 여기에 더운밥(약 60℃)을 소량씩 넣어 잘 젓는다.

ⓒ 당 화 : 섞은 것을 60℃로 유지되는 항온수조에 담가 점차로 부드럽게 되는 것을 관찰한다. 약 7~8시간 보온하면 감주가 된다.

ⓓ 끓이기 : 90℃에서 30분 가열하여 효소파괴와 살균을 한다.

ⓔ 냉 각 : 냉수 중에서 20℃이하로 냉각한다.

ⓕ 제 품 : 제품은 변질되기 쉬우므로 저온저장하여 그대로 또는 묽게 희석하여 마신다.

감주는 소량의 설탕이나 식염을 넣으면 풍미가 더욱 좋아진다.

수분이 90.57%인 감주의 일반성분은 단백질 2.64%, 지방 1.10%, 탄수화물 63.54%, 섬유소 0.63%이고, 100g중의 열량은 282 ㎈이다.

감주의 당화온도가 70℃ 이상으로 되면 효소가 파괴되어 당화가 되지 않고, 50℃이하가 되면 당롸가 늦고 젖산균, 효모 등이 번식하여 산미가 생기므로 주의해야 한다. 산미가 생긴 감주는 중조를 넣어 중화한 후 식용한다.

5-4-2. 물엿

엿에는 당화방법과 원료에 따라 여러 종류로 분류한다. 맥아나 코지로 당화하여 만든 맥아엿과 코지엿, 산으로 당화한 산당화엿 등이 있다. 또한 탄수화물의 종류에 따라서 쌀엿, 찹쌀엿, 수수엿, 감자엿, 옥수수엿 등이 있다. 여기에서는 맥아엿만을 다루기로 한다.

1) 맥아엿

맥아엿은 쌀 또는 전분 등에 맥아를 넣어 맥아의 효소로 전분을 덱스트린(dextrin)과 포도당으로 가수분해하여 당화한 것을 말하며, 맥아는 보통 건조맥아를 분쇄하여 사용한다. 생맥아의 경우는 압착한 즙액을 사용하기도 한다.

① 재료 및 기구

비터(2 ℓ), 정온수욕조, 보메(Baume) 비중계, 국자, 농축장치, 압착기, 여과포, 요오드액, 전분(400 g), 건조 엿기름(40~60 g)

② 제조공정 및 방법

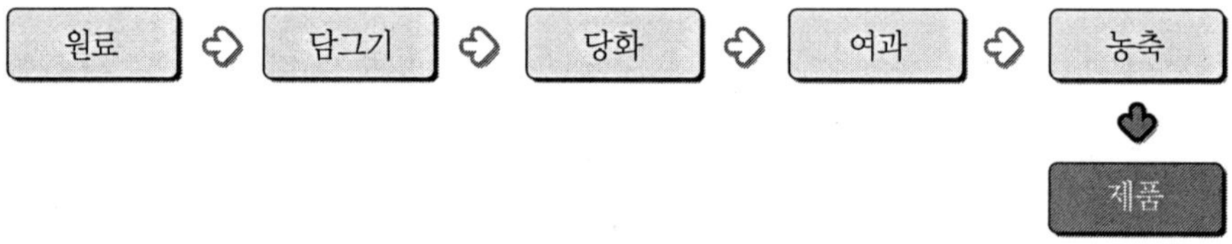

ⓐ 원 료 : 찹살엿, 맵쌀엿 또는 전분엿을 사용하며, 원료의 배합은 다음과 같다.

찹쌀엿 = **찹쌀** 100g, **맥아** 5g, **물** 300~350 ㎖
맵쌀엿 = **맵쌀** 100g, **맥아** 10~15g, **물** 300~350 ㎖
전분엿 = **전분** 100g, **맥아** 5g, **물** 400~450 ㎖

생맥아는 건조맥아의 약 6배의 양을 사용한다. 원료 쌀은 물로 씻고, 10~15시간 물에 담근 후 시루에서 1~1.5시간 찐다.

ⓑ 담그기 및 당화 : 찐쌀을 원료로 할 경우 50℃의 온탕에 찐쌀을 넣어 55℃로 하고 여기에 맥아를 넣어 서서히 저어서 교반한 다음 2시간 경과 후 온도를 높여 60℃가 되게 하고 3~5시간 방치하여 당화한 다음 75℃로 가열하여 여과한다.

ⓒ 압 착 : 당화가 끝나면 마포대에 넣어 압착하고 착즙을 얻는다.

ⓓ 농축 및 제품 : 착즙은 이중으로 된 농축솥에서 농축한다. 처음에는 강한 불로 하고 나중에는 약한 불로 속히 농축한다. 엷은 색의 엿을 만들려면 진공증발관을 사용한다.

물의 양은 찹쌀에서 75~80%, 멥쌀에서 70~75%이고, 물엿은 엷은 황색으로 투명하며 단맛과 점성의 조화가 있는 것이 좋으며, 식용으로 하는 이외에 감미료, 점조료 등으로 사용한다.

③ 고 찰

ⓐ 당화되는 과정을 요오드액으로 조사한다.

ⓑ 전분가 환원당을 정량하여 본다.

ⓒ 당화온도에 따른 효소활성과 변질 등을 관찰하여 본다.

표 5-9 맥아엿의 조성(%)

원료	수분	맥아당	덱스트린	단백질	전분	회분
찹쌀	18.0	67.8	23.5	1.0	0.03	0.30
멥쌀	16.8	62.4	13.3	2.4	3.80	0.53

Revised Edition Agricultural Food Processing

개정판 농산식품가공학

제6장

식용유지 제조 및 유지가공

Agricultural Food Processing

유지를 추출 또는 침출하여 이용한 것은 이집트가 기원으로 알려져 있다. 처음에는 신에게 바치는 종교의식에 그리고 등화용으로 사용되던 것이 차차 식용화된 것으로 생각된다. 한편 인도 및 중국에서도 유지자원이 풍부하여 식용으로 활발히 이용되고 당나라 시대에 우리나라에 영향을 미쳐 유지를 이용한 요리가 보급된 것으로 생각된다.

식용유지는 식용가능한 동식물성분 중 물에 녹지 않고 acetone, ether등 소위 유기용매에 녹는 것을 말한다. 20℃ 상온에서 액체인 것을 기름, 고체인 것을 지방이라고 한다. 이를 합하여 유지(fat and oil)라고 부르며, 영양학적으로는 지질로 하고 있다.

식품에 함유된 지질은 일반적으로 lecithin, cephalin, sterol류, 비타민 A, D, E, K 등을 포함한다. 또 불포화지방산을 많이 함유한 유(oil)는 반투명으로 물을 튀기고 얇게 도포할 때는 신속히 건조하여 강한 박막을 만들기 때문에 건성유라 부르고 그렇지 않은 것을 불건성유, 중간적인 유를 반건성유라 한다.

또 불포화지방산의 양을 볼 목적으로 요오드가(Iodine value, I.V)를 이용한다. 이것은 −C=C−의 이중결합에 I_2가 부가하기 쉽기 때문에 100g의 유지에 첨가된 I_2의 g수로 나타낸다. 즉 건성유는 요오드가(I.V) 130이상, 불건성유는 100 이하이고 양자사이를 반건성유라 한다. 또 유지 1g을 완전히 검화하기 위하여 필요한 KOH의 ㎎수를 검화가(saponification value, S.V)라 부르고 지방산 분자량의 대 · 소를 나타낼 목적으로 이용된다. 결국 지방산의 분자량이 작은 만큼 큰 수치를 나타낸다. 또 평균분자량을 알 수가 있다. 유지는 원료에 따라 (그림6−1)과 같이 분류된다.

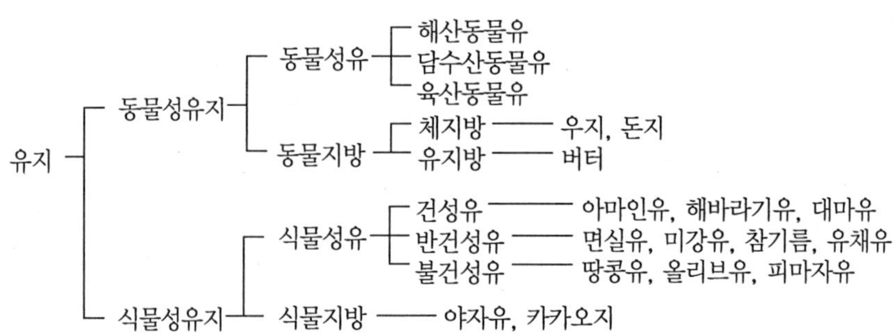

그림 6-1 유지의 원료에 따른 분류

6-1. 성분 및 특성

식용유지에는 원료에 따라 식물유지와 동물유지 및 유지방이 있다. 식물유지는 대두유, 참기름, 면실유, 미강유, 해바라기유, 낙화생유 등이 있고 동물유지는 돈지, 우지, 어유 등이 있으며, 유지방으로는 버터가 있다.

한편 식용유지는 글리세린(glycerin) 1분자와 지방산 3분자로 되는 트리글리세리드(triglyceride)의 혼합물이다. 결합된 지방산이 포화지방산 또는 불포화지방산이 결합되어 있느냐에 따라서 유지의 산화와 중합이 다르다(표 6-1).

표 6-1 요오드가에 따른 유지의 분류

종 류	요오드가	예
건성류	130이상	들기름, 해바라기 기름, 아마인유
반건성류	100~130	면실유, 콩기름, 옥수수 기름, 미강유, 참기름
불건성류	100이하	땅콩기름, 올리브유

유지는 모두 글리세린(glycerin)과 고급지방산이 에스테르(ester)결합한 것 즉 지방산 글리세리드(glyceride)이다. 지방산 부분의 분자중에 2중 결합(-C=C-)을 하나 이상 가진 것을 불포화지방산이라 부르고 이것이 없는 것은 포화지방산이다. 지방산의 탄소수는 통상 9~20개이다. 일반적으로 -C=C-가 많은 만큼 융점(melting point, mp)이 낮고 액상 즉 유로서 존재하며 포화지방산이 많은 만큼 융점이 높은 고체 즉 지로서 존재한다. 이 성질을 이용해서 유지의 경화 즉 -C=C-에 수소첨가(hydrogenation of fat and oil)를 행하여 포화시켜 고체지방을 만든다. 보통 니켈(nikel) 및 백금을 촉매로서 고온고압하에서 2중결합 부분에 수소를 부가시켜 경화유(hardened oil)를 제조한다. 이 경도는 수소첨가의 정도 및 원료유지에 따라 다르다.

경화유는 마아가린, 쇼트닝, 그 외 공업원료로서 수요가 많다. 유지원료는 종류도 많고 또한 유지는 복잡하며 불안정한 물질이기 때문에 그 성상은 항상 변화하여 간다, 이와 같은 성질을 가진 유지이기 때문에 종종 화학적 시험에 의해서 판정하고 있다. 즉 요오드가, 산가, 검화가, 과산화물 등이 있다. 유지에 수반하는 제성분은 다음과 같은 것이 있다.

① 단순지질 : 유지가 주체인 통상 중성지질 즉 트리글리세리드(triglyceride)로서 존재한다. 왁스(wax)는 글리세린(glycerin)이외의 알코올(alcohol)류의 에스테르이고 약간 존재한다.

② 복합지질 : 인산과 결합한 인지질(lecithin, cephalin, sphingomelin) 등, 당질과 결합한 당지질(cerebroside) 등을 말한다.

③ 유도지질 : 단순지질 및 복합지질부터 유도분해 된 것으로 비타민 A, D, E, K, 카로티노이드(carotenoid) 등 담즙산, 콜레스테롤(cholesterol), 호르몬이 있다.

6-2. 유지의 제조

6-2-1. 유지의 채취

유지를 동식물체로부터 분리 · 채취하는 것은 옛날부터 여러 가지 방법이 행하여져 왔지만 다음에 대표적인 채취법을 제기한다.

① 습식법 : 주로 동물유지 원료로부터 채유에 사용되는 방법으로 원료를 물과 같이 끓이든지 증기를 불어 넣어 표면에 부상하는 유지분을 취하는 방법이다. 저온법과 가압고온법이 있지만 저온일수록 양질의 유지가 얻어진다.

② 건식법 : 주로 동물유지에 행하여진 방법으로 원료를 직화로 가열하든지 수증기로 가열하든지 하여 유지를 용출시키는 방법이다.

③ 압착법 : 주로 식물종자류로부터 채유에 행하는 방법이며 종자류를 압편, 파쇄한 것을 가열하여 압착채유한다. 압착은 batch식과 연속식이 있고 현재 연속식 expellar가 많이 사용되고 있다. 또 압착법은 일반적으로 잔유가 많고 통상 추출법과 조합하여 행한다.

④ 추출법 : 주로 식물종자류에 사용되는 방법으로 압편 · 파쇄한 것에 아세톤(acetone), n-헥산(hexane) 등의 용제를 50~60℃로 혼합하고 미셀라(miscella)로 하여 이것을 여과하고 증류하여 유지와 용제를 분별하는 방법이다. 일반적으로 연속식으로 침지식과 여과식의 2가지 방법이 행하여진다. 또한 추출법(extraction process)은 침출법이라고도 하는데 원료를 휘발성인 용제에 담그고 유지를 녹인 후 용제는 휘발시키고 유지만을 채취하는 방법이다. 따라서 압착법보다 무리하지 않게 되므로 불순물이 적은 유지가 얻어지며 깻묵에 남는 유지는 0.5~1.5%밖에 되지 않는다. 그러나 용제를 나중에 회수한다고는 하나, 값비싼 용제를 완전히 회수할 수가 없어 경비가 더 들게 된다. 그리고 원료 중 유지 함량이 20% 정도이면 추출법이 좋으나 그 이상의 것은 압착법이 유리하다. 또 유지 함량이 지나치게 적은 것은 용제가 다른 조직 중에 흡수되어 어렵게 된다.

추출용매로는 석유벤젠, 에틸알코올, 벤졸혼합액이나 노멀헥산 등이 쓰이는데 다음 조건을 만족시키는 것이 좋다.

ⓐ 인화, 폭발 등 위험성이 적을 것

ⓑ 독성이 없고 유지와 깻묵에 나쁜 맛과 냄새를 남기지 않을 것

ⓒ 기화열과 비열이 적어 회수가 쉬울 것

ⓓ 추출장치에 대한 부식성이 없을 것

ⓔ 유지 이외의 물질을 추출하지 않을 것

ⓕ 가격이 쌀 것

주로 석유벤젠이 많이 쓰이는데 혼합물로 끓는점이 60~110℃ 정도의 것이 좋다. 끓는점이 높은 성분이 있게 되면 유지와 깻묵 중에 불쾌한 냄새를 남기게 된다. 인화성이 있고 유지 이외의 성분도 약간은 용해하나 대체로 무난한 편이다.

추출방법은 분쇄한 원료를 추출탱크에 넣어 용매로써 추출한다. 이 추출액을 응축기(condensor) 중에 유도하고 수증기로 가열, 용매를 제거하여 남아 있는 유지를 채취한다. 용매의 증기는 냉각관에서 응집시켜 회수한다. 추출탱크 중의 깻묵은 수증기를 통해서 용매를 증발시킨다.

6-2-2. 유지의 정제

채취된 유지에는 먼지, 섬유질, 단백질, 색소, 인지질, 유리지방산, 냄새나는 물질 등 불순물이 들어 있다. 식용유로 하려면 이들을 제거하여 정제할 필요가 있으므로 물리화학적 방법으로 정제한다. 또 채유된 소위 채취 유지는 불순물을 제거하여 식용에 적합한 양질의 유지로 하기 위하여 다음과 같은 정제공정을 거친 후 식용유지로서 사용된다.

(1) 불용물질의 제거

원료의 조직, 조각 등을 제거한다.

(2) 탈검

인지질 등의 검질을 제거하며 산법, 수화법, 흡착법 등이 있다. 탈고무공정(degumming process)은 불순물로 인지질(phospholipid) 같은 고무질이 들어 있게 되면 차후의 정제공정이 어려워지므로 미리 제거하여야 한다. 이것은 인지질, 일부의 단백질, 점질물 등은 무수형태에서만 기름에 녹고, 유지를 데워서 물을 섞거나 수증기를 불어넣어 수화시키면 기름에 녹지 않게 되는 성질을 이용한 것이다. 콩기름에서 분리되는 고무질은 간단한 정제를 해서 대두 레시틴으로 이용되나 대두유 외의 고무질은 쓸모가 없고 양이 적기 때문에 이 작업을 거의 하지 않는다. 대두의 추출법에서는 기름을 함유하는 용제인 미셀라(miscella)에서 용제를 회수할 때 직접수증기를 불어 넣게 되므로 응축한 수분으로 고무질은 가수되어 석출하게 된다. 따라서 용제 회수 후 이것을 원심분리기에 걸면 분리가 된다.

(3) 탈산

유리지방산을 제거하며 알카리법, micella법, 증기법 등이 있다. 탈산공정(Deaciding process)은 원유에 유리지방산이 0.5% 이상 들어 있다. 특히 미강유에는 10% 정도나 들어 있어 이 산을 제거하기 위해서 탈산을 한다. 가장 많이 쓰이는 방법으로는 NaOH 용액으로 유리지방산을 중화하고 비누로 만들어 제거하는 알칼리정제법이 있다. 이 방법으로 만들어진 비누는 고무질이나 색소 등도 동시에 흡착하므로 유리지방산뿐 아니라 대부분의 불순물이 제거된다. 중화에 사용하는 NaOH는 15~20% 용액이며 첨가량은 중화이론값보다 약간 많게 해서 유리지방산을 완전히 중화하고 색소나 그 외의 불순물을 유효하게 제거하도록 한다. 탈산방법으로는 일괄(batch)식과 연속식이 있다. batch식은 교반기가 달린 탱크를 사용하는 방법으로 기름을 탱크에 넣어 실온 하에서 강하게 저으면서 NaOH용액을 표면에 고르게 뿌리고 30~60분간 충분히 반응시킨 후 온도를 올려 60℃가 되었을 때 교반을 중지하고 수 시간 또는 12시간 정치해서 Na과 결합한 비누를 침전시킨다. 이어서 위에 뜬 기름을 수세 탱크에 취하고 교반하면서 몇 번 온수를 뿌려 폐수가 알칼리성을 띠지 않을 때까지 물로 씻는다. 연속식에는 여러 가지가 있으나 많이 쓰이는 것으로는 원심분리기를 사용한 연속식 알칼리탈산법이 있다.

(4) 탈색

카로테노이드계 등의 색소를 제거하며 흡착법, 표백법 등이 있다. 탈색공정(decoloring process)은 기름에 카로티노이드, 클로로필 등의 색소가 있다. 이들은 앞의 알칼리 정제로도 약간 흡착 · 제거되나 제품을 좋게 하려면 탈색작업을 하여야 한다.

1) 가열탈색법

기름을 솥에 넣고 직화로 200~250℃로 가열하여 색소류를 산화분해하는 방법인데 이 방법으로는 색소와 더불어 기름도 산화되므로 좋지 않다.

2) 흡착탈색법

흡착제를 사용해서 색소류를 흡수제거하는 방법인데 흡착제로는 주로 활성백토가 쓰인다. 사용량은 기름에 대해 1~2%가 보통이다. 탈산처리한 기름을 가열장치가 달린 탱크에 넣고 110℃ 정도로 가열하여 흡착제를 섞어 1시간 가량 교반한 후 필터압착기로 흡착제를 걸러낸다. 비교적 고온인 기름이 공기와 접촉하는 것을 막기 위해서는 밀폐식인 감압탱크로 탈색을 하는 것이 좋다.

이밖에 연속식 탈색장치도 쓰이고 있다.

(5) 탈취

저급지방산, aldehyde, ketone, amine등을 제거하며 수증기 증류법에 의한다. 탈취공정(deodoring process)은 탈산과 탈색을 해도 기름 중에는 알데히드, 케톤, 탄화수소 등 냄새나는 물질과 흙내가 있으므로 이것을 제거하기 위해서 탈취작업을 한다. 기름을 탈취통에 넣어 3~6 mmHg의 감압으로 하고 적당히 온도를 올린 다음 200~250℃의 과열수증기를 불어넣어 취기물질을 증류해서 제거한다.

(6) 탈납공정(Winterization)

이 작업은 샐러드유 제조 때에만 하는데 샐러드유와 같이 냉각했을 때 고체지방이 생겨나는 것을 꺼리는 경우에는 탈취 전에 미리 기름의 고체지방을 제거할 필요가 있게 된다. 이 작업을 winterization 또는 dewaxing 이라고 한다.

샐러드유로 가장 좋은 면실유는 낮은 온도에 두게 되면 고체지방이 생겨나 사용면으로나 외관상 좋지 않으므로 이 작업을 꼭 필요로 하지만 낙화생유는 낮은 온도에서 생겨난 고체지방의 분리가 어렵기 때문에 이 작업을 하지 못한다.

면실유의 탈납을 소개하면 다음과 같다. 탈색작업이 끝난 기름을 20~27℃에서 냉각실에 넣어 6~12시간으로 13℃까지 냉각시킨다. 그러면 최초의 고체지방이 생기기 시작하는데 다시 냉각을 계속해서 12~18시간으로 7℃까지 냉각하여 12시간 정도 방치한다. 그런 다음 거기에서 생긴 고체지방을 필터압착기에서 분리하고 탈취작업을 한다. 여기서 냉각을 -1~3℃로 처리하기도 한다.

6-2-3. 식물유지 채취

(1) 채유

식물유지의 특징은 항산화 물질이 함유되어 있으므로 산화에 안정하다. 채유는 유지함량이 20%정도 이하의 것은 헥산(hexane)을 이용하여 추출법으로 채유하고, 유지함량이 높은 것은 기계로 한번 압착해서 채유한 후 hexane으로 재추출한다(그림 6-2참조).

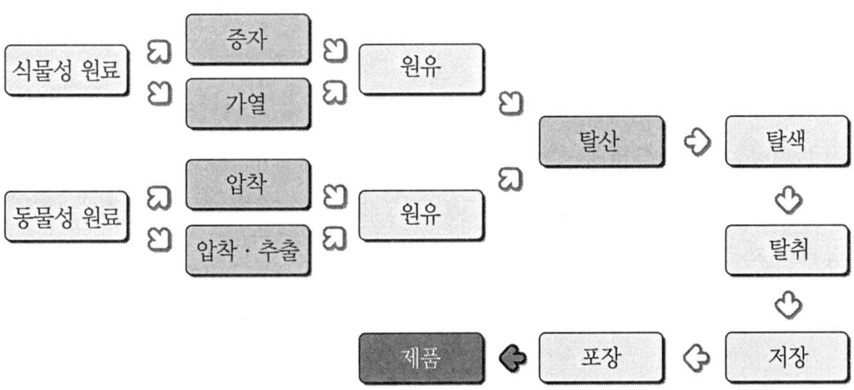

그림 6-2 유지의 제조법

추출법을 이용하는 것은 대두(유지함량 16~20%)이고 압착추출법을 이용하는 것은 평지씨 기름(유채씨 기름 38~45%), 참기름(45~55%), 야자기름(30~40%) 등이다.

(2) 탈산공정

원유 그대로는 풍미가 나쁘고 식용유로서 이용하는 것이 불가능하므로 가성소오다(수산화나트륨)을 가해서 탈산한다. Gum질, 당질, 단백질 및 지방산의 나트륨염인 비누을 원심분리기로 제거한다.

(3) 탈색공정

탈산한 기름은 색이 진하므로 활성백토를 0.5~3.0% 가해서 탈색한다.

(4) Wintering

유지를 저온에서 보존하면 융점이 낮은 트리글리세리드(triglyceride)가 석출하여 백탁을 일으킨다. 그래서 처음부터 wintering이라고 말하는 0~6℃로 18시간 냉각하여 백탁한 부분을 원심분리기로 제거한다.

(5) 탈취공정

기름에 함유된 냄새 성분을 완전히 취하여 제거한다. 탈취공정은 연속적으로 고진공(2 ㎜Hg), 고온(250℃) 조건하에서 행한다. Wintering을 행하지 않고 제조된 식용유를 튀김유, wintering을 행하고 정제하여 냉각시험을 행하고 5시간 30분 경과하여 청징한 식용유를 salad oil이라고 한다.

6-2-4. 동물유지 채취

동물체부터 채유하는 방법에는 건식채유법과 습식채유법이 있다.

① 건식채유법 : 세절한 지방부분을 냄비 중에 직화로 가열하여 채유하는 방법이다. 가열에 따라 흐르는 유지를 떠내서 취한다.

② 습식채유법 : 원료를 믹서로 분쇄하고 직접증기로 가열한다. 걸죽하게 녹은 원료를 원심분리로 물과 유지와 찌꺼기로 분리한다. 유지의 착색 및 산화가 적다.

6-2-5. 유지의 ester기 교환 반응

유지의 에스텔기 교환 반응은 acidolysis 즉 유지와 지방산과의 반응, alcoholysis 즉 유지와 알코올과의 반응과 interesterifiction 즉 유지와 유지와의 반응 등 셋으로 크게 나눌 수 있으며 실용적인 면에서 두 번째와 세 번째 반응이 중요하다.

(1) Alcoholysis

Alcoholysis는 계면활성제, 유화제 등의 제조에 이용된다. 반응에 쓰이는 촉매는 알카리 금속 및 알카리토류 금속의 산화물 등으로 보통 사용되는 것은 sodium methylate(CH_3ONa)이다. 알코올로써는 CH_3OH(methanol), C_2H_5OH(ethanol)과 같은 1가의 알코올 및 글리세린, sucrose와 같은 다가 알코올이 이용된다.

가장 일반화된 monoglyceride의 제법은 기름에 대하여 25~40%의 글리세린과 0.05~0.2% 정도의 알칼리 촉매를 사용하는 반응이다. 반응이 끝나면 생성물들이 무차별로 분포하여 평형에 도달하게 되지만 순도를 높이기 위하여는 반응조건의 검토 및 분자 증류를 응용하기도 한다.

(2) Interesterification

Interesterification반응은 2종 또는 그 이상의 유지간에 이루어지는 지방산기의 상호교환 반응이다. 지방산기의 재배열은 확률적으로 행하여지며 평행상태에서는 무차별로 분포하게 된다. Interesterification반응은 보통 유지의 융점 이상의 온도에서 실시한다. 이럴 경우 여러 개의 지방산으로부터 3개를 취할 확률분포를 나타내야 하고, 무차별분포일 경우에는 random interesterification이라고 한다.

Random분포된 유지의 지방산은 다음의 확률 계산법에 의해 산출한다. 즉 A, B, C를 지방산으로 그의 mole%를 a, b, c라 하면 한 종류의 지방산으로만 되어 있는 글리세리드의 mole%는 지방산의 mole%에 3승을 하면 된다. 즉, A-A-A=(a×a×a) 1/10,000mole%, 2종류의 지방산으로 되어 있는 경우에는 A-A-B=(a×a×b) 3/10,000mole%, 3종류의 지방산으로 되어 있는 경우에는 A-B-C=(a×b×c 6/10,000mole%이다. 이상과 같은 일련의 확률계산식에 의해 재분

배된다.

Interesterification 반응의 제조공정은 대략 원료 유지 → 전처리 → 탈수 → 반응(Na methylate) → 수세(중화) → 후처리(탈색) → 제품 순으로 이루어 진다.

Random분포가 유지의 용융 상태에서 행하여지고 있음에 비해서 융점 이하의 온도에서 반응을 시키는 directed interesterification 반응이 있다. 이 반응은 반응계 내에서 먼저 trisaturated glyceride(GS_3)가 석출되므로 남아있는 액상부에서 재차 평형상태에 도달하도록 반응시켜 random 분포를 유지하는 방법이다. 이와 같은 일을 반복하여 실시함으로써 반응이 완전히 끝난 후에는 고체부와 액체부를 각각 많이 함유하는(GS_3와 GU_3) 제품이 생기게 된다.

이와 같이 interesterification반응은 글리세린기에 붙어 있는 지방산의 상호 교환을 의미하지만 글리세린기 이외에 glycol, alcohol, 당 알코올기도 포함되므로 반응 조건에 따라 끝없는 조합이 가능하다.

(3) 라아드(Lard)의 물성 개량

라아드는 특유의 결정을 형성하여 입상조직을 만들어 크림성이 나빠 쇼트닝 원료로 적당치 않다. 일반적으로 라아드의 지방산 조성은 팔미트산 27%, 스테아르산 10%, 올레산 50%, 리놀산 12%로 되어 있다. 따라서 글리세리드의 입체구조는 di-포화형의 거의 전부가 S-P-O(또는 L)의 형태로 배치되어 팔미트산이 베타 위치에 있어 디포화-베타-팔미토-스테아로 글리세리드로 되어서 큰 결정을 만드는 원인이 된다.

라아드를 interesterification반응시킨 글리세리드의 조성은 표 6-2와 같다. 라아드를 random interesterification하여도 GS_2U는 25%로서 거의 변화하지 않았지만 S-P-U는 44%로 크게 감소하여 라이드의 조직물성 개량에 이 반응이 유효한 수단임을 알 수 있다. 바꾸어 말하면 interesterification처리된 라아드는 제과, 제빵용 쇼트닝의 원료유지로서 성능이나 조직면에서 충분히 사용 가능하다.

한편 directed interesterification처리한 라아드는 GS_3가 14%, GU_3가 39%로 되어 중간 융점 부분이 감소되기 때문에 가소성의 범위가 넓은 라이드를 만들 수 있다.

표 6-2 Interesterification 반응 전 후의 글리세리드의 조성

구 분	lard	random interesterification	directed interesterification
Tri-포화(GS_3)	2	5	14
Di-포화(GS_2U)	26	25	15
Mono-포화(GSU_2)	54	44	32
Tri-불포화(U_3)	18	26	39

6-3. 유지 재료의 종류

(1) 어유(Fish oil)

정어리류, 청어류로부터 습식법과 건식법으로 얻은 것을 말한다. 고등어 및 오징어 등을 원료로 하는 것도 있다. 고도 불포화지방산이 많아 성상이 불안정하다. 어유는 어취가 강하기 때문에 경화유로서 마가린(margarine), 쇼트닝의 원료어로 사용하는 것은 적고 공업원료로서 페인트, 니스, 잉크, 비누 등에 사용된다. 정어리기름(sardine oil)은 검화가 188~189, 요오드가 170~188이다. 또 간유(cod liver oil)는 오로지 대구 간장으로부터 만들고 상어 간장으로부터 만든 것을 상어간유(shak liver oil)로 부르며 공히 비타민 A, D제로서 중요하게 사용된다. 이외에 명태, 참치 등의 간유도 있다. 또 최근 굴유(oyster oil)가 주목되고 있지만 원래 중국요리에서는 끓는 물에 익힌요리 등에 많이 이용하여 왔다. 굴 중에는 지질을 1.8~3.0% 함유하고 이 중에 palmitic acid, docosahexaenoic acid(DHA), eicosapentaenoic acid(EPA) 등이 있고 특히 eicosapentanoic acid는 혈전, 뇌경색, 심근경색 등의 예방에 유효한 것으로 알려져 있다. 어유는 산화되기 쉽다. 이것은 불포화지방산의 과산화물을 많게 하고 간장 장해 등의 독성을 나타내기 때문에 주의가 필요하다. 일반적으로 실온에서 액상이다. 어유는 냄새가 강하고 정제해도 어취가 남으므로 경화유 및 비누의 원료가 된다. 쇄장이 길은 지방산 및 고급불포화지방산을 함유한 것이 많고 eicosapentaenoic acid(EPA, 탄소수 20, 2중결합 5개), docosahexaenonic acid(DHA, 탄소수 22, 2중결합 6개)가 혈전 중에

유효한 것으로 혈청cholesterol을 낮추는 효과가 있다.

(2) 우지(Beef tallow)

소의 지방조직으로부터 통상 습식법과 건식법에 의하여 채유 정제한 것이다. 또 심장, 대강막, 장간막, 신장등으로부터 45~50℃의 저온에서 용출한 우지를 특히 premier jus라 부르고 최상급의 우지로서 용융우지를 30~32℃에 방치하고 석출한 결정을 우지 stearine, 이것을 분리한 나머지 액체는 oleo oil이라 한다. stearic acid, oleic acid, palmitic acid의 비율은 40%, 30%, 20%이다. 미국, 캐나다, 오스트렐리아 등으로부터 수입하고 있다. 우지는 검화가 190~ 202, 요오드가 25~60, 융점 40~45℃이고 fry, beef cut, 우육요리에 사용된다. 우지(beef · tarrow)는 신선하고 가장 좋은 지방조직으로부터 제조한 것은 식용유지로서 이용하고 신장 이외 부분의 지방원료로부터 autoclave로 물과 증자해서 제조한 것은 마가린(margarine), 비누 등의 원료로 한다. 돈지에 비해서 우지의 융점은 40~50℃로 높고 돈지 보다 요리에 사용하기 어렵다.

(3) 돈지(Lard)

돈지(lard)는 정제한 돈지로 만들어지는 순정돈지와 돈지 이외의 다른 유지를 배합해서 만드는 조제돈지가 있다. 돈지는 융점이 38℃ 이하이므로 여름에는 녹아서 끈적거린다. 그러므로 여름에도 고형을 유지하고, 특징 있는 풍미를 부여하도록 우지 및 팜유 등을 가해서 사용하기도 한다. 돼지의 피하조직 등의 지방조직으로부터 가열, 용해, 채유한 것을 정제한 것이다. 또 지방조직 이외(뼈, 외피, 귀, 꼬리, 장기)등으로부터 얻은 돈지를 용출 돈지방(Rendered pork fat)로 나누어 부른다. 불포화지방산이 약간 많아 산화되기 쉽다. 지방산 조성은 oleic acid, palmitic acid, stearic acid의 비율이 40%, 25%, 20%이다. 돈지는 검화가 193~202, 요오드가 36~47, 융점 28~43℃이고 튀김용, 볶음, 돈육요리에 쓰인다.

(4) 양지(Mutton tallow)

양의 지방조직 등으로부터 얻은 고체지방으로 백색으로 견고하고 여리다. 특이한 냄새를 갖고 있다. 지방산 조성은 palmitic acid, steric acid, oleic acid의 비율이 27%, 27%, 35%이다. 검화가 192~198, 요오드가 31~47, 융점 30~40℃이다.

또 양모지(lanolin)는 양의 지방분비선으로부터 분비되는 물질로 왁스(wax)의 하나이다.

(5) 유지방(Butter)

우유는 우종, 연령, 사료, 계절 등에 따라 다르지만 약 3.5% 내외의 지질을 가지고 있다. 이것으로부터 크림(cream)을 분리하고 크림을 교동(churning)하는 것으로부터 지방구를 응집시켜 덩어리 상태로 하여 버터입자를 생성시킨다. 버터 입자를 응집시키는 것을 연압(working)이라 하고 이렇게 한 것을 버터라 한다. 시판의 것에는 무염버터, 가염버터, 발효버터, 비발효버터 등이 있다. 또 특수한 것으로 flavor butter, 분말버터, butter oil등이 있다. 버터는 뉴질랜드, 네델란드 등으로부터 수입하고 있다. 지방산 조성은 palmitic acid, stearic acid, oleic acid가 29%, 9.2%, 26.7%이다. 검화가 210~245이고 요오드가 25~47, 융점 28~38℃이다. 또 수우유(buffalo's milk)은 동남아시아 지역 특히 인도, 네팔에서 많이 이용되고 그것으로부터 만든 것을 ghee라고 한다. 요리, 과자 등에 이용되고 있다.

즉 우유의 지방을 분리한 것이 버터이다. 버터의 제조법을 (그림 6-3)에 나타냈다.

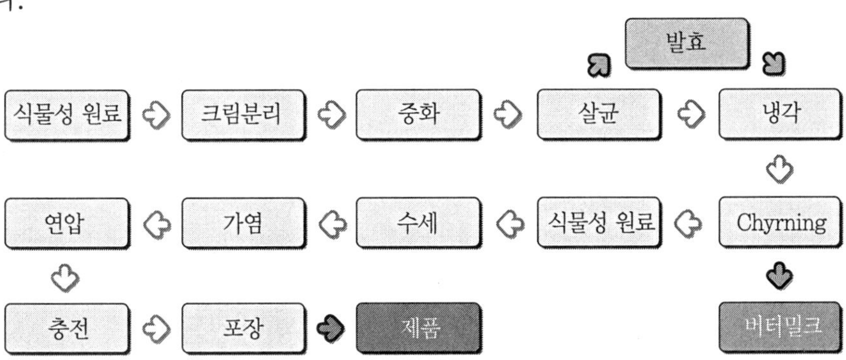

그림 6-3 버터의 발효법

원료유로부터 크림(cream)을 분리하고 교반한다. 그러면 크림 중의 지방구 피막을 파양해서 지방구를 괴상으로 집합시켜 연압한다. 지방구는 크림 중에 수상 즉 butter milk로 분리하면서 동시에 butter milk를 제거하면 butter지방이 주성분이 되고 15%의 물을 함유한 유중수적형의 유화상태가 된다. 즉 수중유적(O/W)형으로부터 유중수적(W/O)형으로 상 전환이 일어난다. 버터의 종류로서는 1.5~2.0% 정도의 식염을 첨가한 가염버터와 첨가하지 않은 무염버터가 있다. 무염버터는 제과 및 조리 혹은 식염의 섭취를 제한하고 있는 신장병 환자식 등에 사용된다.

(6) 카카오지(Cacao butter)

열대에 널리 분포, 재배되는 벽오동과 카카오 나무(*Theobroma cacao* L.)의 과실로 길이 15~20 ㎝의 럭비 볼 모양을 하며 간지(幹枝)등에 직접 개화 · 결실한다. 카카오과실의 성숙한 것을 채취하고 퇴적 · 추숙 · 발효시켜 과육을 수세하여 제거하면 1개의 과실로부터 30~40개의 지선대 적갈색의 약 1g~2g의 종자를 얻는다. 이것이 카카오콩(cacao bean)이고 50~57%의 지질을 함유한다. 이것을 배전(130~150℃, 25~30분간)하고 파쇄 후 종피(shell)를 제거하여 배유(Nibs)와 배아(Germ)을 얻는다. 이것을 알칼리 처리 후 건조, 압착하여 카카오버터를 얻는다. 이때 압착박은 20% 정도의 지질을 함유하지만 이것을 건조, 분쇄하여 코코아(cocoa)로 한다. 또 카카오콩를 마쇄한 것이 카카오매스(cacaomass)이고 카카오지는 palmitic acid, stearic acid이 60%를 점한다. 그외 oleic acid 등이 있다. 오오드가 35~40, 융점 30~36℃, theobromine등 카페인(caffeine)과 유사한 alkaloide를 함유한다.

(7) 야자유(Coconut oil)

열대에 널리 자생, 재배되는 야자과의 야자나무(*Cocos nucifera* Cinn)의 과실로 유과의 배유는 액상인 것으로 coconut milk로서 음용하지만 성숙과의 배유는 고화하기 때문에 섬유질의 과피를 제거하고 내용물은 취하여 건조시켜 copra로 한다. copra에는 약 65%의 지질을 함유한다. 이것을 압착법 또는 추출법에 의해서 채유하여 얻는다. 또 유과의 과육부도 30~40%의 지질을 함유하기 때문에 이것으로부터 채유할 수도 있다. 야자유에는 주로 필리핀 등으로부터 copra는 파푸아 뉴기니아, 마리아나, 마샬, 카로린 제도로부터 수입한다. 검화가 246~264, 요오드가 7~11, 융점 24~27℃, laurilic acid 45~50%, myristic acid 15~17%가 주요 지방산이다. 그외 저급 포화지방산을 많이 함유하고 마가린 등의 원료로서 다량으로 사용되는 것 외에 공업원료로도 사용된다.

(8) 팜핵유(Palm kernel oil), 팜유(Palm oil)

동남아시아, 말레이지아, 인도네시아, 서아프리카(원산지)의 열대에 재배되는 종려나무의 아브라 야자(*Elaeis guineensis* Jacquin, oil palm)의 과실로부터 채취한 유지이다. 과육에 지질이 50~67% 함유되기 때문에 압착 채유한다. 이것이 팜유이다. 한편 흑색의 종자는 지질을 44~53% 함유하기 때문에 채유하여 팜핵유로서 존재한다. 주로 말레이지아, 인도네시아로부터 수입하고 있다. 팜원유는 등황색을 나타내고 palmitic acid, oleic acid가 많아 45.5%, 41.5%이고 그외 linoleic acid 등도 있다. 검화가 195~210, 요오드가 43~62, 융점 23~30℃이다. 팜원핵유는 담황색이고 oleic acid 12,4%, miristic acid가 14.4%이고 lauliylic acid이 많아 52.3%이다. 검화가 240~257, 요오드가 14~22이다. 팜핵유나 팜유는 정제하여 마가린, 쇼트닝의 원료유 이외에 공업원료로서도 중요하다.

(9) 잇꽃유(Safflower oil)

아시아와 이집트를 원산지로 국화과 월년초본의 잇꽃 즉 홍화(*Carthamus tinctorious* L.)는 등적색의 carthamin을 포함하고 색소염료로서 동북아 지방에서 재배하고 있다. 이 종자는 30~40%의 지질을 함유하기 때문에 이것을 채유하여 식용유로서 사용하고 있다. linoleic acid가 70~80%, oleic acid가 14% 함유한다. 불포화지방산이 많기 때문에 산패가 빨리 일어난다. 이것을 없애기 위하여 linoleic acid가 적은 oleic acid가 많은 하오레익종 품종이 미국에서 행하여지고 있으며 oleic acid 함량을 65~80%의 것도 개발되고 있다. 검화가 186~194, 요오드가 140~150, 하이오렉익종은 80~100이며 주로 셀러드 기름, 튀김유로 이용된다.

(10) 해바라기유(Sunflowor oil)

중미 원산 국화과 1년생 초본의 해바라기(*Helianthus annus*)의 종자 중에는 22~36%의 지질을 함유한다. linoleic acid 60%, oleic acid가 35%로 주요지방산이다. 검화가 188~194, 요오드가 120~142이며 셀러드용이나 튀김용으로 사용된다.

(11) 면실유(Cotton seed oil)

목화는 널리 세계적으로 재배되고 대표적인 종류로서는 육지면(*Gossy pium* brostum), 해도면(브라질, 페루), 이집트면 등이 있지만, 재배가 가장 많은 것은 미국, 러시아, 중국, 니카라구아, 나이지리아 등으로 대부분 육지면이다. 목화의 개화 후 성숙 개열하여 핀 과(cotton ball)로부터 면섬유를 취한 것이 면실이다. 면실은 17~23%의 지질을 함유하기 때문에 우선 면실에 남은 linda라는 단섬유를 제거하고 파쇄하여 외피를 제거하고 증자, 압착하여 채유한다. 또 추출법도 행하여진다. 면실유는 고시폴이라는 독소를 가졌기 때문에 이것을 제거한다.

면실유의 검화가 169~195, 요오드가 95~127이고 linoleic acid 50.4%, palmitic acid 27.3%, oleic acid가 16.7%이다. 경화유, margarin, shortening oil에 이용하고 정제면실유를 냉각(wintering)하여 고형물을 제거한 것을 동유(winter oil)라 한다. 제거하지 않은 것을 하유(summer oil)라 한다.

(12) 참기름(Sesame oil)

인도원산의 일년생초본인 참깨(*Sesamum indicum* L.)의 종자유이다. 참깨는 종자의 색에 따라 흰참깨, 흑참깨, 차참깨, 연분홍참깨 등으로 종류가 나뉜다. 흰 참깨는 55~56%의 지질을 함유하고 흑참깨는 50%로 적다. 중국으로부터 대량생산되며 참깨 종자를 볶아서 압착 또는 추출법에 의해서 채유한다. 흑참깨기름은 리놀레산(linoleic acid), oleic acid가 44.1%, 41.4%이고 palmitic acid, stearic acid도 많다. 또 sesamol라는 항산화성 물질을 약 0.7% 또 sesamin을 약 0.4% 함유하기 때문에 비교적 안정한 기름이다.

검화가 186~195, 요오드가 103~118이고 특히 향기가 좋다. 비빔밥 등 요리의 향을 내기 위하여 사용한다.

(13) 미강유(Rice bran oil)

현미를 도정하여 정백미로 할 때 생기는 쌀겨는 약 9% 얻어진다. 이 쌀겨에는 지질이 15~20% 함유되어 있기 때문에 n-헥산(hexane)등에 의하여 추출하여 미강유를 얻는다. 다만 미강에는 lipase라는 효소가 있기 때문에 산패하기 쉽다. 그 때문에 도정 후 가능한 한 빨리 채유하지 않으면 안된다. oleic acid, linoleic acid, palmitic acid가 40~50%, 29~42%, 13~18%이다. 검화가 180~195, 요오드가 92~112이다. 사라다유, 튀김유 등에 이용된다. 또 미강유 중에는 불검화물의 sitosterol이 있기 때문에 식물 중의 콜레스테롤(cholesterol)의 흡수가 방해되며, 동맥경화 방지효과가 있다.

(14) 옥수수 기름(Corn oil)

옥수수 종실로부터 corn starch를 만들 때 부산물로 배아(germ)가 얻어지고 이 중에는 33~40%의 지질을 함유하고 있기 때문에 이로부터 채유한 것이 배아유이다. linoleic acid가 58.7% oleic acid 26.6%, palmitic acid 11.5%이며 검화가 187~195, 요오드가 103~130이다. 또 산화방지성이 있는 ferulic acid가 소량 함유되어 있기 때문에 비교적 안정하다. 탕물 등의 요리에 이용된다.

(15) 콩기름(Soybean oil)

중국 동북부 원산 콩과의 대두 종실은 단백질 약 35%, 지질 약 20%를 함유한다. 단백질 자원으로서도 유지원료로서도 중요하다. 주요생산국은 미국, 중국, 브라질, 아르헨티나 등이며 이들 4개국에서 전 생산량의 90%를 점하고 있다. 채유원료로서 가장 많이 생산한다. 우리나라에서 생산은 적고 미국, 중국, 카나다 등으로부터 100만톤 이상 대량의 콩을 수입하고 있다.

콩의 종류, 품종은 많지만 유지원료인 것은 주로 황색콩(황태)이다. 압착법 및 추출법 특히 연속 추출장치를 이용해서 n-헥산(hexane)으로 채유하지만 그 착유박에도 단백질이 남아 있기 때문에 탈지대두(defatted soybean meal)로서 대두단백질, 간장, 된장 그 외에도 이용된다. 또 추출대두유로부터 검질을 분리한 대두레시틴(lecithin을 회수하여 유화제 등으로 널리 사용한다.

리놀레산(linoleic acid) 51%, oleic acid 25%, palmitic acid 12%로 검화가 188~195, 요오드가 123~142이다. 튀김유, 사라다유 등 각종 식용유로 이용되며, 그 외 마아가린, 쇼트닝 원료로 사용되고 식용유의 대부분을 차지하고 있다.

(16) 유채기름(Rapeseed oil)

북구와 시베리아를 원산지로 유채(*Brassica cam* Pestris, 재래종) 또는 세이요우 유채(B. napus, 서양종)의 작은 종자(직경 1.5~2 ㎜ 구형) 중에는 지질을 35~50% 함유한다. 주생산국은 인도, 중국, 캐나다, 멕시코 등이고 우리나라는 주로 제주도에서 생산된다. 재래종으로부터 채유한 기름은 영양상 문제가 있는 Erucic acid(M.P 33~34℃)가 40~50% 함유되어 있고 식물유지 중에서 검화가가 가장 낮다. 검화가 167~180, 요오드가 94~107이고 oleic acid 22%, linoleic acid, linolenic acid가 각각 15%, erucic acid가 28%이다. 최근 캐나다 등에서 erucic acid가 적은 품종을 개발하여 erucic acid가 지극히 적은 채종유가 얻어지게 되었다. 사라다유, 덴푸라유 등을 시작으로 각종 요리 및 공원원료로 쓰인다. 또 이것과 닮은 겨자유(Mustard oil)는 백겨자, 차겨자, 흑겨자 등의 종자중에 약 30%의 지질을 함유하고 있다. 따라서 이것을 채유한 후 사용한다. 아릴이소치오시안에이트를 함유하기 때문에 신미와 방향을 가진다. 검화가 173, 요오드가 102이고 erucic acid가 44.2%, oleic acid 22%, 리놀레산(linoleic acid) 14.2% 등이다. 착유박을 건조 분쇄하여 겨자로 쓰인다.

(17) 올리브유(Olive oil)

지중해 연안 원산 물푸레나무과의 올리브(*Olea europaea* L.)의 과실 기름이다. 기원전 3,000년경 시리아에서 이미 재배가 행하여져 왔다. 채유용과 식용이 있다.

식용종은 과실을 그대로 염지하여 먹는다. 품종에 따라 다른 채유용의 과육에는 18~25%의 지질을 함유한다. 과실을 나무상에서 완숙 위조시킨 것은 40% 가깝게 지질이 된다. 과육을 압착하여 얻은 기름을 정제하여 olive oil을 얻는다. 종자로부터 채유하는 것은 양질의 기름을 얻을 수 없다. oleic acid가 많게 60~80%, linoleic acid 8~15%, palmitic acid가 7~11% 등이다. 검화가 188~190, 요오드가 80~88이다. 사라다유 외에 요리용, 의약용, 안료 등에 널리 이용되고 있다. 또 유지통조림에도 많이 이용한다.

(18) 땅콩기름(Peanut oil)

남미 원산의 두과 1년생 초본의 낙화생(*Arachis hypogaea* L.)종자는 40~ 50%의 지질을 함유한다. 주생산국은 인도, 중국, 아메리카, 수단 등이고 종류, 품종은 많지만 채유용에는 소립종인 spain종, 바렌시아종, 란나종을 이용하고 때에 따라서는 대립종인 버지니아종도 이용된다. 채유도 압착법, expeller 압착법, 추출법 등을 병용한다. 또 착유박(peanut meal)에는 단백질 42~45% 그외 특유의 방향을 갖기 때문에 과자류, 요리에 이용하고 일부 가축의 사료로 쓰인다. 땅콩기름은 oleic acid 47.8%, linoleic acid 27.7%, palmitic acid 14.0%, 검화가 187~196, 요오드가 80~106이다. 저온에서 고체지를 석출하기 때문에 wintering 즉 겨울철 저온 중에서도 응고침전물을 생성하지 않도록 행하는 저온처리, 분별결정법을 행하여 덴푸라기름 외 각종 요리에 이용한다.

6-4. 가공 유지류

유지의 품질, 물리성 등의 특성을 변화시켜서 용도의 확대를 꾀하기 위해 여러가지 조작을 행한 것이 가공유지류이다.

(1) 경화유

경화유는 유지 중 불포화지방산의 2중결합에 수소를 부가(첨가)하는 것에 따라 불포화도를 낮추는 것을 경화라고 한다. 경화에 따라 산화의 방지, 열 안정성의 향상, 색, 풍미의 개선 등이 가능하다. 경화한 기름은 쇼트닝 및 마가린의 배합유 및 튀김용의 열 안정성이 높은 유지의 원료에 이용한다. 수소첨가는 원료유지에 촉매로 니켈을 가하고 수소가스를 불어넣어 행한다. 수소첨가에 의해 유지를 경화시키면 즉,

① C = C 결합에 수소첨가 함으로써 보다 산화에 안정성을 갖는다.

② 색조, 향미 등의 개선

③ 딱딱함, 가소성 등 물리성의 개선 등이다. 경화유의 제조법은 (그림 6-4)에 나타냈다.

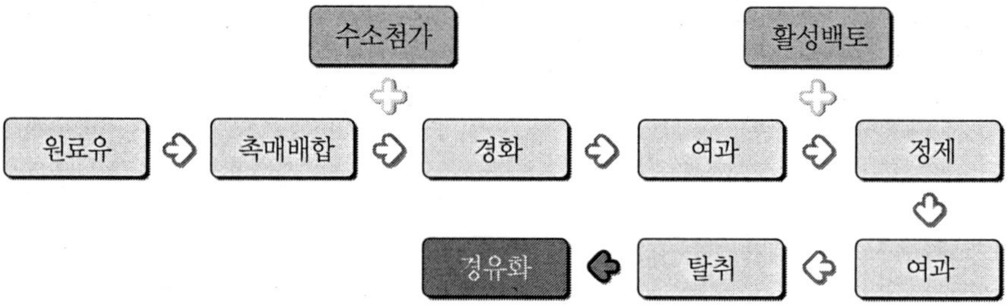

그림 6-4 경화유의 제조법

경화유는 그대로 식용으로 하는 것은 적고 주로 마아가린, 쇼트닝의 원료로서 사용된다. 마아가린 원료로서는 체온으로 용해한다. 소위 입에 녹게 하는 것이 좋은 품질의 것이다. 더불어 계절 등의 온도 변화에 대한 배려도 필요하다.

(2) 마아가린(Margarine)

버터에 대신하는 유지로서 1869년 프랑스의 메쥬무레에 의해서 개발된 유중수적형(W/O)의 유화형태이다. 그 후 미국에서 발전하여 오늘에 이르고 있다. 마아

가린은 정제된 동식물유지에 경화유지등을 가하고 유화제를 이용하여 급냉 · 연합시킨 것이다. 마아가린은 적당히 입에 맞고 빵 등에 넣었을 때 신전성이 좋으며 식물유지, 동물유지, 경화유를 섞어 물 등을 가하여 급냉 · 유화하여 만든다. 유중에 물방울이 유화된 유중수적형(W/O)이 되고 있다. 마아가린의 제조법은 (그림 6-5)과 같다.

그림 6-5 마아가린 제조법

표 6-3 마아가린의 배합 예

재료	수량	비 고
원료 유지	80%	발효우유를 첨가하면 풍미가 좋아지며 비타민 A의 파괴 방지도 되고 미생물의 발생을 억제한다.
물 또는 발효우유	16~18%	
소금	2~3%	
모노글리세리드(유화제)	0.2~0.5%	
레시틴(유화제)	0.1~0.3%	
보존료(DHA)	$1 \sim 5/10^4$	
산화방지제(BHA)	$1 \sim 2/10^4$	
향료(디아세틸, 바닐라)	$1 \sim 2/10^5$	
착색제(β-카로틴 등)	$0.6 \sim 1/10^3$	
비타민 A	20,000 IU/450g	

가소성이 있는 즉 고체와 가소성이 없는 즉 유동성의 것이 있다. 첨가하는 부원료로는 식염, 우유 또는 유제품, 착향료, 착색료, 산화방지제, 보존료, 유화제, 비타민류, 칼슘 등이다.

(3) 쇼트닝(Shortening)

정제 동식물 유지 약 30%, 경화유 약 70% 등을 급냉·연합시킨 것으로 가소성이 있다. 미국에서 개발되어 빵, 비스켓 등의 배소하는 소맥분 제품에 쇼트닝성 즉 소맥전분 및 단백질을 유지로 둘러싸 결합력을 약하게 하는 성질, 따라서 부서지기 쉽고, 여린 성질, 크림성 즉 혼합에 의해서 반죽 중에 공기를 포함시키는 성질 등을 부여하는 유지이다. 거의 100% 유분으로 만든다. 즉 정제 동식물 유지 및 경화유의 몇 종류를 혼합하고 식용유화제 및 산화방지제를 급냉·연합하여 만든다. 제빵, 제과에 이용된다. 쇼트닝의 제조법은 (그림 6-6)과 같다.

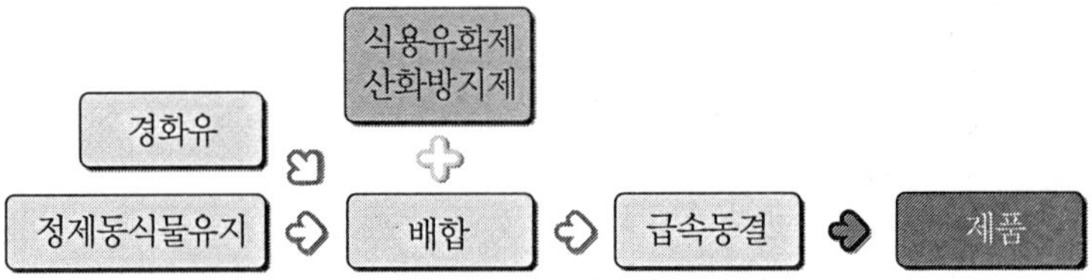

그림 6-6 쇼트닝의 제조법

(4) 마요네즈(Mayonnaise)

마요네즈(mayonnaise)는 난황에 함유된 천연유화제(lecithin)의 작용으로 유지를 안정화시킨 것으로 수중유적형(O/W)의 대표적인 유화식품이다. 마요네즈 제조법은 (그림 6-7)과 같다.

그림 6-7 마요네즈의 제조법

(5) Hard butter(Chocolate용 유지)

초콜릿류에 사용되는 유지는 다음과 같은 성질이 요구된다.

① 비가소성이고 융해가 예민해야 한다.

② 안정성 및 풍미가 양호해야 한다. 즉 산화 또는 lipase 분해에 대하여 안정하여야 하며 일반적으로 상온에서도 6개월 이상의 안정성이 필요하다.

③ 작업성이 양호해야 한다. 즉 초콜릿 제조시 결정의 형성이 용이하고 점도가 적당하여 모양을 뜨기가 쉬워야 되며, 완성된 제품의 부루밍(blooming) 등에 대한 물리적 안정성이 좋아서 보통 1년 이상의 안정성이 필요하다.

④ 대용지로 쓸 때에는 카카오지와의 상용성이 양호하여야 한다.

이상의 조건들을 갖춘 하드 버터는 여러 가지가 있으나 천연산 카카오지와 야자유가 모든 것에 기초가 된다.

1) 카카오지(Cacao지)

초콜릿류에 사용되는 대표적인 유지는 천연산의 카카오지이다. 카카오지의 일반적인 성질은 다음의 표 6-4와 같이 2포화 즉 불포화지방산으로 되어 있는 글리세리드가 70~80%를 점유하여 화학 조성이 비교적 순수하게 되어 있는 것이 특징이다. 따라서 물리적 융해 거동은 완전히 비가역적이어서 융해점이 예민하다. 또 2포화 1불포화 글리세리드이면서도 POS(palmitic acid, oleic acid, stearic acid)와 같이 대칭형 글리세리드는 polymorphism이 세게 나타나는 것이 특징이다. 보통 γ, α, β', β형의 4가지 결정형이 존재하며 이들의 융점은 표 6-5와 같다.

표 6-4 카카오지의 일반적 성상

일반특성값	산가	1.45(보통 1이상)
	요오드가	35.4 (보통 32~40)
	검화가	197.1 (보통 190~200)
	융점(β형)	녹기 시작 27.7℃
		상승 융점 33.8℃
		투명 융점 34.2℃
지방산 조정	130이상	26~30%
		31~36%
		39~43%
		2~2.1%
트리글리세리드의 조성	SPS 2%	
	SOS 12%	
	SOP 52%	
	POP 6%	S : 스테아르산
	OPO 4%	P : 팔미트산
	OSO 15%	O : 올레산

표 6-5 카카오지의 각 결정형에서 융점

γ형	16~18℃
α형	21~29℃
β´형	27~29℃
β형	34~35℃

2) 초콜릿용 대용지

카카오지 이외의 초콜릿용 유지는 카카오 대용지와 카카오 유사지의 2종류가 있다. 카카오 대용지는 카카오지와 글리세리드 조성, polymorphism거동이 아주 유사하며 카카오지와 혼합했을 때 상용성도 좋으며 안정한 초콜릿을 만들 수 있다.

피복물 초콜릿(초콜릿 함량 30~69%)에도 물론 앞서와 같은 유지가 사용되나 그 외에도 카카오 유사지가 사용되기도 한다. 이것은 글리세리드 조성, polymorphism 거동은 카카오지와 유사성은 없지만 물리적 거동이 카카오지와 근사하여 초콜릿 제조시 결정형성을 필요로 하지 않는 특징이 있다. 카카오지와의 상용성은 거의 없어 대부분의 경우 단독 또는 소량의 카카오지(최대 30%)와 병용하는 경우가 많다. 이들은 야자유, 팜핵유 및 이들의 경화 유지, 에스텔 교환 유지, 분별 유지 등의 라우린계 하드 버터 및 동식물 경호 분별 유지 등이 있다. 이들의 일반 성상을 보면 표 6-6과 같다.

표 6-6 카카오 유사 지방의 일반 성상

	산가	요오드가	검화가	융점
라우린계 하드 버터	0.1	5.5	256.5	32.5℃
식물 경화 분별 유지	0.1	44.6	194.7	34.2℃

Revised Edition Agricultural Food Processing

개정판 농산식품가공학

제7장
음료

Agricultural Food Processing

음료(beverage)는 액체 상태로 마실 수 있는 것으로 물, 차, 커피(coffee), 탄산음료(carbonated beverage) 등을 말한다. 여기서는 전 세계인의 기호음료 중 많이 소비되는 커피, 녹차, 홍차를 택하여 살펴보면 다음과 같다.

7-1. 커피(Coffee)

커피(coffee)는 전 세계적으로 가장 많이 음용되는 대표적인 기호음료로 원산지는 에티오피아(Ethiopia)이다. 커피열매는 꼭두서니과(Rubiaceae) 코페아(Coffea)속에 속하는 커피나무의 열매로 커피원두(green coffee beans)는 커피 열매의 종자로 그 열매는 체리 또는 베리라고 한다. 커피 열매의 외피를 제거하면 과육이 있고, 그 안에 내과피와 반원형의 편평한 종자가 2개 있어 이 종자를 탈곡한 후 건조하여 커피원두를 얻는다. 이를 배전(roasting)하여 커피 특유의 향과 맛을 갖게 하는 것이다. 배전공정은 커피 원두를 일정시간 고온에서 볶는 것으로 커피의 향과 색깔이 형성된다.

7-1-1. 커피의 품종

커피의 종류는 품종에 따라 아라비카(Arabica)종, 로부스타(Robusta-canephora)종, 리베리카(Liberica)종으로 분류된다. 그 중 아라비카종는 전 세계 생산량의 75%를 차지하고 향기와 맛이 좋아 최고의 품질로 인정받고 있으며, 그 예로는 Colombia, Brazil mild, Kenya, Tanzania, Ethiopia 등이 있다. 로부스타종에는 Cameroon, Ivory coast, Brazil conillon 등이 있다.

생원두(green bean)의 수분함량은 12% 정도이며, 저장조건이 적합하면 2~3년간 저장이 가능하다.

7-1-2. 레귤러 커피(Regular coffee)

레귤러 커피(regular coffee)는 생원두를 선별, 광택을 낸 후 배전공정을 하여 원두를 볶는다. 배전공정은 고온(200~250℃)에서 15~20분 정도 볶으며, 볶는 정도에 따라 연한 볶음(american roast), 중간 볶음(medium roast), 강한 볶음(french roast)으로 분류할 수 있다.

생원두를 연한 볶음으로 배전한 커피는 엷은 다갈색으로 신 맛이 있고, 중간 볶음으로 처리하면 다갈색이며 신 맛과 쓴 맛이 잘 조화되어 있으며, 강한 볶음의 커피는 흑갈색이고 쓴 맛이 진하게 느껴진다.

(그림 7-1)은 레귤러 커피(regular coffee)의 제조 공정을 나타낸 것이다.

그림 7-1 레귤러 커피의 제조공정

볶은 커피 원두는 급속히 냉각하지 않으면, 배전(roasting)공정 후 남은 열기에 의하여 볶은 커피 원두의 지질이 표면으로 침출되어서 산화가 일어나 커피의 맛을 저하시키는 이미(off-taste)의 원인이 된다.

이러한 레귤러 커피(regular coffee)는 크게 드립커피(drip coffee)와 에소프레소(espresso)로 분류할 수 있다. 드립커피(drip coffee)는 볶은 원두를 갈아 거름장치(필터)에 담아 물을 부어 만드는 커피이다. 에스프레소(espresso)는 배전한 커피원두 가루에 물을 고온 · 고압의 조건하에서 미세하게 가하여 추출한 고농축 커피로, 드립커피용보다 좀 더 강하게 배전(roasting)한 원두를 사용한다.

7-1-3. 인스턴트 커피(Instant coffee)

인스턴트커피(instant coffee)는 한국전쟁기간 미군을 통하여 도입된 후 일반화되었다. 볶아서 분쇄한 커피를 추출관에 담아 175℃ 정도의 고온에서 추출해 냉동건조하거나 분무 건조한 것이다. 인스턴트 커피 제조 공정은 (그림 7-2)와 같다.

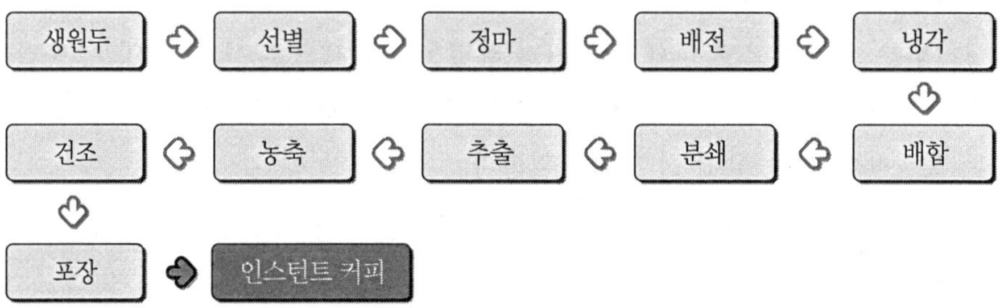

그림 7-2 인스턴트 커피의 제조공정

인스턴트 커피는 레귤러 커피를 물로 추출하여 커피 추출액을 얻는다. 추출방법으로는 고온, 고압의 다단 추출방법이 이용되며, 이때 온도는 150~180℃이고 압력은 20~10 ㎏/㎠의 고압으로 2시간 이내로 추출하여 20~30%의 추출액을 얻는다. 그러나 고온, 고압으로 처리하면 추출률은 높지만, 커피 향의 손실이 있다.

추출한 커피액은 농축한 후 건조하여 수분함량을 3%정도 되게 한다. 추출액의 농축방법 중 냉동농축법은 방향성분의 손실이 거의 없어, 레귤러 커피와 유사한 향과 맛을 나타낸다. 커피 추출액을 농축한 후 분무건조나 냉동건조를 이용하여 건조한다. 냉동건조법은 품질 면에서 커피 고유의 진한 향을 그대로 유지할 수 있는 것이 장점이다.

7-2. 녹차(Green tea)

차는 차나무잎을 우려낸 음료로, 녹차(green tea), 우롱차(oolong), 홍차(black tea), 보이차 등이 있으며, 이는 발효의 유무나 가공형태에 따라 분류된다.

녹차(green tea)는 차나무 유엽을 원료로 제조한 불발효차이며, 생엽을 덖느냐 또는 찌느냐에 따라 배건차(중국식)와 증건차(일본식)로 분류된다. 우리나라 대기업에서는 증건차를 주로 생산하고 있고, 중소기업에서는 배건차를 만들고 있다. 증건차는 풋내가 짙은 반면, 배건차는 고소한 향이 진하다. 증건차에 볶음 현미를 섞어 고소한 향을 함유한 현미차가 있다.

차의 생엽은 수분함량이 많아 75~80%이고, 고형물로 탄닌(tannin), 퓨린(purine), 카페인(caffeine), 단백질, 아미노산, 당, 섬유소, 펙틴(pectin) 등이 있다. 기타 유기산, 효소, 비타민, 망간(Mn)과 불소(F)와 같은 무기질 등을 함유한다.

(1) 녹차의 생리활성

녹차에 함유된 주요한 생리활성물질인 카테킨(catechin)은 구강내 충치유발을 하는 *Streptococcus mutans*의 증식을 억제하고, 치주염을 유발하는 *Porphyromonas gingivalis*에 대한 증식억제 효과가 있다. 또한 카테킨(catechin)은 구취제거 효과가 있어 구취의 원인 물질인 methylmercaptan에 대한 탈취능이 강하며, 위, 십이지장, 소장 등에 대한 암의 발생과 종양크기를 감소시킨다는 보고가 있다. 그 외 항산화능이 강하여 세포의 노화와 세포막 및 DNA 손상을 유발하는 유리반응기를 제거하는 역할을 한다. 녹차의 주된 생리활성물질인 카테킨(catechin)은 epigallocatechin(EGC), catechin(C), epigallocatechin gallate(EGCg), epicatechin gallate(ECg), gallocatechin(GC), epicatechin(EC)으로 분류할 수 있다.

(2) 녹차의 제조

녹차 원료로 차나무 소엽이 이용된다. 이는 탄닌(tannin)이 적게 함유되어 있고, 효소 활성이 약해서 녹차 제조용으로 이용된다.

차엽(차잎)은 유엽이 많을수록 원료로 적합하며, 채엽 적기는 절기상 곡우 부근으로 5월 5일~5월 10일이다. 채엽한 차엽에서 호흡작용은 계속 진행되므로 차엽은 12시간 이내에 가공되어야 한다.

증건차의 제조공정은 (그림 7-3)과 같다.

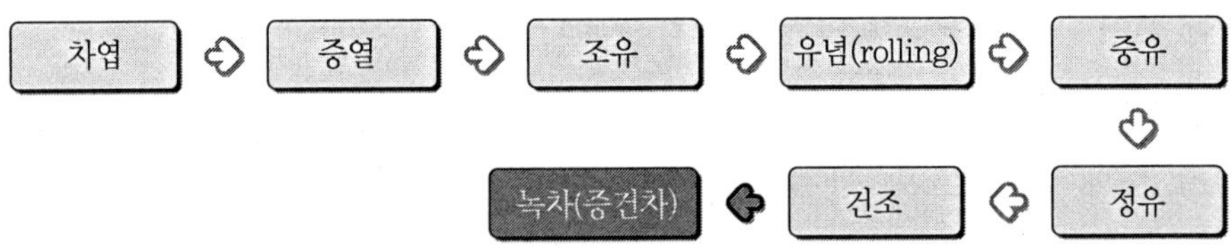

그림 7-3 차의 제조공정 - 증건차

차엽에 포화 증기를 사용하여 증열처리한다. 이는 차엽의 폴리페놀산화효소(polyphenoloxidase) 등과 같은 산화효소를 불활성화시키고, 풋내를 제거하며, 차엽을 유연하게 하고, 녹차 고유의 향미를 생성시킨다. 또한 증열공정은 유념(rolling)과 건조조작을 용이하게 한다.

조유는 열풍 속에서 차 잎을 저어주면서 가볍게 문질러 주어 항율건조기간을 지속적으로 연장시켜 품온 상승에 의한 변색을 방지하면서 특유의 향미와 색을 유지하면서 차엽의 수분을 균일하게 하면서 건조하는 공정이다. 조유 조작의 품온이 35℃ 이상으로 높으면 제품에서 이취(off flavor)가 발생하기 쉽다. 또한 겉만 마르게 되면 우려낸 차에서 떫은맛을 느끼게 된다.

조유조작 후 차엽의 문질음 작업이 부족하고, 건조가 고르지 않은 것을 유념(rolling)조작으로 수분을 균일하게 한다. 유념은 차잎을 비벼 말아 모양을 둥글거나 뾰족하게 하는 조작을 말한다.

중유는 유념조작 후 차엽을 다시 건조하는 2차적인 건조공정으로 원통형의 회전건조기로 건조한다. 건조기 내부는 조유기와 같은 문질음 장치가 있어, 외부통의 회전보다 같은 방향으로 더 빠르게 회전시켜 문질음 작용을 시키는 것이다.

이어 정유조작은 차잎의 내부 수분을 문질러 말리면서 정형하는 것으로, 이 조작이 생략되면 차의 짙은 맛을 느낄 수 없다. 이는 중유조작을 하지 않을 경우 가압력이 약하여 차엽의 탄닌(tannin)이 잘 용출되지 않기 때문이다.

정유조작 후 차엽을 건조하여 수분함량이 6%정도 되도록 한다. 이 때 열풍건조기를 사용하며, 가열취가 생성되지 않도록 70℃이하로 온도관리를 해야 한다.

7-3. 홍차(Black tea)

홍차(black tea)는 대표적인 발효차로 주산지는 인도, 스리랑카(Ceylon, 실론), 중국으로 실론티는 스리랑카에서 생산되는 홍차를 말한다. 홍차의 차잎으로는 인도에서 생산되는 다즐링(Darjeeling), 닐기리(Nilgiri), 아삼(Assam)이 있으며, 이 중 히말라야 고지에서 생산되는 다즐링(Darjeeling)은 색이 진하고 향이 좋으나, 생산량이 적어 다른 차잎과 섞어서 사용된다. 한국 사람들에게 가장 익숙한 홍차는 스리랑카 홍차로 우바(Uva), 딤불라(Dimbula)가 있으며, 대표적인 실론티의 차잎은 우바이다. 중국에서 생산되는 홍차에는 키먼(Keemun), 랩상 소우총(Lapsang Souchong)이 있다.

그러나, 일반적으로 여러 산지의 차잎을 섞어서 제품화하고 있으며, 이를 블랜드 티라 한다.

홍차의 향은 녹차보다 강하고 카페인(caffeine)도 많이 함유하고 있다. 동양에서는 물로 우려낸 차의 색이 붉기 때문에 홍차를 'red tea'라 하고, 서양에서는 차엽이 검은 색을 띄므로 'black tea'라고 부른다.

발효차에는 홍차 외에 홍차보다 발효가 덜된 우롱차(oolong)가 있으며, 이는 반발효차라 불린다. 발효가 홍차보다 오랜 시간된 보이차는 중국 운남성에서 생산된 차잎을 사용해 만든다.

홍차의 제조공정은 (그림 7-4)와 같으며, 주요한 공정은 차엽의 폴리페놀산화효소(polyphenoloxydase) 등의 산화효소를 이용하여 차엽의 카테킨(catechin)을 산화 중합시키는 것으로, 카테킨(catechin)을 중합하여 thealubitin, theaflavin을 생성하며, 이는 수용성으로 물에 녹아 적등색을 나타낸다.

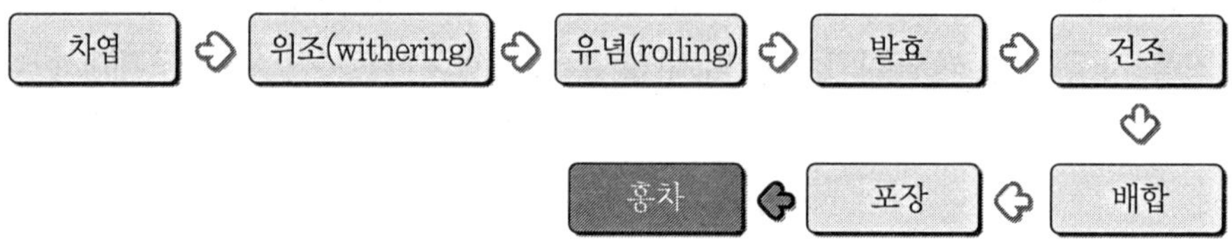

그림 7-4 홍차의 제조공정

차엽에 함유된 수분을 바람을 이용하여 제거하는 것을 위조(withering)라고 한다. 위조조작으로 차엽은 유연해지고 산화효소의 활성이 커진다.

위조조작을 한 다음 차엽을 비벼 말아 모양을 둥글거나 뾰족하게 내는 조작인 유념(rolling)을 한다. 따라서 유념된 차엽 내부의 성분이 노출되면서 산화발효가 촉진된다.

이어 온도와 습도를 일정하게 유지하여 차엽을 발효시킨다. 발효조작에서 차엽은 녹색이 없어지고, 산화발효가 되면서 검붉은 빛으로 변한다.

산화발효되어 검붉은 빛을 띠는 차엽은 고온으로 건조시켜 발효를 중지시킨다. 건조 후 차엽의 크기와 형태에 따라 등급을 결정하여 배합(blending), 포장하여 제품이 완성된다.

부록

Agricultural Food Processing

◈ 식품이력추적관리제도 운영 ◈

〈식품안전인증과〉

1. 목적

식품(건강기능식품, 축산물가공품을 포함한다. 이하 같다)의 제조·가공단계부터 판매단계까지 각 단계별로 정보를 기록 · 관리하여 해당 식품이 안전성 등에 문제가 발생할 경우 해당 식품을 추적하여 신속하게 유통을 차단하고, 회수할 수 있도록 함

2. 근거법령 등

가. 「식품위생법」 제49조, 제49조의2, 제49조의3, 「식품위생법 시행령」 제65조, 제67조, 「식품위생법 시행규칙」 제69조 내지 제74조의4

나. 「건강기능식품에 관한 법률」 제22조의2, 「건강기능식품에 관한 법률 시행령」 제20조, 「건강기능식품에 관한 법률 시행규칙」 제29조의2 내지 제29조의7

다. 「축산물 위생관리법」 제31조의3 내지 제31조의5, 「축산물 위생관리법 시행령」 제31조, 「축산물 위생관리법 시행규칙」 제51조의4 내지 제51조의13

라. 「수입식품안전관리특별법」 제23조, 「수입식품안전관리특별법 시행령」 제14조, 「수입식품안전관리특별법 시행규칙」 제35조내지 제41조

마. 「식품 등 이력추적관리기준」

3. 등록기준

식품을 제조 · 수입 · 가공 또는 판매하는 자 중 식품이력추적관리를 하고자 하는 자는 총리령으로 정하는 등록기준을 갖추어 해당 식품을 식품의약품안전처장에게 등록할 수 있음. 다만, 영유아식, 임산 · 수유부용 식품, 특수의료용도 등 식품 및 체중조절용 조제식품의 제조 · 가공업자, 일정 매출액 · 매장면적 이상의 식품판매업자, 건강기능식품 제조업자, 건강기능식품유통전문판매업자, 축산물가공품 가공업자 등 총리령으로 정하는 자는 식품의약품안전처장에게 등록하여야 함

※ 총리령으로 정하는 등록기준이란?

식품이력추적관리에 필요한 기록의 작성 · 보관 및 관리 등에 필요한 시스템('식품이력추적관리시스템')을 말함

※ 식품이력추적 대상 품목의 요건

1. 제조 · 가공단계부터 판매단계까지 이력추적관리가 가능하도록 관리되는 품목일 것
2. 제조 · 가공단계부터 판매단계까지 회수 등 사후관리 체계를 갖추고 있는 품목일 것

※ 총리령으로 정하는 자

영유아식품(영아용조제식, 성장기용조제식, 영 · 유아용 곡류조제식, 기타 영 · 유아식) 임산 · 수유부용 식품, 특수의료용도식품 및 체중조절용 조제식품 및 조제유류의 제조 · 수입업체와 일정면적(300㎡) 이상의 식품판매업소, 건강기능식품 제조 · 수입업체, 건강기능식품유통판매업자

4. 등록 절차

가. 등록신청

1) 식품이력추적관리를 하려는 자는 식품이력추적관리 등록신청서(전자문서로 된 신청서를 포함한다)에 필요한 구비서류(전자문서를 포함한다)를 첨부하여 지방식약청에게 제출(식품이력추적관리시스템 내 신청 또는 서면)하여야 함

2) 등록신청 시 제출서류

가) 식품이력추적 등록 신청서

나) 식품품목제조보고서(유통전문판매업의 경우에는 수탁자의 식품품목제조보고서) 사본, 식품 등의 수입신고확인증 사본(제조 · 수입업소에 한함) 또는 영업신고증(기타 식품판매업소에 한함)

다) 식품이력추적관리시스템 등 식품의약품안전처장이 정하여 고시하는 사항을 포함한 식품이력추적관리 계획서

나. 등록심사

1) 등록신청서 등 서류검토 후 식품이력추적관리시스템 및 등록대상에 적합한 품목인지 여부를 심사(현장방문)

2) 세부 심사항목 : 「식품 등 이력추적 관리기준」에서 정하는 7항목에 모두 부합한 경우만 적합

3) 식품안전정보원이 현장 기술지원한 결과 식품이력시스템 운영에 적합하다고 확인한 경우 현장방문을 생략할 수 있음

4) 식품안전정보원의 현장 기술지원 결과 또는 지방식약청의 현장방문 결과 적합시 제출서류 검토 후 최종 등록심사 승인처리(식품이력추적관리시스템)

다. 민원처리 기간

1) 식품 · 축산물 · 수입식품: 40일 / 건강기능식품: 14일

순서	담당기관	처리 내용
1	업체	필요서류를 첨부하여 이력추적관리시스템에 신청 * 필요서류 : 영업등록증(영업허가증, 영업신고증), 품목제조 보고서, 수입신고확인증
2	정보원	신규업체 접수 및 서류검토, 현장확인
3	지방청 식품안전관리과/ 농축수산물안전과	정보원 현장 기술지원 결과 토대로 서류검토 및 최종 결재 및 등록심사 완료

식품이력추적관리 민원처리기간	
식품이력관리 등록신청서	40일
식품이력관리 등록사항 변경 신청서	15일
건강기능식품이력추적관리 등록 신청서	14일
건강기능식품이력추적관리 등록사항 변경신청서	7일
수입식품등의 유통이력추적관리 등록신청서	40일
수입식품등의 유통이력추적관리 등록사항 변경신청서	15일
축산물가공품이력추적관리 등록신청서	40일
축산물가공품이력추적관리 등록 변경신고서	15일

5. 이력추적관리 등록 품목의 표시

가. 등록자는 등록품목에 대해 다음과 같이 식품이력추적 관리 표시 할 수 있음

구 분		
표지도표		

나. 이력추적번호 부착

1) 등록자는 식품의 이력추적관리를 위하여 소비자에게 판매하는 최소판매단위 용기포장 및 유통단위별 용기포장에 이력추적번호를 부착 또는 인쇄하여야 함

2) 식품이력추적관리번호 부착방법

소비자에게 판매하는 최소판매단위 용기 · 포장	유통단위별 포장 (유통 및 운반을 용이하기 위하여 포장하는 경우)
○ 식품이력추적관리번호 인쇄 또는 부착(필수) ○ 식품이력추적관리번호의 바코드 인쇄 또는 부착(선택) ○ 식품이력추적관리번호가 저장된 전자식별태그부착(선택)	○ 해당식품의 식품이력추적관리번호와 그 수량에 관한 정보를 표시(바코드 또는 전자식별태그를 함께 부착할 수 있음)
※ 식품이력추적관리번호는 생산자(수입자)가 자율적 선택 예시) ① 상품바코드(GTIN) + 소비기한 또는 제조 일자 또는 식별번호 예시) ② 이력추적등록번호 + 소비기한 또는 제조 일자 또는 식별번호	※ 유통단위별 포장에 표시가 어려운 경우 식품이력추적관리 번호와 그 수량에 관한 정보를 해당 식품 구매자 또는 그 식품을 판매하고자 하는 자에게 전자기록, 문서 등의 형태로 제공해야함

다. 이력추적관리정보의 연계

1) 등록자는 식품의 이력추적관리정보를 식품의약품안전처장이 운영하는 식품 이력 추적관리시스템에 전자기록으로 연계하여야 함

2) 식품이력추적관리정보는 이력추적관리 이외의 목적으로 사용할 수 없음

※ 연계대상 정보

등록자 구분	식품(건강기능식품을 포함함)
제조 · 가공업체	1) 제조 · 가공(생산)의 정보 가) 식품이력추적관리번호 나) 제조공장 명칭 및 소재지 다) 제조일자 라) 소비기한 또는 품질유지기한 마) 제품 원재료 관련 정보 - 원재료명 또는 성분명, 원산지(국가명), 원재료의 공급자 및 주소, 유전자변형식품여부(단, 원산지 및 유전자변형식품 여부는 표시대상 제품에 한함) 바) 생산량(제품의 최소 판매단위별 개수) 사) 기능성 내용(건강기능식품에 한함) 아) 상품바코드(바코드가 있는 제품에 한함) 자) 기타 제품과 관련하여 제조·가공업체가 등록하고자 하는 정보 (단, 관련 법령에 위반되는 내용은 제외) 2) 공장출고단계의 정보 가) 식품이력추적관리번호 나) 제조공장 명칭 및 소재지 다) 출고일자 라) 거래처 또는 도착장소 명칭, 소재지, 연락처 마) 출고량(제품의 최소 판매단위별 개수) 3) 지점, 대리점 등의 정보(등록자가 관리 가능한 경우) 가) 식품이력추적관리번호 나) 지점 · 대리점 · 판매업체 등의 명칭, 소재지 다) 입고일자 라) 입고량(제품의 최소 판매단위별 개수) 마) 출고일자 바) 출고량(제품의 최소 판매단위별 개수)

판매업소 (식품위생법 시행규칙 제69조의2 제1호에 해당하는 식품에 한함)	1) 식품이력추적관리번호 2) 제품명 3) 판매업체 명칭 및 소재지 4) 입고일자 5) 입고량(제품의 최소 판매단위별 개수) 6) 재고기준일자 7) 재고량(제품의 최소판매단위별 개수) 8) 소비기한 및 제조일자 또는 품질유지기간
식품 수입업소	1) 식품이력추적관리번호 2) 수입업소 명칭 및 소재지 3) 제조국 4) 제조공장 명칭 및 소재지 5) 유전자변형식품표시 6) 제조일자 7) 소비기한 또는 품질유지기한 8) 원재료명 또는 성분명 9) 수입량(제품의 최소 판매단위별 개수) 10) 제품명 11) 수입일자 12) 출고일자 13) 출고량 14) 거래처 또는 도착장소 15) 상품바코드(바코드가 있는 제품에 한함) 16) 기능성 내용(건강기능식품에 한함) 17) 기타 제품과 관련하여 수입업소가 등록하고자 하는 정보 (단, 관련 법령에 위반되는 내용은 제외)
건강기능식품유통전문판매업	1) 식품이력추적관리번호 2) 제품명 3) 유통전문판매업소의 명칭 및 소재지 4) 입고일자 5) 입고량(제품의 최소 판매단위별 개수) 6) 출고일자 7) 거래처 또는 도착장소 명칭, 소재지, 연락처 8) 출고량(제품의 최소판매단위별 개수) 9) 식품이력추적관리번호별 재고량(식품사고 발생 시)

※ 등록자는 식품이력추적등록한 제품의 보관 및 유통 · 판매단계에서 회수사유가 발생한 경우 즉시 식품이력추적관리시스템에 회수대상 및 회수사유에 대한 정보사항을 연계하여야 함.

라. 이력추적관리 기록의 작성

등록자는 식품의 이력추적정보를 전산기록 장치에 기록하고 해당 제품의 소비(유통)기한 또는 품질유지기한이 경과한 날부터 2년 이상 보관하여야 함

6. 변경관리

가. 식품이력추적관리 등록을 한 자는 아래의 사항이 변경된 경우 변경사유가 발생한 날부터 1개월 내에 지방식약청에 신고하여야 함(식품이력추적관리시스템 또는 서면)

나. 변경신고 하여야 하는 사항

국내 식품의 경우	수입 식품의 경우
영업소의 명칭(상호)과 소재지 제품명과 식품의 유형 소비기한 및 품질유지기한 보존 및 보관방법	영업소의 명칭(상호)과 소재지 제품명 원산지(국가명) 제조회사 또는 수출회사

다. 변경신고 시 제출서류

1) 변경신고서 (식품일 경우 「식품위생법 시행규칙」 별지 제57호, 건강기능식품인 경우 및 「건강기능 식품에 관한 법률 시행규칙」 별지 제36의4), 축산물인 경우 「축산물 위생관리법 시행규칙」 별지 제33호의4, 수입식품인 경우 「수입 식품안전관리특별법 시행규칙」 별지 제34호)

2) 식품이력추적관리 품목 등록증 및 변경사항 확인서류

라. 민원처리 기간

1) 식품 · 축산물 · 수입식품: 15일 / 건강기능식품: 7일

순서	담당기관	처리 내용
1	업체	필요서류를 첨부하여 이력추적관리시스템에 신청 *필요서류 : 영업등록증(영업허가증, 영업신고증)
2	지방청 식품안전관리과/ 농축수산물안전과	서류 검토후 최종 결재 및 변경심사 완료

7. 조사평가

가. 지방식약청장은 조사 · 평가 계획을 작성하고, 이력추적관리 등록을 한 자에게 조사 · 평가 일정을 1개월 이내에 통보하여야 함(의무업소는 2년, 자율업소는 3년)

* 최초 등록일자를 기준으로 등록자별로 모든 등록제품에 대한 조사 · 평가 계획 작성

나. 식품이력추적관리 조사 · 평가는 서류 및 현장조사 방법으로 실시함

- 다만, 식품안전정보원이 현장 기술지원한 결과 식품이력시스템 운영에 적합하다고 확인한 경우 현장방문을 생략할 수 있으며, 현장 기술지원한 결과 부적합 판정한 경우 지방청이 최종 조사 · 평가를 실시하여야 함

8. 행정사항

가. 각 지방식약청 및 시 · 도(시 · 군 · 구) 식품위생관련 부서는 '식품이력추적관리 제도'에 대한 홍보 강화

1) 주요 홍보 방안

가) 관내 업체를 대상으로 '식품이력추적관리제도'에 대해 자체 설명회 또는 홍보물 발송(공문) 등을 통한 지속적인 홍보 실시

나) 시 · 도(시 · 군 · 구) 홈페이지에 식품이력정보조회사이트(http://www.tfood.go.kr) 연계 및 식품이력추적관리 홍보자료 게재 등 홍보 실시

※ 식품이력추적사이트 배너 이미지

※ 이미지 : 식약처 홈페이지 → 정보자료 → 간행물지침(식품이력추적사이트 배너)에 별도 공개

※ 부처간 협의를 통한 식품 및 농 · 축 · 수산물 이력추적관리 로고 통합 확정('15.11)으로 '17년부터 통합로고 사용

2) 참여 희망업체에 대한 안내 실시

참여 희망업체가 있는 경우 각 지방식약청 식품안전관리과 또는 식품안전정보원(☎02-744-8131 or 1588-2605)으로 문의하도록 안내

※ 해당 업체에 대해서는 현장 방문을 통한 업체 맞춤형 컨설팅 실시 예정

3) 식품이력추적관리 관련 조치 사항

가) 지방식약청장은 등록을 한 자가 식품이력추적관리기준을 준수하지 아니한 때에는 그 등록을 취소하거나 시정을 명할 수 있음

나) 등록취소를 받은 자는 식품이력추적관리 품목 등록증을 지체 없이 지방식약청장에게 반환하여야 함

4) 처리 절차

순서	담당기관 처리 내용	
1	정보원	현장 기술지원 결과 지방청 공문 송부 (적합/부적합)
2	지방청 식품안전관리과/농축수산물안전과	업체 방문 후 위반사항 확인 및 확인서 작성, 행정처분 사항 운영지원과 전달
3	지방청	운영지원과 행정처분 시행
4	지방청 식품안전관리과/농축수산물안전과	행정처분 결과 토대로 이력추적관리시스템에 해당사항 입력

◈ 현장 기술지원 및 조사 · 평가 절차 ◈

단 계	내 용	담 당
조사 · 평가	① 지방청은 조사 · 평가 시 서류 및 현장조사 방법으로 준수여부를 평가한다.(정보원의 현장기술지원 결과 조사 · 평가표에 따라 적합하다고 확인한 경우 현장조사 생략할 수 있음) ※ 식품 등 이력추적관리기준 제5조(조사 · 평가 등) 5항	지방청 (서류, 현장조사) 정보원 (현장조사)
현장조사	② 정보원은 현장 기술지원 실시 후 결과를 등록자 안내 - (적합) 조사결과 등록자 안내 및 확인(서명) - (부적합) 조사결과 등록자 안내 및 확인(서명)	정보원 → 등록자
현장조사 결과안내	③ 정보원의 현장 기술지원 결과 지방청 송부(공문)	정보원 → 지방청
결과안내 · 보완요구	④ 지방청은 현장 기술지원 부적합 판정 시 조치를 하기 전에 심사결과를 등록자에 통보하고 1개월 이내의 기간을 정하여 부적합 사항을 보완할 것을 요구할 수 있음 ※ 식품 등 이력추적관리기준 제5조(조사 · 평가 등) 7항 - 보완이 불가능한 사항: 정보연계 지연	지방청 → 등록자
보완결과 제출	⑤ 등록자는 보완조치 결과를 지방청에 제출하여야 함 ※ 식품 등 이력추적관리기준 제5조(조사 · 평가 등) 8항	등록자 → 지방청
보완결과 확인 및 추가 조치	⑥ 지방청은 보완조치 결과를 확인하여야 하며, 보완되지 않은 경우에는 조치(확인서 징구 및 행정처분)를 하고 그 결과를 식약처장에게 보고하여야 함 ※ 식품 등 이력추적관리기준 제5조(조사 · 평가 등) 8항	지방청 → 등록자, 식약처
행정사항	⑦ 이력추적관리시스템(tfood)에 조사평가 결과 및 행정처분 결과 입력 등 조치	지방청

◈ 수입단계 유전자변형식품 등 안전관리 ◈

〈수입유통안전과〉

1. 목 적

○ 수입단계에서 유전자변형농수산물, 유전자변형생물체, 유전자변형식품 등에 대한 안전성을 확보하고 표시 적정여부를 확인하여 유전자변형식품등의 안전관리기반 구축

2. 근거법령

○ 「식품위생법」 제12조의2(유전자변형식품등의 표시), 제18조(유전자변형식품 등의 안전성 심사 등)

※ 축산물가공품의 유전자변형식품 등의 표시는 타 법령과의 관계에 따라 식품위생법 적용

○ 「수입식품안전관리특별법」 제20조(수입신고 등)

○ 「건강기능식품에 관한 법률」 제17조2(유전자변형건강기능식품의 표시 등)

○ 「농수산물품질관리법」 제56조(유전자변형농수산물의 표시)

○ 「식품 등의 표시 광고에 관한 법률」 제4조(식품등의 표시기준), 제8조(부당한 표시 또는 광고행위의 금지)

- 「유전자변형식품등의 표시기준」

○ 「유전자변형생물체의 국가간 이동 등에 관한 법률」 제7조2(신규 유전자변형 생물체에 대한 위해성심사), 제8조(수입승인 등), 제12조(생산승인 등), 제24조(표시)

3. 관리대상

○ 유전자변형생물체(Living Modified Organism)

- 식품용으로 안전성 심사 승인된 「유전자변형생물체의 국가간 이동 등에 관한 법률」 제2조제2호의 유전자변형생물체와 같은 조 제3호의 후대교배종 농산물

  ※ 농산물 6종(콩(대두), 옥수수, 면화, 카놀라(유채), 알팔파, 사탕무)이 증식이 가능한 상태로 수입될 경우

○ 유전자변형식품(Genetically Modified Organism)

- 「유전자변형식품등의 표시기준」 제3조제1항에 따라 식품용으로 안전성 심사 승인된 유전자변형농산물(콩나물, 콩잎처럼 해당 품목의 종자를 싹틔워 기른 채소 등을 포함)과 이를 원재료로 하여 제조・가공한 후에도 유전자변형 DNA 또는 유전자변형단백질이 남아있는 유전자변형식품 등(식품/식품첨가물/축산물/건강기능식품)

  ※ 단, 외화획득용(관광용 제외) 및 연구용은 관리대상에서 제외

4. 유전자변형생물체 수입단계 안전관리

① 안전성 심사 ⇒ ② 수입승인 ⇒ ③ 수입신고수리

① (평가원 신소재식품과) 최초로 수입 또는 생산되는 유전자변형생물체는 사전에 「식품위생법」 제18조에 따라 안전성 심사를 통하여 안전성을 승인받은 후 수입 허용

② (본부 수입유통안전과) 안전성을 승인받은 유전자변형생물체는 매수입시 마다 「유전자변형생물체의 국가간 이동 등에 관한 법률(이하 "LMO법"이라 한다)」에 따라 본부에 수입승인 신청을 하여야 하고 서류검토(본부) 및 현지 확인*을 통해 수입승인서 발급

  * 지방청 수입관리과, 수입식품검사소(주관) / 식품안전관리과 및 농축수산물안전과(필요 시 협조)

◇ 현지확인 내용

식품안전관리지침 서식 5-1-1호에 따라 수입 · 생산업체, 하역업체, 운반업체에 대해 LMO 안전관리기준 준수 적정성 등에 대해 현장 확인

※ 「LMO법」 시행규칙에 따른 관리대장(별지 제42호 등)은 전자문서 등으로 기록관리 가능

③ (지방청) 안전성심사를 받은 농산물이 증식이 가능한 형태(종자, 신선상태의 뿌리, 줄기 등)로 수입신고 시 「LMO 통합고시」 제8-20조제1항에 따라 유전자변형생물체 수입승인서*를 첨부서류로 확인 후 「수입식품안전관리 특별법」 제20조에 따라 수입신고 처리

* 본부 수입유통안전과에서 발급하는 「LMO법」 시행규칙 별지 제6호 서식의 수입승인서

※ 수입(통관)검사결과 부적합 시 조치사항

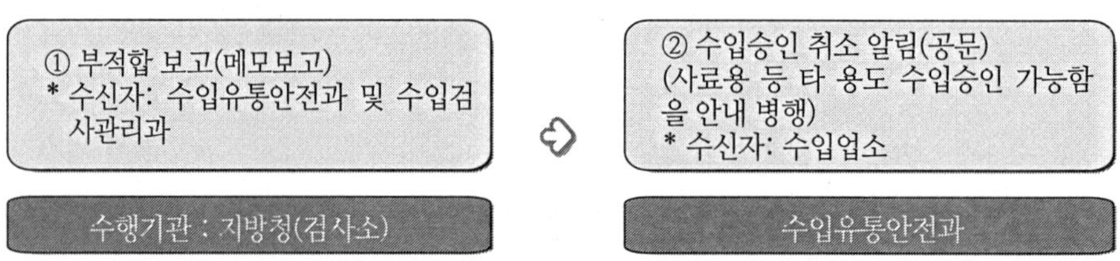

5. 미승인 유전자변형식품 등 안전관리

① (본부 수입검사관리과, 수입유통안전과, 위해정보과, 평가원 신소재식품과) 제외국 미승인 유전자변형식품등 검출 정보 수집 및 분석

② (평가원 신소재식품과) 미승인 유전자변형식품등 검사법 마련 및 교육실시 등

- (평가원 신소재식품과) 수입단계에서 미승인 검사지시 협조 요청(수입검

사관리과)

- (본부 수입검사관리과) 6개 지방청에 미승인 유전자변형식품등에 대한

③ (지방청) 본부 검사지시에 따라 수입단계 미승인 유전자변형식품등 검사실시

④ (지방청) 미승인 유전자변형성분이 검출되었을 경우에는 해당 제품 반송 또는 폐기 조치

6. 유전자변형식품등 수입단계 표시관리

① 표시대상 여부 판단 ⇨ ② 표시된 유전자변형식품등 관리 / ③ 미표시된 유전자변형식품등 관리

① 표시대상 여부 판단

가. 표시대상 유전자변형식품등 여부확인

1) 「식품위생법」 제18조에 따른 안전성 심사 결과 식품용으로 승인된 유전자변형농산물

- 대두, 옥수수, 면화, 카놀라, 사탕무, 알팔파(콩나물, 콩잎처럼 해당품목의 종자를 싹틔워 기른 채소 등을 포함)

  ※ 현재 식품용으로 승인된 유전자변형축수산물은 없음

- 유전자변형이 아닌 농산물에 비의도적 혼입치가 3% 이하인 경우에는 유전자변형농산물이란 표시를 하지 아니할 수 있음

- 다만, 이 경우에는 표시면제서류(구분유통증명서, 정부증명서, 시험 · 검사 성적서 등)를 구비하여야 함

2) 상기 1)을 원재료로 사용하여 제조 · 가공한 식품 중 제조 · 가공 후에도 유전자변형 DNA 또는 유전자변형 단백질이 남아있는 식품 등

  ※ 표시면제대상 : 간장, 식용유, 당류(설탕, 포도당, 과당, 엿류, 당시럽류, 올리고당류), 변성전분, 주류(맥주, 위스키, 브랜디, 리큐르, 일반증류주, 기타 주류등)

3) 표시대상이 아닌 원재료 성분

- 가공보조제(「식품첨가물의 기준 규격」에 따른 가공보조제로써 식품의 제조과정에서 기술적 목적을 달성하기 위하여 의도적으로 사용되고 최종 제품 완성 전 분해, 제거되어 잔류하지 않거나 비의도적으로 미량 잔류할 수 있는 식품 첨가물), 부형제(식품성분의 균일성을 위하여 첨가하는 물질), 희석제(식품의 물리·화학적 성질을 변화시키지 않고, 그 농도를 낮추기 위하여 첨가하는 물질), 안정제(식품의 물리·화학적 변화를 방지할 목적으로 첨가하는 물질)의 용도인 성분

② 표시된 유전자변형식품등 관리

가. 수입신고서, 제품 등에 '유전자변형○○' 또는 '유전자변형○○포함가능성 있음' 등으로 표시·신고한 경우

○ 유전자변형식품등으로 표시한 식품은 수입식품 사진 제출 의무화('16.6.1) 이후 표시기준 적합 여부를 사진으로 확인하고, 수입신고 수리. 다만, 사진이 없거나 담당자 필요 시 현장검사 실시(최초의 경우 현장검사 실시)

- 식품 제조·가공업소가 수입신고한 자사제품 제조용 원료는 유통관리대상으로서 해당 제조·가공업소 소재지 관할 시·군·구에 사후관리 요청

※ 수입 영업자, 건기제조업, 주류제조업에서 수입신고한 자사제조용은 지방청에서 사후관리

나. 표시가 훼손 또는 손상되었을 경우에는 표시 보완 조치

다. 비유전자변형식품, 무유전자변형식품, Non-GMO, GMO-Free 표시

○ 표시 : 표시대상 원재료 함량이 50%이상이거나 또는 1순위로 사용한 식품에 한하며, 최종제품의 비의도적 혼입치는 인정되지 않음

○ 해당제품의 정밀검사 결과, GM 성분 검출 시 강조표시삭제 등 표시보완 요구

③ 미표시 유전자변형식품등 관리

가. 표시면제 증명서류 확인

○ 구분유통증명서, 정부증명서, 시험·검사성적서 등을 제출받아 확인하고 처리

---------------〈 **표시면제 증명서류 검토 방법** 〉---------------

◈ **구분유통증명서(Identity Preserved Certificate)**

○ 구분유통증명서 종류

〈개별형〉 : 취급단계별 각각의 관리자가 개별적으로 확인하는 경우

- 최종제품의 공급자나 판매자 또는 제조·가공업자가 종자구입·생산·제조·보관·운반·선적 등 취급과정에서 유전자변형식품등과 구분하여 관리하였음을 증명하는 서류 증명서를 수집하여 제출

  ※ 사본도 가능. 단, 공급자 및 판매자 또는 제조·가공업자 등 최종 단계 증명은 원본 제출

〈대행형〉 : 대행업자(또는 수출업자)가 일괄적으로 관리하는 경우

- 구분유통 대행업자(또는 수출업자)가 직접 원료 종자의 파종부터 재배·유통 등 전 과정에 걸쳐 유전자변형식품등과 일괄적으로 구분관리하고 발급한 증명서를 제출
- 이 경우 종자구입·생산·제조·보관·운반·선적 등 단계별로 구분 관리한 내용이 있어야 함

  ※ 사본도 가능. 단, 공급자 및 판매자 등 최종 단계 증명은 원본 제출

〈혼합형〉 : '개별형'과 '대행형'이 혼합되어 있는 경우

- 일부 단계는 단계별 개별 관리자가 각각 확인하고, 나머지 단계는 대행업자가 일괄 관리하여 전체 구분관리 내용이 혼합되어 발급되는 경우

○ 구분유통증명서 검토 기준

- (구분관리 적정성) 종자구입·생산·제조·보관·운반·선적 등의 과정에서 혼입이 우려되는 취급단계별 유전자변형식품과의 구분관리 내용과 그 적정성 여부를 판단
- (이력 추적성) 종자구입·생산·제조·보관·운반·선적 등 취급단계 간 해당제품에 대한 구분 유통이력의 추적성 여부를 판단
- (내용의 실질성) 구분관리 사실의 객관적 확인을 위하여 서류의 형식과 분량보다는 실질적인 내용으로 판단하며, 취급 단계 또는 주체가 명확히 구분되지 않아 구분 관리 내용과 서명 등의 확인이 함께 기재될 수 있는 등 다양한 형태가 존재할 수 있으므로 전체 구분관리 흐름을 감안하여 유연하게 판단

◈ **정부증명서(원본)**

〈정부증명서〉 생산국의 정부(주립정부 포함)가 발행하는 것으로 아래의 내용이 포함되어야 함

- 당해 제품은 유전자변형식품이 아님
- 당해 제품은 구분유통관리(Identity Preserved)된 것임
- 당해 제품은 수출국(또는 생산국) 정부가 직접 검사하여 검사한 결과(불검출 또는 검사불능) 유전자변형식품이 아님

---------------〈 **표시면제 증명서류 검토 방법** 〉---------------

- 당해 제품은 수출국(또는 생산국) 정부가 검사기관의 검사결과(불검출 또는 검사 불능)를 인정하여 유전자변형식품이 아님
- 당해 제품은 농산물 또는 식품등에 사용된 원재료가 유전자변형농산물을 재배하지 않는 국가의 것임에 따라 유전자변형식품이 아님

〈공증된 자가증명서〉 : 수출국 정부가 인정한 변호사가 공증(미국산 가공식품에 한정)

- 구분유통관리 또는 검사결과

◈ **시험 · 검사성적서(원본)**

○ 「식품 · 의약품분야 시험 · 검사 등에 관한 법률」 제6조 및 제8조에 따른 시험 · 검사기관. 에서 직접 검사하고 발행한 국내 · 외 시험 · 검사성적서

※ 수입하고자 하는 해당제품을 검사한 것임이 확인되어야 함

- 유전자변형 DNA 또는 유전자변형 단백질이 남아 있지 않음을 증명한 시험 · 검사성적서

○ 국내 식품위생검사기관에서 발급한 GMO 시험 · 검사성적서 확인 시 유의사항

- 수입식품 검사시스템을 통해 해당 제품의 GMO 검사 이력을 확인하고, 여러 번 검사한 것으로 확인될 경우 그 검사결과가 한 번이라도 '검출' 판정받은 제품은 유전자변형식품등으로 표시하도록 조치

나. 유전자변형식품등의 표시대상이 아님을 입증하는 증명서류를 제출하지 못하는 경우

○ 유전자변형농산물이 3%초과한 경우에는 「유전자변형생물체의 국가 간 이동 등에 관한 법률」에 따른 수입승인 절차를 거치도록 안내 또는 반려 조치

○ 가공식품등은 유전자변형식품임을 표시하도록 보완 또는 반려 조치

※ 표시보완이 이루어진 경우 행정포탈시스템 '수입신고접수' 화면의 '유전자변형식품표시' 메뉴에서 '표시함'으로 정정

다. 무작위 표본 검사

○ 아래의 경우에는 무작위 표본검사 우선 실시

- 표시면제 증명서류 내용이 미비하거나 진위 확인 등이 필요한 경우
- 유전자변형 성분 검출에 따른 표시 보완 이력이 있는 제품이 유전자변형식품등이 아닌 것으로 신고된 경우

※ 행정포탈 시스템의 "GMO 검출 이력 등" 참조

- 공증된 자가 증명서(미국산 가공식품) 또는 시험 · 검사성적서(가공식품)를 제출한 경우

○ 각 지방청의 검사 능력 등을 고려한 자체 검사계획 수립 및 표본검사 실시

- 표시 관리대상 수입 농산물은 5%, 가공식품등은 10%의 비율로 표본검사 실시(자사제조용 포함)

※ 구분유통증명서 또는 정부증명서를 제출하는 가공식품 등은 서류내용이 미비하는 등 필요한 경우에만 무작위 표본검사 실시

○ 검사결과에 따른 조치 사항

- 농산물은 반드시 정성검사부터 실시하고 그 결과 검출된 경우, 정량검사까지 실시하여 비의도적 혼입허용치 3%를 초과한 경우 반려하고, 「유전자변형생물체의 국가 간 이동 등에 관한 법률」에 따른 수입승인 절차 및 표시 보완 후 수입신고 하도록 안내
- 가공식품등은 검사결과 검출 시 표시보완 또는 구비서류 보완 요구(구분 유통증명서 또는 정부증명서)

◈ 제조 · 유통단계 유전자변형식품 등 안전관리 ◈

〈수입유통안전과〉

1. 목 적

○ 제조 · 유통단계 식품의 유전자변형식품 표시제도 준수여부 확인을 위한 지도 · 점검 및 수거 · 검사를 통하여 유전자변형식품등에 대한 소비자 신뢰도 제고

2. 근거법령

○ 「농수산물품질관리법」 제56조(유전자변형농수산물의 표시), 제58조(유전자변형 농수산물 표시의 조사) 및 같은법 시행령 제21조(유전자변형농수산물의 표시의 조사)

* 「유전자변형농수산물의 표시 및 농수산물의 안전성조사 등에 관한 규칙」 제4조

○ 「식품위생법」 제12조의2(유전자변형식품등의 표시), 제18조(유전자변형식품등의 안전성 심사 등)

※ 축산물가공품의 유전자변형식품 등의 표시는 타 법령과의 관계에 따라 식품위생법 적용

○ 「식품 등의 표시 광고에 관한 법률」 제4조(식품등의 표시기준), 제8조(부당한 표시 또는 광고행위의 금지), 「유전자변형식품등의 표시기준」

○ 「건강기능식품에 관한 법률」 제17조의2(유전자변형건강기능식품의 표시 등)

○ 「수입식품안전관리특별법」 제20조(수입신고 등)

○ 「유전자변형생물체의 국가간 이동 등에 관한 법률」(약칭 유전자변형생물체법, LMO법) 제8조(수입승인 등), 제22조의3(생산공정이용시설의 설치 · 운영), 제22조의4(유전자변형미생물의 이용), 제24조(표시), 제25조(취급관리),

제26조(관리 · 운영기록의 보존)

3. 안전관리

가. 유전자변형농산물(「LMO법」에 따른 유전자변형생물체 제외)

1) 기관별 역할

가) 지방청 농축수산물안전과(식품안전관리과)

- 유전자변형 표시대상 농산물 수거 · 조사 계획(붙임 1)에 따라 자체 세부 계획 수립 및 추진

나) 지방청 유해물질분석과(팀)

- 유전자변형 표시 관리대상 농산물 정성 · 정량검사 및 지자체 정량검사 지원
  * 보건환경연구원과 지방청 유해물질분석과 사전협의 후 정량검사 의뢰

2) 관리대상

○ 「식품위생법」 제18조에 따른 안전성 심사 결과 식품용으로 승인된 유전자변형농산물*을 생산 · 수입하여 출하 · 판매하는 자(업체), 또는 판매할 목적으로 보관 · 진열하는 자(업체)

* 대두, 옥수수, 면화, 카놀라, 사탕무, 알팔파(콩나물, 콩잎처럼 해당품목의 종자를 싹틔워 기른 채소 등을 포함)

3) 조사 및 수거 · 검사방법

가) 조사 및 수거장소는 할인점, 백화점 등 대형 식품판매점을 지양하고 가급적 농산물 전문판매장, 직거래장터, 재래시장 등에서 실시

나) 조사 및 수거는 한 특정장소에서 판매되는 농산물을 일괄 조사 · 수거하는 등 건수 위주의 조사 · 수거는 지양

다) 관리대상 농산물을 취급하는 장소에서 원산지, 구분유통증명서 등 관련 증명자료를 갖추지 못하였을 경우 원료구입처 등을 확인하여 추적 · 관리하

고, 해당 원료는 수거하여 간이 검사 실시

* 증명서류가 미비하거나, 진위확인 등이 필요한 경우 반드시 수거하여 간이 검사를 실시(출장자)하고, 간이검사결과 양성일 경우 유해물질분석과(팀)에 정성 및 정량 검사 실시

** 수거검사 결과 음성이고, 장기간 보관 시 부패 변질이 우려되는 제품일 경우에는 지방청장이 판단하여 자체 처리 가능

라) 비유전자변형식품, 무유전자변형식품, GMO-Free, Non-GMO 강조표시 및 유사 표시는 적정성 여부를 확인

마) 자사제조용이 아닌 판매용으로 수입된 유전자변형식품 표시대상 농산물(대두, 옥수수, 유채 등) 수입 · 보관업체의 GMO표시 및 GMO 표시면제 농산물의 유통 · 판매 경로조사와 수거검사 실시

바) 조사 또는 수거검사 결과 위반사항에 대해서는 즉시 처분

☞ **표시대상인 제품에 유전자변형식품 표시가 미표시된 경우**

: 구분유통증명서, 정부증명서, 시험 · 검사 성적서 등을 구비한 경우에는 관련 서류 확인 후 종결하나 관련서류가 없는 경우 반드시 수거 · 검사를 실시하여 GM 성분 검출 여부를 확인.

GM 성분이 검출될 경우에는 정량검사까지 진행하고 검사 결과 3% 초과 시 관련법(식위법, 건강기능식품에 관한 법률, LMO법 등)에 따라 표시삭제 및 행정처분, 폐기 또는 반송

☞ **Non-GMO 표시 또는 유사표시가 있는 경우**

〈 비유전자변형식품, 무유전자변형식품, Non-GMO, GMO-free 〉

① 유전자변형식품 표시대상 중 유전자변형식품등을 사용하지 않은 경우로서, 표시 대상 원재료 함량이 50%이상이거나, 또는 해당 원재료 함량이 1순위로 사용한 경우에 표시할 수 있음. 다만, 비의도적 혼입치를 인정하지 않음.

② 국내산임을 확인할 수 있는 원산지증명서 등 표시면제서류 확인 후 종결가

능 하나 이를 입증하지 못하는 경우에는 강조표시 삭제 및 행정처분, 관련 법에 따른 고발조치

③ 증명서류가 미비(허위표시 여부, 진위확인 등)할 경우 반드시 수거 · 검사를 실시하여 GM 성분 검출 여부를 확인하고 GM 성분이 검출될 경우에는 관련법(식위법, 식품 등의 표시 · 광고에 관한 법률, LMO법 등)에 따라 표시 삭제 및 행정처분, 폐기 또는 반송

---

4) 행정사항

○ 조사 개시 7일전까지 반드시 조사대상자(영업자)에게 서면통지 실시

○ 유전자변형농산물 조사 및 수거 · 검사 실적은 매분기 종료 후 익월 15일 이내에 보고(수입유통안전과)

○ 유전자변형농산물 조사 및 수거검사 실적은 전산시스템에 입력

〈 유전자변형농산물 제조 · 유통단계 안전관리 〉

◈ 유전자변형표시가 없는 농산물

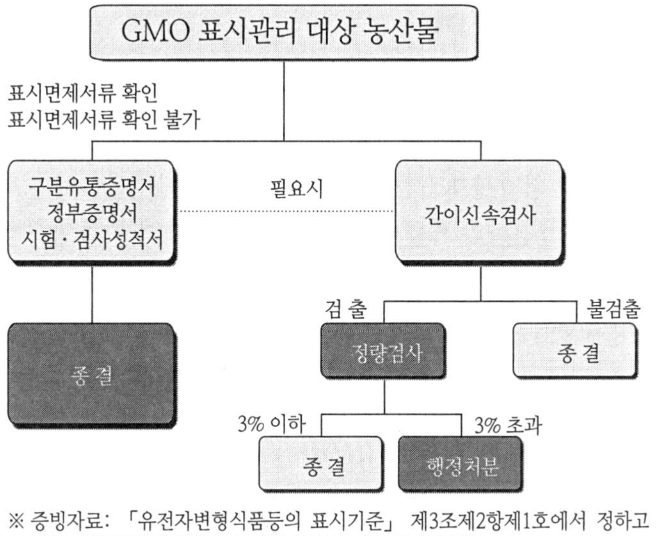

※ 증빙자료: 「유전자변형식품등의 표시기준」 제3조제2항제1호에서 정하고 있는 서류(구분유통증명서, 정부증명서, 시험성적서 등)

나. 유전자변형식품등(유전자변형농산물 및 「LMO법」에 따른 유전자변형생물체 제외)

1) 기관별 역할

가) 지방청 식품안전관리과 · 농축수산물안전과 · 유해물질분석과(팀)

- 특별(기획)점검에 따른 유전자변형식품 표시 점검 및 수거 · 검사
- 지자체 수거 식품 등에 대한 정량검사 지원(지방청 유해물질분석과)

나) 시 · 도

- 유전자변형표시 관리대상 식품 수거 · 검사 계획(붙임 2)에 따라 시 · 도별 연간 지도 · 점검계획을 수립 · 시달
- 관할 시 · 군 · 구에서 자체 세부 계획 수립 · 실시토록 추진 총괄관리

다) 시 · 군 · 구

- 시 · 도 연간 계획에 따른 시 · 군 · 구별 자체세부계획 수립 및 추진
- 점검 대상업체에 대한 유전자변형식품등 표시 적정성 지도 · 점검 및 해당 제품 수거 · 검사 관리
- 수입 유전자변형 자사제조용 원료(농산물)에 대한 사후관리

라) 시 · 도 보건환경연구원

- 수거된 식품 등의 정성검사 실시 및 필요시 원료의 정량검사 진행
  - *** 정량검사가 어려운 보건환경연구원의 경우 지방청 유해물질분석과와 사전 협의 후 의뢰**

2) 표시의무자

○ 「식품위생법 시행령」 제21조에 따른 식품제조 · 가공업, 즉석판매제조 · 가공업, 식품첨가물제조업, 식품소분업, 유통전문판매업 영업을 하는 자, 「수입식품안전관리 특별법 시행령」 제2조에 따른 수입식품등 수입 · 판매업 영업을 하는 자, 「건강기능식품에 관한 법률 시행령」 제2조에 따른 건강기능식품제조업, 건강기능식품유통전문판매업 영업을 하는 자 또는 「축산물 위생관리법 시행령」 제21조에 따른 축산물가공업, 축산물유통전문판매업 영업을 하는 자

3) 표시대상

○ 「유전자변형식품등의 표시기준」 제2조 제1호

- 「식품위생법」 제12조의2제1항의 유전자변형식품 및 유전자변형식품첨가물
- 「건강기능식품에 관한 법률」 제17조의2의 유전자변형건강기능식품
- 「축산물 위생관리법」 제2조제2호에 따른 축산물 중 유전자변형농축산물을 원재료로 하여 제조·가공한 축산물
- 「농수산물 품질관리법」 제2조제11호의 유전자변형농수산물(콩나물, 콩잎처럼 해당 품목의 종자를 싹틔워 기른 채소 등을 포함)

○ 「식품위생법」 제18조에 따른 안전성 심사 결과 식품용으로 승인된 유전자변형농산물(대두, 옥수수, 면화, 카놀라, 사탕무, 알팔파(콩나물, 콩잎처럼 해당 품목의 종자를 싹틔워 기른 채소 등을 포함))를 원재료로 사용하여 제조·가공한 식품 중 제조·가공 후에도 유전자변형 DNA나 유전자변형 단백질이 남아 있는 식품등

- 원재료에서 제외되는 가공보조제(「식품첨가물의 기준 규격」에 따른 가공보조제로써 식품의 제조과정에서 기술적 목적을 달성하기 위하여 의도적으로 사용되고 최종 제품 완성 전 분해, 제거되어 잔류하지 않거나 비의도적으로 미량 잔류 할 수 있는 식품 첨가물), 부형제(식품성분의 균일성을 위하여 첨가하는 물질), 희석제(식품의 물리·화학적 성질을 변화시키지 않고, 그 농도를 낮추기 위하여 첨가하는 물질), 안정제(식품의 물리·화학적 변화를 방지할 목적으로 첨가하는 물질)의 용도로 사용한 것은 표시제외 대상

  ※ **표시면제대상 : 간장, 식용유, 당류(설탕, 포도당, 과당, 엿류, 당시럽류, 올리고당류)**, 변성전분, 주류(맥주, 위스키, 브랜디, 리큐르, 일반증류주, 기타 주류등)

4) 지도 · 점검

가) 점검대상

- 3)의 표시대상을 제조 · 가공 · 수입 · 판매 등을 하는 표시대상 의무자
- 지방식약청으로부터 유통관리대상 식품으로 통보받은 자사제조용 원료 중 유전자변형식품으로 수입된 원료를 사용하는 제조업체

나) 중점관리대상

- 유전자변형표시 관련 위반으로 행정처분을 받은 이력이 있는 업체
- 표시관리대상 원료의 사용빈도가 높은 특수용도식품(영아용 조제식 등) 제조 · 가공업체 등
  *** 품목제조보고상 유전자변형식품 표시관리대상 원료사용이 많은 업체 등**
- 지방식약청으로부터 유통관리대상 식품으로 통보받은 자사제조용 원료(유전자변형) 사용업체
- 집단급식소(학교 등 단체급식소)에 납품하는 식품을 제조하는 업체
- 비유전자변형식품, 무유전자변형식품, GMO-Free, Non-GMO 표시 등 유사 표시 제품이나 이를 제조 · 가공한 업체

다) 지도 · 점검 및 수거 · 검사방법

- 관내 제조 · 가공업소 등의 품목제조보고내용을 확인하여 관리대상 원료를 원재료로 사용하고 있을 경우 제품의 표시 적정여부 확인
- 원료수불대장, 창고 보관 제품 등 확인 시 유전자변형식품 표시대상 원료를 사용하고*, 원료 또는 완제품에 유전자변형식품이라는 표시가 없는 경우 구분유통증명서, 정부증명서(필요 시 원산지증명서) 등 증명자료 확인**
  *** 대두, 옥수수 등 또는 이를 원재료로 하여 생산한 제품(대두박, 옥수수 전분 등)등이**
  주요 원재료로 사용되고 있는지 확인
  **** 국내 제조 · 가공업체가 유전자변형식품이라는 표시가 없는 수입 원료를 재포장, 소분** 등의 과정 없이 단순 납품받아 보관 · 사용 중이고, 해당 원료의 수입신고확인증('GM 표시: 표시하지 않음[√]'인 경우에 한함)을 보관하고 있다면 원료의 표시면제 증명자료는 구비한 것으로 판단할 수 있음
  **** 증명서류가 미비하거나, 진위확인 등이 필요한 경우 추적조사, 수거**

· 검사 병행 실시

- 수입된 유전자변형 자사제조용 원료를 원재료로 사용하고 있을 경우 최종 완제품의 표시 여부 확인
- 비유전자변형식품, 무유전자변형식품, GMO-Free, Non-GMO등 강조 표시 및 유사 표시는 적정성 여부를 확인

☞ 표시대상인 제품에 유전자변형식품 표시가 미표시된 경우

: 구분유통증명서, 정부증명서, 시험 · 검사성적서 등을 구비한 경우에는 관련 서류 확인 후 종결하나 관련서류가 없는 경우 관련법에 따른 행정처분

☞ Non-GMO 표시 또는 유사표시가 있는 경우

〈 비유전자변형식품, 무유전자변형식품, Non-GMO, GMO-free 〉

① 유전자변형식품 표시대상 중 유전자변형식품등을 사용하지 않은 경우로서, 표시대상 원재료 함량이 50%이상이거나, 또는 해당 원재료 함량이 1순위로 사용한 경우에 표시할 수 있으며 비의도적 혼입치가 인정되지 않음

② 증명서류 미구비 시 강조표시 삭제 및 행정처분

③ 증명서류 미비(허위표시 여부, 진위확인 등) 시 반드시 수거 · 검사를 실시하여 GM 성분 검출 여부를 확인하고 GM 성분이 검출될 경우 관련법(식위법, 식품 등의 표시 · 광고에 관한 법률, LMO법 등)에 따라 표시삭제 및 행정처분, 폐기 또는 반송

- 수거는 중점관리 대상업체에서 제조 · 생산한 식품을 위주로 실시하고 건수 위조를 위한 대형 식품판매점 및 백화점에서 일괄 수거는 지양

  *** 식품 등 수거는 유상수거를 원칙으로 실시**

- 수거는 대형 식품판매점 및 백화점에서 관내 제조업소 생산제품이 아닌 것을 일괄 수거하는 등 건수 위주의 수거검사는 지양

4) 행정사항

○ 시 · 도는 시 · 군 · 구의 유전자변형식품등 표시기준 지도 · 점검 및 수거 · 검사실적을 취합하여 매분기 종료 후 15일 이내 식품의약품안전처(수입유통안전과)에 보고

- 유전자변형식품 표시기준 지도 · 점검 및 수거검사 실적은 전산시스템에 입력
- 표시기준 위반에 따른 처분 또는 통보처분을 한 경우 처분결과에 대한 사후관리 철저
- 표시위반 사항이 발견될 경우 식품의약품안전처(수입유통안전과)에 즉시 통보하고, 인터넷 홈페이지 등에 처분사실을 지체 없이 공표(「식품위생법」 제84조(위반사실 공표))
- 행정 처분 후에도 동일한 위반행위로 2회 이상 반복하여 위반하는 경우 특별관리 대상 업소로 지정 관리

-----------〈 유전자변형식품등 제조 · 유통단계 안전관리 〉----------

① 유전자변형표시가 없는 식품등

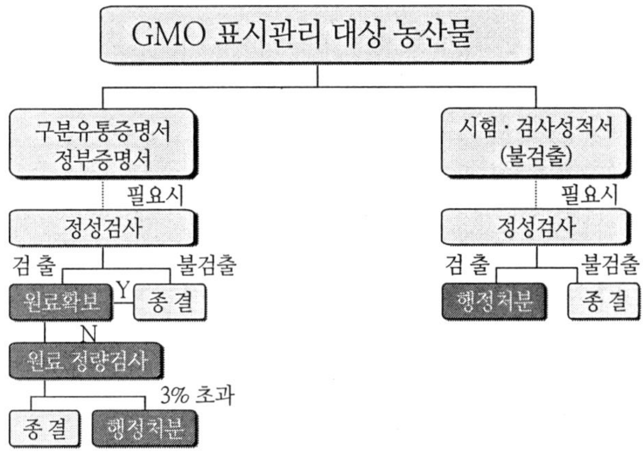

※ 증빙자료: 「유전자변형식품등의 표시기준」 제3조제2항제1호에서 정하고 있는 서류(구분유통증명서, 정부증명서, 시험성적서 등)

② 강조표시(Non-GMO, GMO-free 등) 제품

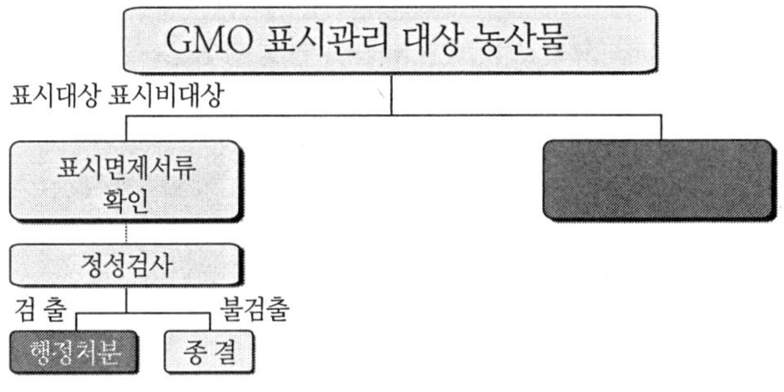

※ 표시대상: 콩, 옥수수 등 GM표시대상 농산물(6종)과 이를 원료로 한 가공식품
표시비대상: 표시대상제품을 제외한 모든 농산물과 식품 등

다. 국내 유입 미승인 유전자변형식품등

1) 기관별 역할

가) 본부

- 국내 유입 미승인 유전자변형식품등의 안전관리 총괄(수입식품안전정책국)
- 미승인 유전자변형식품등 검사법 마련 · 검사 및 교육 총괄(평가원 신소재 식품과)

나) 지방식약청 및 지자체(시 · 도, 시 · 군 · 구)

- 본부 지시에 따른 미승인 유전자변형식품등 관련 제품 수거 · 검사 및 미 승인 유전자가 검출된 제품의 회수폐기 등 후속조치

2) 세부 안전관리 내용

가) 미승인 유전자변형식품등의 수입 · 유통 현황 파악

나) 미승인 유전자변형식품등의 수입신고수리보류와 잠정 유통 · 판매 중단 조치 실시 및 검사법마련

다) 본부 지시에 따른 미승인 유전자변형식품등 관련제품 수거 · 검사, 유통 현황(재고량, 보관장소 등) 조사 실시 및 보고(지방식약청, 지자체)

라) 미승인 유전자가 검출되었을 경우에는 해당 제품 즉시 회수 · 폐기 조치 및 보고(지방식약청, 지자체)

마) 미승인 유전자변형식품등의 회수 · 폐기 완료 등에 따른 상황종료 조치

3) 행정사항

가) 수거 · 검사결과 미승인 유전자변형식품등이 검출될 경우 본부 즉시 보고

나) 관내 업체에서 미승인 유전자가 검출된 경우 해당 제품즉시 압류 및 회수 · 폐기조치 등 행정처분 진행

[붙임 1]

유전자변형농산물 지도 · 점검 계획

(단위 : 건)

지방식약청	계	지도 · 점검 건수	
		상반기	하반기
계	1,000	500	500
서울지방청	200	100	100
부산지방청	200	100	100
경인지방청	200	100	100
대구지방청	100	50	50
광주지방청	200	100	100
대전지방청	100	50	50

※ 식품안전관리과가 업무를 수행하는 지방청은 건수 조정

※ 본 계획은 지도 · 점검 건수이므로 실적 보고 시 수거 · 검사 건수를 구분하여 보고

[붙임 2]

유전자변형식품 지도 · 점검 계획

(단위 : 건)

구 분	계	지도 · 점검 건수	
		상반기	하반기
계	2,000	1,025	975
서 울	155	80	75
부 산	130	65	65
대 구	90	45	45
인 천	90	45	45
광 주	60	30	30
대 전	60	30	30
울 산	45	25	20
세 종	30	15	15
경 기	240	120	120
강 원	145	75	70
충 북	145	75	70
충 남	155	80	75
전 북	145	75	70
전 남	155	80	75
경 북	155	80	75
경 남	155	80	75
제 주	45	25	20

※ 제조단계 수거는 제품 및 원료를 동시에 수거하고 수거건수는 1건으로 집계

◈ 유전자변형생물체(LMO) 안전관리 ◈

〈수입유통안전과〉

1. 목 적

○ 식품용 유전자변형생물체(LMO)의 부적절한 취급관리로 인한 환경방출(또는 환경유출)을 예방하여 유전자변형생물체의 수입 · 유통 · 제조단계의 안전성 확보

2. 근거법령

○ 「유전자변형생물체의 국가간 이동 등에 관한 법률」(약칭 유전자변형생물체법, LMO법) 제8조(수입승인 등), 제12조(생산승인 등), 제22조의3(생산공정이용시설의 설치 · 운영), 제22조의4(유전자변형미생물의 이용), 24조(표시), 25조(취급관리), 제26조(관리 · 운영기록의 보존)

○ 「유전자변형생물체의 국가간 이동 등에 관한 통합고시」 제8-8조(수입 · 생산승인 신청 등), 제8-12조(생산공정이용시설 설치 · 운영신고), 제8-14조(생산공정이용시설 설치 · 운영신고사항의 변경신고), 제8-15조(생산공정이용시설의 폐쇄신고), 제8-16조(유전자변형미생물의 이용승인), 제8-17조(유전자변형 미생물 이용승인사항의 변경)

3. 관리대상

○ 「유전자변형생물체의 국가간 이동 등에 관한 법률」에 따라 「식품위생법」에서 안전성이 승인된 식품용 유전자변형생물체*를 생산, 수입, 운송, 하역, 보관, 제조 등 취급하는 모든 업체

* 생산공정 중에 이용되는 유전자변형미생물 포함

4. 안전관리

가. 관리기관

○ 본부 수입유통안전과

- 「유전자변형생물체의 국가간 이동 등에 관한 법률」에 따른 유전자변형생물체의 안전성과 생산 · 수입 승인 및 안전관리(유전자변형미생물 이용승인 포함) 총괄

○ 지방식약청(식품안전관리과, 농축수산물안전과)

- 유전자변형생물체의 안전성과 생산 · 수입 승인 관련 취급관리 및 유전자변형미생물의 생산공정이용시설에 따른 업체점검

나. 관리방법

○ 수입승인된 유전자변형생물체의 국내 제조 · 가공 · 생산 · 수입 · 운송 · 보관 등 취급과정에서 국민건강과 생물다양성에 위해를 미치거나 미칠 우려가 없도록 업체의 각 단계별 취급관리 실태와 사용에 따른 표시적정 여부를 정기적으로 확인

※ 생산공정 중에 이용되는 유전자변형미생물도 동일하게 관리함

○ 연 1회 이상 점검하되 수입(생산)업체, 사용업체(운송, 하역), 유전자변형미생물 생산공정 이용업체 등으로 구분하여 실시

다. 관리단계별 점검내용 및 방법

1) 공통 점검사항

- 유전자변형생물체 안전관리계획의 준수 여부
- 유전자변형생물체 관리 전담인력 지정상황 여부
- 유전자변형생물체 작업종사자 교육 기본 계획 준수 여부
- 유전자변형생물체 환경방출 등 비상조치 절차 준수 여부
- 유전자변형생물체 환경방출 등 사고 대비 원인제거 및 피해방지에 관한 조

치 이행 여부

2) 업체별 현지 확인사항([서식 5-1-1]의 조사표 사용)

〈 수입 · 생산업체 〉

- 유전자변형생물체 취급관리기준 준수 여부
- 생산 · 수입 · 판매 · 보관 관리대장 작성 여부
- 유전자변형생물체 작업종사자 교육 · 훈련 기준 준수 여부
- 유전자변형생물체 안전 교육 · 훈련 기록 유지 여부
- 취급장소 및 운송수단 등에 대한 유전자변형생물체 식별표시 기준 준수 여부
- 유전자변형생물체의 환경방출 등 방지 시설 · 설비 적절성 여부
- 관련 시설 · 설비 관리 기준 준수 여부
- 비상사태 발생 시 비상조치 계획 적절성 여부
- 업체 주변 유전자변형생물체 자생여부 및 처리 적절성 여부 등

〈 하역업체 〉

- 보관 관리대장 작성 여부
- 유전자변형생물체 작업종사자 교육 · 훈련 기준 준수 여부
- 유전자변형생물체 안전 교육 · 훈련 기록 유지 여부
- 취급장소 및 운송수단 등에 대한 유전자변형생물체 식별표시 기준 준수 여부
- 운송설비 및 저장시설의 유전자변형생물체의 환경방출 등 방지 시설 · 설비 적절성 여부
- 관련 시설 · 설비 관리기준 준수 여부
- 비상사태 발생 시 비상조치 계획 적절성 여부 등

〈 운반업체 〉

- 운반관리대장 작성 여부
- 운송조직도, 운반계획서 및 운송노선 등 운영기준 적절성 여부
- 유전자변형생물체 작업종사자 교육 · 훈련 기준 준수 여부
- 유전자변형생물체 안전 교육 · 훈련 기록 유지 여부
- 운송수단에 대한 유전자변형생물체 식별 표시기준 준수 여부
- 운송설비의 유전자변형생물체의 환경방출 등 방지 시설 · 설비 적절성 여부
- 유전자변형생물체 운송차량 유지보수 등 관리기준 준수 여부
- 비상사태 발생 시 비상조치 계획 적절성 여부 등

〈 생산공정이용시설 〉

- 생산공정이용시설의 신고사항 확인
- 생산공정 관련 작업자 위생관리, 취급 시 주의사항
- 유전자변형미생물의 취급 · 보관 등에 대한 안전관리
- 생산공정 중에 이용되는 유전자변형미생물의 이용 승인을 위한 취급시설 안전관리 점검

3) 생산공정 중에 이용되는 유전자변형미생물의 취급 · 보관 등에 대한 안전관리

- 생산공정이용시설의 신고사항 확인
- 생산공정 관련 작업자 위생관리, 취급 시 주의사항
- 생산공정 중에 이용되는 유전자변형미생물의 이용 승인을 위한 취급시설 안전관리 점검

라. 점검결과에 따른 조치

○ 「유전자변형생물체의 국가간 이동 등에 관한 법률」 위반사실(취급관리 등) 적발 시 관할지방청에 통보하여 벌칙 또는 과태료 처분 조치

 * 관련: 「LMO법」 제40조, 제42~44조

◈ 식품 중 방사능 안전관리 ◈

<농수산물안전정책과>

1. 목 적

일본 원전사고 이후 일본 원전 오염수 방출 논란에 대한 국민 불안 해소를 위하여 국내 생산 · 유통 식품에 대한 방사능 안전관리 지속

2. 근거법령

○ 「식품위생법」 제7조(식품 또는 식품첨가물에 관한 기준 및 규격), 제21조(특정식품 등의 수입 · 판매 등 금지) 및 제22조(출입 · 검사 · 수거 등)

○ 「수입식품안전관리 특별법」 제21조(수입검사 등), 제22조(검사명령), 제24조(유통관리 계획 수립 · 시행) 및 제25조(출입 · 검사 · 수거 등)

○ 「농산물품질관리법」 제60 ~ 67조(안전성조사 등)

3. 식품 중 방사능 안전성 조사 · 검사

가. 조사 · 검사 기관

1) 생산단계 : 농식품부(농관원), 해수부(수품원 등), 시 · 도(농수산물안전 관련부서)

2) 유통단계 : 식약처(지방식약청), 시 · 도(식품위생 관련부서)

나. 검사항목 : 요오드(131I), 세슘(134Cs, 137Cs)

※ 세슘 미량 검출시 추가핵종(90Sr, 238 ~ 240Pu) 모니터링 실시

다. 방사능 조사 · 검사 추진방법

1) 검사대상 : 다소비 식품 및 방사능 검출 이력 식품 등(붙임 1 참조)

2) 계획건수 : 28,320건

가) 대상별 · 기관별 검사계획

구 분	계	농산물	축산물	수산물	가공식품
계	28,320	1,480	300	25,000	1,540
식약처	3,800	600	300	2,000	900
농식품부(농관원)	330	330	-	-	-
해수부	18,000	-	-	18,000	-
시 · 도	6,190	550	-	5,000	640

나) 각 기관은 다소비 식품과 방사능 검출 우려 식품에 대해 수거 · 검사할 수 있도록 연간 세부검사계획을 수립할 것

3) 세부추진계획 수립

가) 지방식약청은 국내에서 유통되는 수입식품(농 · 축 · 수산물 포함)과 관할 지역에서 생산 · 유통되는 식품에 대하여 세부 추진계획을 수립 · 시행 다만, 유통 중인 수입식품에 대한 검사는 Ⅳ. 수입식품등 검사 및 사후관리에 따라 추진

나) 농식품부(농관원) 및 해수부(수품원 등)는 생산단계 농 · 수산물에 대하여 사전에 대상 지역(해역)에 대한 조사를 실시하여 생산량이 많은 품목과 방사능 검출 우려식품 등을 포함시켜 세부 추진계획을 수립 · 시행

다) 시 · 도는 관할 지역에서 생산 · 유통 되는 농 · 수산물 및 가공식품에 대하여 다소비 식품과 지역문화나 특성을 고려한 식품 및 방사능 검출 우려식품 등을 포함시켜 세부 추진계획을 수립 · 시행

* 관할지역에서 직접 생산되는 품목이 없는 경우에는 실정에 맞게 탄력적으로 계획 수립

4) 수거 방법

가) 수거품목의 생산시기 · 지역 · 장소 등을 고려하여 특정 월에 집중되지 않도록 연중 균등하게 분산 · 추진

나) 관할 지역에서 생산 · 제조 · 가공된 지역특산물 및 전통식품 등은 지역 · 계절별 특성을 고려하여 생산지 관할 기관에서 책임 수거

다) 할인점, 백화점 등 대형 식품판매점에서 같은 날 한 장소에서 다수의 품목을 일괄 수거하는 방식 지양

라) 검체의 대표성 확보를 위하여 품목별로 고르게 수거하며, 방사능 검출 이력 등을 사유로 해당 품목만을 집중 수거하는 것은 지양

마) 시 · 도 등은 소속 시 · 군 · 구의 인구 수를 고려하여 수거건수 배분

바) 생산 · 수입 판매자 정보를 확인할 수 있도록 검체 수거 시 수거증에 그 내용을 상세히 기재

사) 유통 수입식품을 수거할 때에는 수입식품검사이력 여부(방사능 검사)를 수입통관식품조회 시스템*을 통해 확인한 후 기 방사능 검사 수입식품은 제외

* 수입식품방사능안전정보(radsafe.mfds.go.kr) 〉 식품방사능검사현황 〉 수입통관제품조회

5) 검체채취 및 취급방법

가) 검체의 종류 및 특성에 맞게 충분한 양을 채취(최소 1kg 이상)

나) 채취한 검체는 반드시 봉함 · 봉인 후 피수거자 확인 서명

다) 검체번호, 검체명, 식품유형, 생산지(국가, 지역), 채취일, 채취량, 채취 장소 등 확인 기재

* 식품위생법 시행규칙 [별표 8] 및 식품공전 제 7. 검체의 채취 및 취급방법 준수

6) 검사방법

가) 방사능 검사는 「식품의 기준 및 규격」 제8. 일반시험법 9.9 방사능에 명

시된 시험법에 따라 시험검사하고 유효 숫자 소수점 첫째자리까지 구한 후 반올림하여 분석 결과값 기록 및 적부 판정

* 표기 예시 – MDA미만: 불검출, 0.5미만 검출: 0, 0.5이상 검출: 1

나) 분석장비는 표준선원(CRM)으로 정기적인 검 · 교정 실시

다) 매 분석 시(당일 최초분석 시) 마다 자연 방사능(40K), 세슘(137Cs) 등의 정상적인 피크 위치 대조 등 장비의 이상 유무 점검 후 검체 분석

라) 그대로 섭취하지 않는 건조 농 · 임 · 축 · 수산물의 방사능은 수분함량의 변화를 고려하여 생물로 함량을 환산한 후 기준 적용하고, 희석하여 섭취하는 가공식품은 섭취시의 상태를 반영하여 적용 (「식품의 기준 및 규격」 제 2. 식품일반에 대한 공통기준 및 규격)

마) 각 검사기관에서 가)항에 따라 판정하여 방사성 물질(세슘)이 1Bq/kg이상 검출된 경우 식약처(농수산물안전정책과)로 유선 통보 후 해당 지방식약청 등에 추가핵종(Sr, Pu) 시험 의뢰(세슘 검출에 한함) 다만, 검사기관에서 추가핵종(Sr, Pu) 검사를 직접 수행하는 경우, 검사결과는 식약처(농수산물안전정책과)로 송부

검사기관*		추가핵종 시험의뢰
해수부[1)], 부산, 울산, 경남	→	부산청
농식품부, 인천, 대전, 충남, 충북, 세종, 대전청**	→	경인청
대구, 경북, 강원	→	대구청
서울, 광주, 전남, 전북, 제주	→	광주청

* 삼중수소 모니터링 상황에 따라 조정 가능, 서울청 및 경기도의 경우 자체 검사

** 대전청 Sr 자체분석, Pu 검사 경인청 의뢰

1) 수과원, 수품원 및 10개 지자체 수산기술연구소, '24년 3월 까지 부산청에 시험의뢰, 이후부터는 해수부 자체적으로 운영

라. 행정사항

1) (유통단계) 지방식약청 및 시 · 도(식품위생관련부서)는 방사능 조사 · 검사결과를 2주 간격(식품 전체, 수산물 제외, 해당 주 월요일)으로 보고서식('24. 1월 중 별도 공지)에 따라 식약처(농수산물안전정책과)에 제출하고 각 기관 홈

페이지 게재

* 품목별 통계관리를 위해 농 · 축 · 수 · 가공식품으로 구분하여 서면 제출

2) (생산단계) 농식품부(농관원), 해수부(수품원 등)는 시 · 도(시 · 군 · 구 포함)에서 검사한 결과를 취합하여 2주 간격(해당 주 월요일)으로 보고서식('24.1월 중 별도공지)에 따라 식약처(농수산물안전정책과)에 제출

3) 보고서식에는 검사기관, 원산지, 품목별 검사건수(적합 · 부적합), 방사능이 검출된 경우 검출내역(품목 유형, 식품공전에 따른 1Bq/kg 단위 검출량 등) 기재

4) 검사기관은 방사능 검사결과 방사성 물질 검출 시, 즉시(실험실정보관리시스템 입력 전) 식약처(농수산물안전정책과)에 유선 보고

5) 방사능 검사 결과 기준치 이하인 잔여검체는 「시험 · 검사 등 잔여검체 처리규정」(식품의약품안전처 예규 제150호)에 따라 처리하고, 기준치 초과 검체는 「방사성 폐기물 관리법」에 따라 폐기 조치

6) 생산단계 농 · 수산물은 「농수산물 품질관리법」에 따라 안전성조사 공무원이 시료채취 및 검사 실시

7) 축산물 및 그 가공식품은 「축산물 위생관리법」 및 절차에 따라 수거 · 검사 실시

8) 유통단계 농 · 수산물 및 가공식품 등은 「식품위생법」에 따라 식품위생감시원이 수거하여 검사 실시

* 추적조사 등 필요한 조치가 가능하도록 통합식품안전정보망에 수거내역 입력 및 수거증 등 작성

	관련법령	수거 담당자
농 · 수산물	(생산단계) 농수산물 품질관리법	안전성조사 공무원
	(유통단계) 식품위생법	식품위생감시원
축산물 및 그 가공식품	축산물 위생관리법	검사관, 축산물위생감시원
가공식품	식품위생법	식품위생감시원

【붙임 1】

섭취량 상위 식품** 및 방사능 검출이력 식품

구 분	품 목 (또는 식품유형)
계	190품목
농산물(55품목)	가지, 감, 감자, 계피*, 고구마, 고사리*, 귀리, 귤, 호박(늙은호박), 능이버섯*, 당근, 대두, 들깻잎, 딸기, 마늘, 멥쌀, 목이버섯*, 무, 무청, 바나나, 밤, 배, 배추, 버섯류(새송이버섯, 느타리버섯 등), 보리, 복숭아, 부추, 브로콜리, 사과, 상추, 송이버섯*, 송화가루*, 수박, 숙주나물, 시금치, 애호박, 양배추, 양파, 오렌지, 오이, 옥수수, 자두, 차가버섯*, 참외, 찹쌀, 콩나물, 키위, 토마토, 파, 파프리카, 포도, 표고버섯*, 풋고추, 헤이즐넛*, 현미
축산물(15품목)	가공육, 건조저장육류(육포)*, 달걀, 닭고기, 돼지고기, 메추라기알, 샤베트, 소고기, 아이스밀크, 아이스크림, 오리고기, 요구르트, 우유, 유산균음료, 치즈*
수산물(80품목)	오징어, 고등어, 명태, 새우, 멸치, 가다랑어, 게, 조기, 낙지, 장어, 넙치, 갈치, 미꾸라지, 김, 바지락, 홍합, 다시마, 문어, 아귀, 홍어, 미역, 볼락, 우렁이, 대구, 연어, 주꾸미, 가자미, 쥐치, 다랑어, 전복, 꽁치, 삼치, 꼬막, 굴, 돔, 전어, 서대, 임연수, 메기, 송어, 가리비, 복어, 민어, 병어, 소라, 도다리, 다슬기, 농어, 뱅어, 개불, 해파리, 방어, 백합, 가오리, 붕어, 고둥, 재첩, 숭어, 빙어, 양태, 전갱이, 청어, 개량조개, 북방대합, 접시조개, 키조개, 피조개, 가재, 꼴뚜기, 한치, 도루묵, 박대, 상어, 성대, 쏨뱅이, 피라미, 개조개, 동죽, 죽합, 군소
가공식품 (40품목)	견과류가공품*, 과·채음료, 과자류*, 김치(배추김치 등), 노니쥬스*, 농산가공식품(밀가루, 시리얼 등), 당류(설탕 등), 두부, 두유, 떡, 링곤베리잼*, 맥주(소주, 막걸리 등), 메이플시럽*, 면류(건면, 유탕면 등), 베리류혼합잼*, 블랙베리잼*, 블루베리분말*, 블루베리음료*, 블루베리잼*, 빌베리가공품*, 빌베리원액*, 빌베리잼*, 빵(케이크 등), 마요네즈, 케첩, 수산가공품류(어묵 등), 식용유지류(콩기름 등), 아로니아분말*, 장류(간장, 고추장 등), 즉석식품류(샌드위치/햄버거/피자/만두 등), 차가버섯가공품*, 차류(홍차, 보리차 등), 초콜릿류, 캐슈넛가공품*, 커피, 클로브, 탄산음료(콜라, 사이다, 탄산수 등), 표고버섯분말*, 헤이즐넛가공품*, 황태채*

* 최근 5년간 방사능 검출(미량검출 및 부적합) 이력 품목(가나다순)

** 2021 국민영양통계 식품별 섭취량(보건산업진흥원) 반영

【붙임 1】

◈ 유통단계 농산물 안전관리 ◈

<농수산물안전정책과>

농산물 섭취량 상위 100품목

분류	품 목
곡류 (9품목)	쌀, 보리, 현미, 옥수수, 찹쌀, 귀리, 조, 수수, 기장
서류 (2품목)	감자, 고구마
두류 (4품목)	대두, 강낭콩, 완두, 팥
견과종실류 (6품목)	밤, 아몬드, 참깨, 땅콩, 호두, 들깨
과일류 (24품목)	사과, 귤, 수박, 감, 바나나, 참외, 복숭아, 포도, 배, 딸기, 오렌지, 자두, 키위, 멜론, 망고, 블루베리, 파인애플, 자몽, 무화과, 아보카도, 체리, 크랜베리, 살구, 대추
채소류 (49품목)	양파, 무, 토마토, 오이, 파, 당근, 호박(애호박, 늙은호박, 주키니호박), 양배추, 콩나물, 배추, 시금치, 상추, 고추, 마늘, 부추, 깻잎, 고사리, 가지, 양상추, 파프리카, 무청, 숙주나물, 브로콜리, 미나리, 연근, 고구마(줄기), 취나물, 비트, 우엉, 마늘종, 토란대, 피망, 도라지, 쑥갓, 냉이, 머위, 아욱, 호박(잎), 순무, 생강, 샐러리, 콜라비, 두릅, 죽순, 참나물, 열무, 더덕, 청경채, 고춧잎
버섯류 (6품목)	새송이버섯, 표고버섯, 느타리버섯, 팽이버섯, 양송이버섯, 목이버섯

※'21년국민영양통계(한국보건산업진흥원)_식품별섭취량중상위100품목

◈ 월별 특별관리대상 농산물 현황 ◈

월	품 목
1월	시금치, 상추, 고수(잎), 근대, 겨자채, 깻잎, 쑥갓, 참나물, 청경채, 파
2월	참나물, 상추, 깻잎, 머위, 부추, 고수(잎), 근대, 쑥갓, 파, 가지
3월	상추, 시금치, 부추, 참나물, 파, 갯기름나물(방풍나물), 열무, 취나물, 근대, 깻잎
4월	시금치, 부추, 파, 상추, 열무, 갯기름나물(방풍나물), 쑥갓, 미나리, 가지, 엇갈이배추
5월	상추, 파, 부추, 시금치, 열무, 쑥갓, 깻잎, 참나물, 고수(잎), 근대
6월	상추, 고춧잎, 깻잎, 치커리(잎), 열무, 고추, 쑥갓, 아욱, 고수(잎), 당귀(잎)
7월	근대, 상추, 열무, 깻잎, 쑥갓, 참나물, 치커리(잎), 고춧잎, 케일, 취나물
8월	상추, 치커리(잎), 근대, 깻잎, 고춧잎, 열무, 참나물, 고수(잎), 쑥갓, 아욱
9월	상추, 깻잎, 고춧잎, 쑥갓, 엇갈이배추, 열무, 시금치, 부추, 취나물, 치커리(잎)
10월	쑥갓, 고춧잎, 시금치, 상추, 깻잎, 고수(잎), 근대, 부추, 청경채, 치커리(잎)
11월	갓, 쑥갓, 상추, 파, 시금치, 바질(잎), 근대, 아욱, 치커리(잎), 청경채
12월	시금치, 상추, 부추, 청경채, 깻잎, 쑥갓, 아욱, 머위, 엇갈이배추, 생강

※ 최근 3년간 월별 부적합률이 높은 상위 10개 농산물(2020.11.~2023.10.)

◈ 유통농산물별잔류농약부적합현황('21.10.~'23.10.) ◈

연번	품목	검출농약
1	상추	나프로파마이드, 노발루론, 다이아지논, 디니코나졸, 디메토에이트, 디플루벤주론, 디페노코나졸, 리뉴론, 메타벤즈티아주론, 뷰프로페진, 아이소프로티올레인, 아이소피라잠, 아족시스트로빈, 알라클로르, 에마멕틴벤조에이트, 오리사스트로빈, 오메토에이트, 육-비에이, 이미시아포스, 이프로벤포스, 카바릴, 클로로탈로닐, 클로르페나피르, 클로르피리포스, 터부포스, 테부코나졸, 테부피림포스, 테트라코나졸, 테플루트린, 트리플록시스트로빈, 티아디닐, 티플루자마이드, 파목사돈, 퍼메트린, 페니트로티온, 포레이트, 플루아지남, 플루퀸코나졸, 플룩사메타마이드, 피리다벤, 피리프록시펜, 피리플루퀴나존, 피프로닐, 피플루뷰마이드
2	시금치	다이아지논, 델타메트린, 디니코나졸, 디메토에이트, 리뉴론, 메파니피림, 벤티아발리카브아이소프로필, 뷰타클로르, 뷰프로페진, 스피로디클로펜, 아미설브롬, 에마멕틴벤조에이트, 에토펜프록스, 에토프로포스, 에톡사졸, 오메토에이트, 카두사포스, 카바릴, 카벤다짐, 클로로탈로닐, 클로르피리포스, 터부포스, 테부코나졸, 테부피림포스, 테트라코나졸, 티아클로프리드, 파목사돈, 페니트로티온, 펜디메탈린, 펜타클로로벤조니트릴, 포레이트, 프로사이미돈, 플로니카미드, 플루아지남, 플루오피람, 플루퀸코나졸, 피라지플루미드, 피리다벤
3	쑥갓	나프로파마이드, 다이아지논, 디노테퓨란, 디니코나졸, 메타벤즈티아주론, 메티다티온, 뷰프로페진, 비스트리플루론, 사이플루메토펜, 사이할로트린, 시마진, 에마멕틴벤조에이트, 에토프로포스, 에폭시코나졸, 오리사스트로빈, 이프로벤포스, 퀴날포스, 클로로탈로닐, 클로르피리포스, 클로르피리포스- 메틸, 터부포스, 테부피림포스, 테트라코나졸, 티아메톡삼, 파목사돈, 페노뷰카브, 페노트린, 페니트로티온, 펜디메탈린, 펜토에이트, 플루벤디아마이드, 플루오피람, 플루퀸코나졸, 플룩사메타마이드, 플룩사피록사드, 피디플루메토펜, 피리다벤
4	들깻잎	노발루론, 다이아지논, 디니코나졸, 디메토에이트, 리뉴론, 벤티아발리카브아이소프로필, 뷰프로페진, 브로모뷰타이드, 사이클로프로트린, 사이플루메토펜, 아이소프로티올레인, 아족시스트로빈, 에토프로포스, 엔도설판, 오리사스트로빈, 이프로벤포스, 이피엔, 카두사포스, 카보퓨란, 클로로탈로닐, 클로르플루아주론, 클로르피리포스, 클로르피리포스-메틸, 터부포스, 파목사돈, 페노트린, 페니트로티온, 펜디메탈린, 펜토에이트, 포레이트, 포스티아제이트, 프로사이미돈, 플루아지남, 플루오피람, 플룩사메타마이드, 플룩사피록사드, 피디플루메토펜, 피리다벤, 피플루뷰마이드

연번	품목	검출농약
5	무(잎)	나프로파마이드, 다이아지논, 디노테퓨란, 디니코나졸, 디메토에이트, 메타벤즈티 아주론, 메타플루미존, 보스칼리드, 비스트리플루론, 비펜트린, 사이안트라닐리프롤, 에토프로포스, 오메토에이트, 이미시아포스, 카바릴, 카벤다짐, 카보퓨란, 클로로탈로닐, 클로르피리포스, 터부포스, 테트라코나졸, 테플루벤주론, 티아클로프리드, 파클로부트라졸, 페니트로티온, 펜토에이트, 포레이트, 프로사이미돈, 플루벤디아마이드, 플루오피람, 플루퀸코나졸, 피리다벤, 피리프록시펜
6	근대	다이아지논, 디노테퓨란, 디니코나졸, 메타플루미존, 메파니피림, 사이플루메토펜, 아이소프로티올레인, 이미시아포스, 터부포스, 파클로부트라졸, 파목사돈, 플루벤디아마이드, 플루오피람, 플룩사메타마이드, 피플루뷰마이드
7	파	노발루론, 다이아지논, 디메토에이트, 리뉴론, 메타벤즈티아주론, 메펜트리플루코나졸, 사이플루메토펜, 시마진, 아세페이트, 아이소프로티올레인, 알라클로르, 에토프로포스, 오메토에이트, 카보퓨란, 클로르플루아주론, 클로르피리포스, 터부포스, 테부피림포스, 트리플록시스트로빈, 티플루자마이드, 페노트린, 펜디메탈린, 포레이트, 프로사이미돈, 프로클로라즈, 플루오피람, 플루퀸코나졸, 플루트리아폴, 플룩사메타마이드, 피리다벤
8	참나물	나프로파마이드, 다이아지논, 디노테퓨란, 디페노코나졸, 아이소프로카브, 아이소프로티올레인, 알라클로르, 에디펜포스, 이미다클로프리드, 이프로벤포스, 카벤다짐, 클로로탈로닐, 클로르피리포스, 테부피림포스, 테트라코나졸, 페니트로티온, 펜디메탈린, 프로사이미돈, 프로파닐, 플루벤디아마이드, 플루아지포프-뷰틸, 플루오피람, 플루퀸코나졸, 플룩사메타마이드
9	치커리(잎)	다이아지논, 터부포스, 디노테퓨란, 디니코나졸, 메타플루미존, 벤티아발리 카브아이소프로필, 뷰프로페진, 카벤다짐, 클로로탈로닐, 클로르피리포스, 테부펜피라드, 테트라코나졸, 티아클로프리드, 파클로부트라졸, 포레이트, 프로사이미돈, 플루벤디아마이드, 플루퀸코나졸, 플룩사메타마이드
10	고춧잎	노발루론, 디노테퓨란, 디페노코나졸, 메타플루미존, 보스칼리드, 에토프로포스, 카두사포 , 카벤다짐, 터부포스, 테트라코나졸, 티아클로프리드, 페림존, 포레이트, 프로사이미돈, 플루벤디아마이드, 플루아지남, 플룩사메타마이드, 피리다벤, 피플루뷰마이, 디노테퓨, 보스칼리, 사이안트라닐리프, 사이플루메토, 아이소티아닐, 아이소프로티올레인, 에토프로포스, 이미다클로프리드, 이프로벤포스, 인독사카브, 카벤다짐, 클로로탈로닐, 클로르페나피르, 클로르피리포스, 터부포스, 테부코나졸, 테부펜피라드, 티아클로프리드, 파목사돈, 플루벤디아마이드, 플루아지남, 플루오피람, 플룩사메타마이드, 피디플루메토펜

연번	품목	검출농약
11	부추	터부포스, 포레이트, 리뉴론, 알라클로르, 피플루뷰마이드, 카벤다짐, 페니트로티온, 프로사이미돈, 파목사돈, 에마멕틴벤조에이트, 파클로부트라졸, 오메토에이트, 플루오피람, 피페로닐부톡사이드, 플로니카미드, 메타벤즈티아주론, 피리다벤, 사이안트라닐리프롤, 디메토에이트, 클로로탈로닐, 클로르피리포스, 루페뉴론, 포레이트, 터부포스, 루페뉴론, 프로사이미돈, 피플루뷰마이드, 아미설브롬, 플루오피람
12	엇갈이 배추	디페노코나졸, 메타플루미존, 에마멕틴벤조에이트, 터부포스, 디니코나졸, 아이소프 로티올레인, 에토프로포스, 피리다벤, 테부피림포스, 포레이트, 헥사코나졸, 만디프로 파미드, 페노트린, 테트라코나졸, 사이플루메토펜, 다이아지논, 파클로부트라졸, 뷰프 로페진, 에톡사졸, 프로사이미돈, 펜토에이트, 플루오피람, 펜사이큐론, 페니트로티온
13	아욱	다이아지논, 디노테퓨란, 메파니피림, 보스칼리드, 이미다클로프리드, 클로로탈로닐, 터부포스, 파목사돈, 펜타클로로벤조니트릴, 펜프로파트린, 포레이트, 프로사이미돈, 플루벤디아마이드, 플루아지남, 플룩사메타마이드, 피리다벤
14	고수	나프로파마이드, , 다이아지논, 디메토모르프, 디에토펜카브, 리뉴론, 메타플루미존, 메탈락실, 사이안트라닐리프롤, 스피네토람, 스피로메시펜, 시아조파미드, 알라클로르, 에토펜프록스, 에토프로포스, 카벤다짐, 클로르피리포스-메틸, 터부포스, 테부펜피라드, 테부피림포스, 티아메톡삼, 티아클로프리드, 파클로부트라졸, 페니트로티온, 프로사이미돈, 플로니카미드, 플루퀸코나졸, 플룩사메타마이드, 다이아지논, 디니코나졸, 디클로베닐, 루페뉴론, 리뉴론, 메타벤즈티아주론, 메타플루미존, 사이안트라닐리프롤, 시아조파미드, 알라클로르, 에토펜프록스, 에토프로포스, 이미시아포스, 인독사카브, 카벤다짐, 클로란트라닐리프롤, 터부포스, 테부코나졸, 테부피림포스, 트리플루랄린, 트리플루미졸, 티아메톡삼, 티아조피르, 펜사이큐론, 펜토에이트, 플루톨라닐, 플루페녹수론, 플룩사메타마이드, 피리달릴, 피리플루퀴나존
15	청경채	피플루뷰마이드, 디노테퓨란, 사이플루메토펜, 다이아지논, 디노테퓨란, 메펜트리플루코나졸, 사이안트라닐리프롤, 아미설브롬, 카벤다짐, 클로르피리포스-메틸, 파목사돈, 펜타클로로벤조니트릴, 포레이트, 플루벤디아마이드, 플루설파마이드, 플루오피람, 플룩사메타마이드
16	케일	플룩사메타마이드, 에마멕틴벤조에이트, 파클로부트라졸, 메타플루미존, 다이아지논, 카탑, 디니코나졸, 헥사코나졸, 플루오피람, 에폭시코나졸, 파클로부트라졸, 플룩사메타마이드

연번	품목	검출농약
17	머위	뷰프로페진, 사이안트라닐리프롤, 알라클로르, 에마멕틴벤조에이트, 에탈플루랄린, 에토프로포스, 오리사스트로빈, 이프로벤포스, 카두사포스, 클로르피리포스, 터부포스, 펜디메탈린, 플루트리아폴, 플룩사메타마이드, 플룩사피록사드, 피디플루메토펜
18	당귀(잎)	다이아지논, 리뉴론, 사이에노피라펜, 알라클로르, 카바릴, 클로르피리포스, 트리플록시스트로빈, 티오벤카브, 펜디메탈린, 플루퀸코나졸, 플룩사메타마이드, 에토프로포스, 카벤다짐, 클로르페나피르, 터부포스, 테부코나졸, 테부펜피라드, 테부피림포스, 포레이트, 플루아지남
19	취나물	다이아지논, 디노테퓨란, 메티다티온, 보스칼리드, 뷰프로페진, 브로모뷰타이드, 사이플루메토펜, 스피록사민, 아이소프로티올레인, 알라클로르, 에토프로포스, 이프로벤포스, 카두사포스, 클로르피리포스, 클로르피리포스-메틸, 터부포스, 테부코나졸, 티아클로프리드, 페니트로티온, 페림존, 펜디메탈린, 프로사이미돈, 플룩사메타마이드, 피리다벤, 피리달릴, 헥사코나졸
20	미나리	다이아지논, 디노테퓨란, 뷰프로페진, 알라클로르, 옥사디아존, 이프로벤포스, 인독사카브, 카두사포스, 클로르피리포스, 터부포스, 페노뷰카브, 페니트로티온, 펜디메탈린, 포레이트, 프로사이미돈, 플루트리아폴, 피디플루메토펜피라지플루미드, 헥사코나졸
21	갓	다이아지논, 디노테퓨란, 디니코나졸, 디메토에이트, 디클로르보스, 메탈락실, 오메토에이트, 터부포스, 페니트로티온, 플루벤디아마이드, 플룩사메타마이드
22	고추	다이아지논, 디노테퓨란, 디메토에이트, 메타플루미존, 사이프로디닐, 설폭사플로르, 에토프로포스, 에톡사졸, 오메토에이트, 이피엔, 클로로탈로닐, 클로르페나피르, 클로르피리포스-메틸, 테트라코나졸페니트로티온, 플루벤디아마이드, 플룩사메타마이드, 피리플루퀴나존
23	바질(잎)	디노테퓨란, 디에토펜카브, 루페뉴론, 메탈락실, 보스칼리드, 사이안트라닐리프롤, 스피네토람, 아미설브롬, 아족시스트로빈, 카벤다짐, 클로란트라닐리프롤, 클로르페나피르, 클로티아니딘, 파클로부트라졸, 펜사이큐론, 포레이트, 플루톨라닐, 플루피라디퓨론, 플룩사메타마이드, 피라클로스트로빈, 피리다벤
24	겨자채	다이아지논, 디니코나졸, 메타플루미존, 에마멕틴 벤조에이트, 에폭시코나졸, 파클로부트라졸, 플루벤디아마이드, 플룩사메타마이드
25	유채	디페노코나졸, 루페뉴론, 리뉴론, 벤티아발리카브아이소프로필, 보스칼리드, 클로르피리포스, 클로르피리포스-메틸, 터부포스, 테트라코나졸, 페니트로티온, 펜토에이트, 펜티오피라드, 플루벤디아마이드

연번	품목	검출농약
26	호박	만디프로파미드, 메타플루미존, 스피로메시펜, 아미설브롬, 엔도설판, 오리사스트로빈, 이미시아포스, 클로로탈로닐, 터부포스, 테부코나졸, 톨클로포 스메틸, 티아클로프리드, 파목사돈, 페니트로티온, 포레이트, 포스티아제이트
27	갯기름 나물	카두사포스, 아이소프로카브, 프로페노포스, 디페노코나졸, 터부포스, 펜디 메탈린, 클로르피리포스, 플룩사메타마이드, 포레이트, 페니트로티온, 플루 벤디아마이드, 테부펜피라드, 이프로벤포스
28	방아	만디프로파미드, 에톡사졸, 포레이트, 플루디옥소닐, 피리달릴
29	무(뿌리)	메타플루미존, 터부포스, 디노테퓨란, 포레이트, 플루벤디아마이드, 프로사이미돈
30	가지	디노테퓨란, 인독사카브, 테부코나졸, 파목사돈, 프로사이미돈, 플루디옥소닐, 플루아지남
31	당근	다이아지논, 디니코나졸, 메트코나졸, 벤티아발리카브아이소프로필, 뷰프로페진, 에트리디아졸, 터부포스, 테부피림포스, 포레이트, 플루오피람, 플루퀸코나졸
32	방풍나물	디페노코나졸, 메톨라클로르, 시메트린, 아이소프로티올레인, 알라클로르, 옥사디아존, 이프로벤포스, 이피엔, 테부피림포스, 테플루트린, 페노뷰카브, 페니트로티온, 포레이트, 포스멧, 프레틸라클로르, 프로사이미돈, 프로피코나졸, 플루오피람, 플룩사메타마이드
33	셀러리	다이아지논, 디노테퓨란, 에마멕틴 벤조에이트, 에토프로포스, 에트리디아졸, 클로르페나피르, 뷰프로페진, 프로사이미돈, 빈클로졸린, 페니트로티온, 테플루트린, 테트라코나졸, 아족시스트로빈
34	고구마 (줄기)	디노테퓨란, 비펜트린, 설폭사플로르, 이프로벤포스, 인독사카브, 카벤다짐, 클로란트라닐리프롤, 페노트린, 페니트로티온, 펜티오피라드, 플로니카미드, 플루퀸코나졸, 피리다벤, 피리플루퀴나존
35	돌나물	포레이트, 플룩사메타마이드, 프로사이미돈, 파목사돈, 플루오피람
36	오이	다이아지논, 디노테퓨란, 디니코나졸, 디클로르보스, 이미시아포스, 클로로탈로닐, 키노메티오네이트, 트리사이클라졸
37	비름나물	아이소피라잠, 리뉴론, 뷰프로페진, 카벤다짐, 플루벤디아마이드, 플루오피람, 플룩사메타마이드
38	냉이	다이아지논, 디니코나졸, 디메토에이트, 메타벤즈티아주론, 뷰프로페진, 오메토에이트, 카바릴, 페니트로티온, 프로파닐, 플루벤디아마이드
39	세발나물 (갯개미 자리)	디노테퓨란, 설폭사플로르, 포레이트, 풀르퀸코나졸

연번	품목	검출농약
40	달래	다이아지논, 메톨라클로르, 이프코나졸, 클로르피리포스, 펜디메탈린, 플로클로라즈
41	쑥	이미다클로프리드, 클로로탈로닐, 펜디메탈린, 포레이트
42	오미자(건조)	메티다티온, 플루벤디아마이드, 플루오피람, 피라족시펜
43	파슬리	다이아지논, 에토프로포스, 테부피림포스, 프로사이미돈, 플루아지남, 플룩사메타마이드
44	곤달비(어린잎)	클로르피리포스, 티아클로프리드, 펜디메탈린, 플룩사메타마이드
45	살구	디페노코나졸, 메토밀, 비스트리플루론, 옥사디아존, 프로사이미돈, 피디플루메토펜
46	호박잎	메타벤즈티아주론, 사이플루메토펜, 터부포스, 페니트로티온, 펜디메탈린, 포스파미돈
47	구기자(건조)	보스칼리드, 비펜트린, 아세타미프리드, 테부페노자이드, 플루벤디아마이드
48	딸기	이미시아포스, 포스티아제이트
49	민들레	비펜트린, 사이퍼메트린, 클로로탈로닐, 플루퀸코나졸
50	봄동	디니코나졸, 클로로탈로닐
51	부지깽이	노발루론, 디페노코나졸, 클로르피리포스, 플루벤디아마이드
52	생강	보스칼리드, 오리사스트로빈, 프로파모카브
53	뉴그린	보스칼리드, 메타블루미존, 플룩사메타마이드
54	방울토마토	사이에노피라펜, 이미시아포스
55	복숭아	클로로탈로닐, 페니트로티온
56	수수	다이아지논, 디플루벤주론
57	고들빼기	포레이트
58	마늘종	메트코나졸, 클로티아니딘, 터부포스, 피디플루메토펜
59	민트	디노테퓨란, 루페뉴론, 에토펜프록스, 이미다클로프리드, 플룩사메타마이드
60	토마토	클로르피리포스-메틸, 플루아지남, 플루티아닐

연번	품목	검출농약
61	다채	다이아지논
62	단호박	만디프로파미드, 아족시스트로빈
63	두릅	뷰프로페진, 카벤다짐
64	루꼴라	포스티아제이트, 플룩사메타마이드
65	멜론	프로사이미돈
66	배추	디니코나졸, 카보퓨란, 포레이트
67	브로콜리	카바릴, 플루디옥소닐
68	서양자초(잎)	디노테퓨란, 알라클로르, 이미다클로프리드, 터부포스, 테부코나졸, 페니트로티온, 플룩사메타마이드
69	숙주나물	카벤다짐, 티람
70	씀바귀	펜디메탈린
71	양파	디노테퓨란
72	영지버섯	카두사포스, 클로르피리포스, 트리아조포스
73	위트루프	에마멕틴벤조에이트
74	쪽파	노발루론, 프로클로라즈
75	참깨	보스칼리드, 비펜트린
76	타임	디노테퓨란, 클로란트라닐리프롤, 테트라코나졸, 티아클로프리드, 플로니카미드, 플룩사메타마이드, 피리다벤
77	풋마늘	페니트로티온, 펜디메탈린
78	감귤	메티다티온
79	가랏	아이소프로티올레인, 벤티아발리카브아이소프로필
80	고려 엉겅퀴	포레이트
81	공심채	터부포스
82	로즈마리	이미다클로프리드
83	망고	아세페이트, 클로르페나피르
84	매실	메토밀

연번	품목	검출농약
85	모과	테트라닐리프롤
86	별꽃	디노테퓨란
87	보리순	디노테퓨란
88	복분자	프로사이미돈
89	비트	메타플루미존
90	산딸기	에토프로포스
91	산마늘(잎)	디노테퓨란
92	쑥부쟁이	펜프로파트린
93	아로니아	메토밀
94	연	펜디메탈린
95	우엉(잎)	페니트로티온
96	자두	페니트로티온
97	참외	페노트린
98	콜라비	디노테퓨란
99	콩나물	카벤다짐
100	포도	클로르피리포스
101	피마자	디페노코나졸, 보스칼리드, 뷰프로페진, 카벤다짐

1. 전재근 : 농산 식품가공, 문운당 (1988)
2. 김동연, 향휘천, 김우정, 이영춘, 김성곤 : 농산가공학, 영지문화사 (1990)
3. 주현규 : 농산식품가공학, 선진문화사 (1991)
4. 김재욱, 조성항 : 농산식품가공학, 문운당 (1995)
5. 양한철 : 식품신소재학, 한림원 (1996)
6. 한응수 : 청과물 저장과 가공기술, 유한문화사 (1997)
7. 전동효 : 식품의 생리활성, 선진문화사 (1998)
8. 김동훈 : 식품화학, 탐구당 (1999)
9. 최동성 : 식품기근화학, 지구문화사 (1999)
10. 안용근 : 현대 식품가공 · 저장학, 효일문화사 (1999)
11. 남궁석, 심우만, 소명한 : 식품저장 및 가공, 선진문화사 (2000)
12. 장학길, 이경혜, 관희진, 김동현, 김형혈 : 식품재료학, 신광출판사 (2001)
13. 김형렬, 오문헌, 이경혜, 이수한, 장학길 : 식품가공기술학, 효일출판사 (2001)
14. 한명규 : 최신 식품가공학, 형설출판사 (2002)
15. 오문헌, 황혜정 : 최신식품재료학, 두남출판사 (2004)
16. 김우정 : 콩-건강과 이용, 효일문화사 (2006)
17. 오문헌, 김문수 : 건강식품, 석학당 (2006)
18. 오문헌, 정강현, 임지순, 김종국 : 식품가공학, 문운당 (2007)
19. 장학길, 박영서, 이경혜 : 식품소재학, 신광출판사 (2007)
20. 오문헌, 지의상, 차원섭, 황성연 : 식품저장학, 진로출판사 (2007)
21. 이준영, 황기섭, 유승란 ; 국내,외 포장산업 현황과 김치 포장 기술 사례, 식품저장과 가공 산업, 13(2), 33-40 (2014)
22. 이현규, 이정수, 유승란 ; 김치포장 내부의 이산화탄소 및 산소 제어를 위한 포장 기술 고찰, 한국식생활문화학회지, 34(2) 233-239 (2019)
23. 농림축산식품부 식품산업정책관 식품산업진흥과, 식품산업 전통식품 분야 최고 장인 2022년 대한민국식품명인 신규 지정 보도자료(2022.12.7.)
24. 현왕진 ; 2023년 양정자료, 농림축산부, 식량정책과(2023, 12.28)
25. 2024년 식품안전관리지침: 식품안전정책과, 식품의약품안전처, 11-1471000-000040-10(202 4.01.02)
26. 2024년 식품안전지침

26. Juliano, B.O. : Rice chemistry and technology, AACC (1985)
27. Ramstacd, P.E. : Baking science and technology, Sasland publishing compony(1988)
28. Hosenex, R.C. : Principle of cereal science and technology, AACC (1986)
29. Ryall, A.L. and Pentzer, W.T. : Handling, transportation & storage of fruits & vegetables, AVI (1984)
30. Hui, Y.H. : Handbook of fruits and fruit processing, Blaclwell publishing(2006)
31. Barrett, D.M., Somogyi, L. and Ramaswamy, H. : Processing fruits science and technology, CRC (2005)
32. Watson, S.A. and Ramstad, P.E. : Corn chemistry and technology, AACC (1987)
33. Pomeranz, Y. : Wheat chemistry and technology. AACC (1988)
34. Cha, H.S., Youn, A.R., Kim, S.H., Jeong, J.W. and Kim, B.S. ; Quality Analysis of Welsh Onion (Allium fistulosum L.) as Influenced by Storage Temperature and Harvesting Period, Korean Journal of Food Science and Technology, 40(1), 1-7 (2008)
35. Kim, B.K., Mun, E.G., Kim, D.Y., Kim, Y., Park, Y.S., Lee, H.J. and Cha, Y.S. ; A survey of research papers on the health benefits of kimchi and kimchi lactic acid bacteria, Journal of Nutrition and Health ; 51(1), 1-13 (2018)

이경혜 : 現 동남보건대학교 식품제약과 교수

오문헌 : 前 충청대학 식품영양학부 교수

개정판 농산식품가공학

2010년 02월 17일 1판 1쇄 발행
2013년 02월 07일 1판 2쇄 인쇄 / 2013년 02월 18일 1판 2쇄 발행
2025년 01월 10일 3판 1쇄 인쇄 / 2025년 01월 15일 3판 1쇄 발행

지은이 이경혜 오문헌
펴낸이 윤용호
펴낸곳 석학당 출판사
121-856 서울시 마포구 토정로 222 한국출판콘텐츠센터 301호
등록 : 2001.10.23. 제10-2238호
전화 : 02)719-6116 / 팩스 : 02)719-6120
Homepage : www.shdbooks.co.kr / E-mail : shd6120@naver.com

ISBN 979-11-87621-54-6(93520) 가격 20,000원